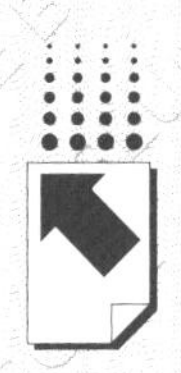

权威·前沿·原创

皮书系列为

“十二五”“十三五”国家重点图书出版规划项目

智库成果出版与传播平台

新时代测绘地理信息研究报告（2019）

REPORT ON SURVEYING & MAPPING AND GEOINFORMATION IN THE NEW ERA (2019)

主　　编 / 库热西·买合苏提
副 主 编 / 陈常松
执行主编 / 陈常松　乔朝飞

社会科学文献出版社
SOCIAL SCIENCES ACADEMIC PRESS (CHINA)

图书在版编目（CIP）数据

新时代测绘地理信息研究报告. 2019 / 库热西·买合苏提主编. -- 北京：社会科学文献出版社, 2020.7
（测绘地理信息蓝皮书）
ISBN 978-7-5201-6758-1

Ⅰ. ①新… Ⅱ. ①库… Ⅲ. ①测绘-地理信息系统-研究报告-中国-2019 Ⅳ. ①P208.2

中国版本图书馆CIP数据核字（2020）第099786号

测绘地理信息蓝皮书
新时代测绘地理信息研究报告（2019）

主　　编 / 库热西·买合苏提
副 主 编 / 陈常松
执行主编 / 陈常松　乔朝飞

出 版 人 / 谢寿光
责任编辑 / 徐永清　崔晓璇

出　　版 / 社会科学文献出版社·政法传媒分社（010）59367156
　　　　　地址：北京市北三环中路甲29号院华龙大厦　邮编：100029
　　　　　网址：www.ssap.com.cn
发　　行 / 市场营销中心（010）59367081　59367083
印　　装 / 三河市东方印刷有限公司

规　　格 / 开　本：787mm × 1092mm　1/16
　　　　　印　张：22.5　字　数：334千字
版　　次 / 2020年7月第1版　2020年7月第1次印刷
书　　号 / ISBN 978-7-5201-6758-1
定　　价 / 148. 00元

测绘地理信息蓝皮书编委会

主要编撰者简介

库热西·买合苏提　曾任自然资源部副部长、党组成员、国家自然资源副总督察。现任中央纪委国家监委驻生态环境部纪检监察组组长、生态环境部党组成员。

陈常松　自然资源部测绘发展研究中心主任，博士，副研究员。多年负责测绘地理信息发展规划计划管理及重大项目工作，主持多项测绘地理信息软科学研究项目，编著多本图书，现任中国测绘学会发展战略委员会主任委员。与本皮书相关的主要研究成果包括：参与的"《全国基础测绘中长期规划纲要》修编研究"项目获2014年中国测绘科技进步奖二等奖；参与主编《地理国情监测常态化业务应用探索》图书，2017年12月由测绘出版社出版。

乔朝飞　自然资源部测绘发展研究中心应用与服务研究室主任，博士，研究员。负责2010~2018年测绘地理信息蓝皮书的组织编纂工作，主持和参与多项测绘地理信息软科学研究项目，参与编著多本图书，现任中国海洋发展研究会海洋勘测与地理信息产业研究分会副理事长、中国矿业大学（北京）硕士专业学位研究生校外导师。

摘　要

国务院机构改革后，测绘地理信息工作全面融入自然资源工作大局。为探讨新时代测绘地理信息工作的发展方向、主要内容，自然资源部测绘发展研究中心组织编撰《新时代测绘地理信息研究报告（2019）》（以下简称《蓝皮书》）。本书是社会科学文献出版社皮书系列之“测绘地理信息蓝皮书”的第十一本。该《蓝皮书》邀请测绘地理信息行业的有关领导、专家和企业家撰文，研究探讨新时代下测绘地理信息工作发展方向。

本书包括主报告和4个篇章的专题报告。

主报告分析了新时代的内涵，研究了新时代下经济社会、生态建设对测绘地理信息工作提出的新需求，总结了测绘地理信息工作供给的现状，剖析了测绘地理信息供给存在的问题和不足，最后提出了新时代下加强测绘地理信息供给的有关政策建议。

专题报告由公共服务篇、科技创新篇、地方篇和地理信息产业篇组成，从不同角度分析了新时代如何推进测绘地理信息工作改革创新发展，以更好地服务经济社会发展和生态文明建设。

关键词：测绘地理信息　新时代　自然资源　生态文明

Abstract

After the institutional reform of the State Council, the work of surveying & mapping and geoinformation (abbreviated as SM&G) is fully integrated into the overall situation of natural resources work.

In order to explore the development direction and main content of SM&G in the New Era, the Development Research Centre of Surveying and Mapping of the National Administration of SM&G edited the blue book "Report on Surveying & Mapping and Geoinformation in the New Era (2019)", which is the eleventh of the *Blue Book of China's* SM&G. The officials, experts and entrepreneurs were invited to write articles about future direction of SM&G in the New Era.

The book includes keynote article and special reports.

In the keynote article, the connotation of tne New Era was analyzed. The new demands for the work of SM&G in economic, social and ecological construction in the New Era were studied. The current supply status of SM&G work were concluded. The problems and deficiencies of SM&G supply were analyzed. Some advices on how to improve SM&G supply were put forward.

Special reports consist of Public Service section, Science and Technology Innovation section, Local Area section and Geoinformation section. These reports analyzes from different aspects how to promote the reform, innovation and development of SM&G in the New Era so as to better serve economic and social development and ecological civilization construction.

Keywords: Surveying & Mapping and Geoinformation; New Era; Natural Resources; Ecological Civilization.

前　言
适应新形势　把握新定位
努力开创新时代测绘地理信息工作新局面

库热西·买合苏提*

党的十八大以来，原国家测绘地理信息局提出并实施“加强基础测绘，监测地理国情，强化公共服务，壮大地信产业，维护国家安全，建设测绘强国”发展战略，推动测绘地理信息事业取得了一系列重大突破。2018 年机构改革后，测绘地理信息作为自然资源事业总体布局的重要组成部分，在为自然资源管理提供技术支撑功能的同时，按照《中华人民共和国测绘法》，履行为经济建设、国防建设、社会发展和生态保护服务，维护国家地理信息安全的职责。新体制下，如何有效融入自然资源事业总体布局，发挥其业务支撑功能，如何以新的姿态更好地为经济社会发展提供全局性的保障服务，需要在战略、思路、举措等多个层面进行整体性谋划。必须坚持以习近平新时代中国特色社会主义思想为指导，按照统筹推进“五位一体”总体布局和“四个全面”战略布局的要求，贯彻落实习近平生态文明思想和习近平总书记关于自然资源管理的重要论述，深入贯彻新发展理念，准确把握新形势新定位，扎实推进各项任务落实，努力开创工作新局面。

---

* 库热西·买合苏提，中央纪委国家监委驻生态环境部纪检监察组组长、生态环境部党组成员。

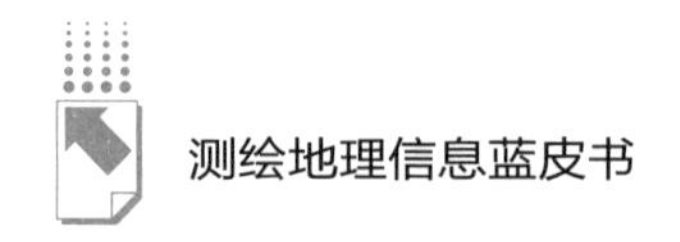

新时代　新形势　新定位

测绘地理信息工作究其根本，在于定位和导航——确定地球上任何事物和现象的唯一位置，定义地球上事物和现象之间的空间关系，测定、采集、表述自然地理要素或者地表人工设施的形状、大小、空间位置及其属性。在此基础上为研究探索自然地理过程、地表生态系统发展规律，进而为自然资源管理、国土空间管控和生态修复治理提供技术和工具。面向新时代，测绘地理信息技术及其应用正在加速智能化，测绘地理信息技术与现代信息技术加速融合，新的业务形态和产业形态加速出现。测绘地理信息服务既是位置服务，也是导航服务，还是国情调查研究服务，其触角已经延伸至经济、外交、科技、社会生活等各个领域，达到前所未有的广度和深度。

我国经济已由高速增长阶段转向高质量发展阶段，正处于建设现代化经济体系的攻关期。创新经济、绿色发展、对外开放新格局等重大部署正在加速推进。为经济建设服务，就是要挖掘测绘地理信息技术及其应用的独特优势，不断推动经济发展方式的转变、经济结构的优化、增长动力的转换。进一步加强测绘地理信息技术与大数据、人工智能、物联网等新一代信息技术的深度融合应用，大力提升测绘地理信息技术在各行各业中的基础通用性，为相关行业实现产业升级和结构优化提供服务。进一步加强测绘地理信息技术的产业化应用，大力优化地理信息产业生态，继续保持地理信息产业增速。巩固生态文明建设各领域作为测绘地理信息传统服务领域的地位，充分利用测绘地理信息技术加快推动绿色发展。

随着国民经济和社会信息化不断推进，测绘地理信息技术已经成为支撑社会管理和发展的一项重要技术。要充分发掘测绘地理信息技术在空间定位和导航等方面的独特优势，准确发现社会问题，科学提出解决方案，不断优化社会管理手段。围绕智慧城市建设，大力推动北斗等卫星导航基础设施在城市管理中的应用，加快健全城市定位和导航基础设施，优化市政管理，方便人民出行。大力推动天空地遥感基础设施在城市管理中的应用，加快健全城市动态变化监测、应急事件发现等方面的基础设施，强化城市安全管理，确保城市健康运行。加快城市数据中心建设，不断提高城市运行管理的智能化水平。

按照党中央关于坚持和完善生态文明制度体系的战略部署，紧紧围绕自然资源管理和生态文明建设需要，充分发挥测绘地理信息技术的基础支撑作用，着力构建测绘服务自然生态保护修复与开发利用的新模式，统筹推进与生态文明建设相关标准规范的协调统一，建立陆海统筹、天地一体、上下协调、信息共享的自然生态调查监测评价体系，形成覆盖全国的服务生态文明建设的测绘地理信息支撑能力。

正确处理安全和发展的辩证关系，既要满足经济社会发展对于地理信息应用的需求，促进地理信息产业发展，又要牢固树立维护国家安全的底线思维，强化地理信息安全监管。一方面，要准确把握地理信息安全红线所在，创新地理信息安全监管方式，构建全要素、全覆盖、全过程的地理信息安全防控体系。另一方面，要及时掌握国际国内形势变化，尊重技术发展规律，善用技术手段化解安全与发展的矛盾，进一步深化地理信息应用。

新时代　新任务　新重点

未来一个时期，测绘地理信息工作要围绕新时代新定位要求，强化高质量供给，开创事业发展新局面。

——做好国土测绘工作。充分发挥基础测绘规划计划制度较为完善的优势，在现有工作基础上，加快构建适应自然资源新体制要求的国土测绘体系。建设我国陆海一体，动态化、全球化、高精度的现代测绘基准体系，使其统一、完整且具备权威性。完善和维护基础地理信息数据库体系，加快推进实施实景三维中国建设，探索开展地理实体时空数据库建设。巩固和完善基础航空摄影业务体系，强化国家基础航空摄影计划管理，进一步发挥市场的决定性作用，拓展我国基础航空摄影能力的途径和方法。大力提高西部地区和边境地区基本比例尺地形图、市县级大比例尺地形图覆盖率，填补数据空白。

加快推进智慧城市时空大数据平台建设工作，鼓励在国土空间规划、城市建设与管理、自然资源开发利用、公众服务等领域拓展智能化应用。

——制度化推进全球地理信息资源建设。坚持需求牵引、分步实施的原则，充分依托我国自主的空间基础设施和技术手段，加快形成全球地理信息资源建设运行机制。加快高分辨率遥感卫星的研制和发射，推进遥感卫星接收站网全球布局建设和卫星遥感全球应用关键技术攻关。按照陆海统筹思路，强化相关战略研究和标准规范制定。

——加强测绘行业管理。坚持以维护国家地理信息安全和测绘质量安全为主线，最大限度发挥市场在资源配置中的决定性作用，进一步深化测绘资质改革，加快推动注册测绘师制度落地。建立完善的测绘地理信息质量管理体系，形成覆盖全过程、全要素、分级分类的过程质量控制和质量检查制度。依托测绘地理信息行业信用管理平台，逐步健全信用信息共享机制，推进与其他部门的信用信息互联互通、共享共治。严格管理实施工程测量标准、房产测绘标准、地籍测绘标准，加强管理界线测绘工作，确保生态红线、城镇开发边界等规划线、各类空间规划区及相关管理政策的落地。

——推动科技创新与产业发展。围绕大力提升测绘地理信息领域自主创新能力，加大自主高分辨率卫星遥感测绘、重力观测设备、水下地下测绘装备的研发力度，加大对大地基准、地理信息变化检测等基础领域研究的支持力度。深化科技体制改革，鼓励建设各类地理信息科技创新平台，加大力度培养各类创新人才。坚持科技创新与产业发展相结合，完善科技创新成果转化及相关激励奖励制度，充分发挥企业的创新主体作用，使企业逐渐成为测绘地理信息科技创新平台建设主体，积极引导企业参与国标和行标的制定修订工作。推动地理信息产业与其他新兴产业加速融合，推动北斗导航、自动驾驶、时空大数据等深层次应用。鼓励地理信息企业“走出去”参与国际竞争。

——加强地理信息安全管理。一方面，加强技术防控体系建设，提升对互联网地理信息安全的追踪和取证能力。建立监控分析技术系统，形成对地理信息安全的态势感知与预警能力。加强互联网地图管理，建立并完善互联

网地图监管系统，优化标准地图服务，深化国家版图意识宣传教育。另一方面，安全监管要适应国内外形势变化、技术发展规律和产业发展需求。及时跟踪技术发展趋势，分析评估地理信息产业发展的需求，善用区块链、国产密码等技术手段保障地理信息应用安全，在维护国家安全前提下，尽可能满足地理信息产业发展的实际需求。

——为自然资源管理和生态修复治理提供服务。围绕形成自然资源管理技术支撑这一目标，夯实技术能力。大力推广应用卫星遥感、卫星定位以及大数据、云计算、物联网和人工智能技术，推进自然资源管理和生态修复治理信息化和智能化。大力提高测绘地理信息技术对自然资源调查、生态环境监测、海洋调查等方面的贡献，进一步加强基础测绘、地质调查等工作，围绕生态文明建设各项工作需要，制度化开展基础地理信息数据库、自然资源数据库等的建设和应用。加快探索基础地理信息数据库在自然资源管理中的应用。要强化技术标准工作。进一步加快整合土地、海洋、测绘、地质、林草等领域的技术标准，促进各类标准之间相互衔接。注重发挥标准的引导作用，在自然资源调查监测、自然资源资产确权登记、国土空间规划和用途管制、生态保护修复、污染治理、生态价值实现等各环节中，加强标准建设，推动自然资源管理工作的制度化、规范化。

把握好新时代的定位和任务，方能使测绘地理信息事业在新时代有新气象和新作为。我们编辑出版这本《测绘地理信息蓝皮书》之《新时代测绘地理信息研究报告（2019）》，期望吸收和借鉴业内有关专家的智慧，在习近平新时代中国特色社会主义思想的指引下，谱写测绘地理信息事业发展新的篇章。

2020 年 3 月

目 录

Ⅰ 主报告

Ⅱ 公共服务篇

Ⅲ 科技创新篇

Ⅳ 地方篇

V 地理信息产业篇

皮书数据库阅读**使用指南**

CONTENTS

I Overview

II Public Service

Ⅲ Science and Technology Innovation

Ⅳ Local Area

V Geoinformation Industry

主 报 告

Overview

B.1 新时代测绘地理信息研究报告

陈常松　乔朝飞　张 月　贾宗仁　桂德竹　周 夏*

摘　要： 主报告分析了新时代的内涵，研究了新时代下经济社会、生态文明建设对测绘地理信息工作提出的新需求，总结了测绘地理信息工作供给的现状，剖析了测绘地理信息供给存在的问题和不足，最后提出了新时代下加强测绘地理信息供给的有关政策建议。

关键词： 新时代　测绘地理信息　政策建议

---

* 陈常松，自然资源部测绘发展研究中心主任，博士，副研究员；乔朝飞，自然资源部测绘发展研究中心，博士，研究员；张月、贾宗仁，自然资源部测绘发展研究中心，助理研究员；桂德竹，自然资源部测绘发展研究中心，博士，副研究员；周夏，自然资源部测绘发展研究中心，研究实习员。

一　测绘地理信息工作面临的新形势

习近平总书记在党的十九大报告中提出："经过长期努力，中国特色社会主义进入了新时代，这是我国发展新的历史方位。"这个新时代，是承前启后、继往开来、在新的历史条件下继续夺取中国特色社会主义伟大胜利的时代。在新的发展阶段，我国坚持统筹推进"五位一体"总体布局、协调推进"四个全面"战略布局，坚持稳中求进工作总基调，党和国家各方面的工作提出一系列新理念、新思想、新战略。新时代为我国测绘地理信息事业发展提供了更加广阔的格局与视野，要求其立足中国、放眼全球，加大测绘地理信息装备技术输出与资源获取迈向国际的步伐。与此同时，测绘地理信息发展的内外环境和条件都发生了重大的变化，对其发展水平和质量的要求也有明显的提高。因此，要科学认识并全面把握国际国内环境的形势变化，不断破解发展中面临的各种问题和不足，使测绘地理信息事业在新时代实现新跨越。

（一）国际形势

当今世界正经历百年未有之大变局，推动变局的基本动力是生产力发展和国际战略格局的变化，基本趋势是世界多极化、经济全球化、社会信息化、文化多样化。尽管存在保护主义、单边主义、霸权主义和反全球化等各种倾向，存在极端主义、恐怖主义、分裂主义等各种现象，存在战乱、传染病、自然灾害、网络攻击等各种威胁，和平与发展的时代主题没有变，和平、发展、合作、共赢的时代潮流没有变。新形势下，中国同世界的联系空前紧密，同世界的相互影响日益加深，推动党和国家事业发展需要和平国际环境和良好外部条件。与此同时，我国作为世界第二大经济体和最大的发展中国家，日益走近世界舞台中央，对维护国际秩序、推动世界发展、完善全球治理发挥重要作用。

当前，国际格局正在经历深刻复杂的变化，人类面临的共同挑战日益增多，完善全球治理的呼声越来越高，但全球治理赤字不仅没有缓解迹象，反而呈现加剧趋势。在这样的形势下，我国作为负责任大国，必须以勇于担当的精神更加积极地参与全球治理体系改革和建设。新的国际形势客观上要求测绘地理信息工作走出国门，支撑我国独立自主和平外交政策的实施，发展自主可控、高精度、多类型的全球地理信息资源，为捍卫国家主权与领土完整、监测国际热点地区态势、开展全球变化分析与决策等提供基础数据保障。还要求测绘地理信息工作服务于“一带一路”倡议的实施，包括境外基础设施互联互通、打造中国能源安全通道、加强与中亚地区经济往来、加强生态保护合作等。此外，共同维护国际通道安全，合力应对恐怖主义、网络安全、重大自然灾害等全球性挑战也要求测绘地理信息必须“走出去”。

（二）国内形势

习近平总书记在党的十九大报告中指出，我国社会主要矛盾已经转化为人民日益增长的美好生活需要和不平衡不充分的发展之间的矛盾，这个变化是关系全局的历史性变化，对党和国家的工作提出了许多新要求。我们要在继续推动发展的基础上，着力解决好发展不平衡不充分问题，大力提升发展质量和效益，更好满足人民在经济、政治、文化、社会、生态等方面日益增长的需要，更好推动人的全面发展、社会的全面进步。围绕社会主要矛盾的变化，国家的宏观经济安排与战略部署都发生了全新的变化。测绘地理信息作为国民经济和社会发展的基础性工作，也面临着新的形势、机遇与挑战。

一是机构改革的新形势。测绘地理信息作为基础性工作，在机构改革背景下，其职能只能加强，不能削弱。随着改革的深入，测绘地理信息工作全面融入自然资源管理大局之后，既要在新时代继续履行《测绘法》赋予的各项职责，为经济建设、社会发展和生态保护服务，维护国家地理信息安全，同时，测绘地理信息工作作为自然资源工作的一部分，需要为自然资源部履行“两统一”职责提供重要的技术支撑。为此，测绘地理信息工作的工作方式、思路、理念都要创新。

二是以人民为中心的发展的新形势。习近平总书记指出，带领人民创造美好生活，是我们党始终不渝的奋斗目标。十九大报告鲜明地提出:“中国共产党人的初心和使命，就是为中国人民谋幸福，为中华民族谋复兴。这个初心和使命是激励中国共产党人不断前进的根本动力。”以人民为中心，要求通过改善民生与创新社会治理，不断满足人民日益增长的美好生活需要，不断促进社会公平正义，形成有效的社会治理、良好的社会秩序，使人民获得感、幸福感、安全感更加充实、更有保障、更可持续。测绘地理信息技术在改善民生方面能够发挥重要作用。特别是在当前，地理信息技术发展快速，遥感、导航定位等空间基础设施不断完善，在解决民生、改善民生方面具有广阔的应用潜力。智慧城市建设、生态环境治理、应急抢险救灾、儿童关爱、居家养老、医疗救助、弱势群体保障等领域，都对测绘地理信息服务能力的提升提出了更多的迫切需求，测绘地理信息在服务民生方面大有可为。

三是需求变化的新形势。新时代，我国经济结构和社会结构发生深刻变革，人民群众对美好生活的向往所催生的新需求不断涌现且日趋多样化，这对党和政府的工作提出了新要求。要深刻领会习近平总书记关于市场需求是最稀缺资源的论断，从人的需求、企业的需求、政府的需求出发，研究地理信息数据、服务、产品面临的各类需求，特别是准确把握趋势性需求，不断提高和改善测绘地理信息供给能力。

四是加强自主创新的新形势。科技兴则民族兴，科技强则国家强。党的十八大以来，习近平总书记把创新摆在国家发展全局的核心位置。他深刻指出，科技创新是核心，抓住了科技创新就抓住了牵动我国发展全局的“牛鼻子”。经过多年积累，我国已成为具有重要影响力的科技大国，但是我国的产品主要依赖数量和价格优势，缺乏核心竞争力，附加价值较低，处于产业链的中下游，无法赚取丰厚的利润。测绘地理信息作为技术密集型且涉及国家安全的战略性新兴产业，要深入分析供给能力的关键环节和卡脖子技术及产品，针对存在的问题及短板，组织科技攻关，重点突破测绘地理信息核心技术，加快推进测绘地理信息科技创新，提高核心技术的创新能力。

五是跨界融合的新形势。在新时代背景下，地理信息技术与大数据、人工智能、物联网、自动驾驶等技术日益融合发展，将催生出许多新产品、新商业模式和新业态。新形势下，测绘地理信息事业亟须拓展视野，加强技术与服务的跨界融合，以新的服务方式和形式，推动形成开放活跃的地理信息市场。

二　新时代对测绘地理信息提出的新需求

（一）经济建设方面

党的十九大报告指出，我国经济已由高速增长阶段转向高质量发展阶段，正处于转变方式、优化经济结构、转换增长动力的攻关期。党中央、国务院作出一系列经济建设领域的战略部署，对测绘地理信息工作提出了新的需求，主要包括以下几个方面。

党的十八大以来，党中央、国务院出台了一系列供给侧结构性改革的政策举措，从供给端入手，通过政策手段，淘汰高耗能、高污染、低附加值的落后产能行业，发展绿色低碳环保高附加值产业，鼓励战略性新兴产业、高技术产业发展，利用大数据、人工智能等新一代信息技术推动传统产业改造提升，通过供给侧引导消费端创造新需求，促进消费端提质升级。围绕这些新举措新任务，一是需要测绘地理信息工作进一步发挥市场在资源配置中的决定性作用，对测绘地理信息市场准入、保密制度、执业资格、信用管理、质量管理、地图审查等相关政策制度进行改革，提高服务和监管水平，营造良好的营商环境；二是需要测绘地理信息领域进一步强调市场机制的作用。如进一步探索基础测绘的经费投入机制，通过政府购买服务等方式，充分利用市场力量提升基础测绘服务能力；三是实施建设创新型国家的战略，需要测绘地理信息领域走自主创新发展道路，在大地测量、卫星遥感、导航定位、地理信息基础软件平台、全球测绘、海洋测绘等领域加快发展自主可控的战略高新技术和重要领域核心关键技术。把握产业融合发展深层次应用需求，开展测绘地理信息技术与大数据、人工智能、5G、自动驾驶、物联网、区块链等新兴技术融合应用研究。

区域协调发展是我国长期以来指导地区经济发展的基本方针，也是现代化经济体系建设的重要内容。十八大以来，党中央先后部署了京津冀协同发展、长江经济带发展、粤港澳大湾区发展、黄河流域生态保护和高质量发展等引领区域发展的重大战略。按照十九届四中全会提出的“构建区域协调发展新机制”的要求，需要根据资源环境承载力、发展基础与潜力，充分发挥地区发展比较优势，创新优化现代化经济空间关系。这些都需要利用测绘地理信息工作长于定义、分析、表达地理空间的特点，发挥其在资源环境调查以及对人口、经济、社会等空间分布规律研究方面的技术优势，为区域协调发展战略的实施提供技术支持。

实施乡村振兴战略是现代化经济体系建设的重要基础。按照十九届四中全会关于“完善农业农村优先发展和保障国家粮食安全的制度政策，健全城乡融合发展体制机制”的要求，需要在推进实现农业现代化方面，充分发挥测绘地理信息技术优势，实现对传统农业升级改造，推进农业信息化。在统筹城乡融合发展方面，为强化空间用途管制、完善城乡布局结构、推进城乡统一规划等方面提供数据和技术保障。在保障国家粮食安全方面，需要利用测绘地理信息技术开展农情监测和预报体系建设，为农业生产管理决策提供依据。

测绘地理信息工作要全面开展全球地理信息资源建设，发展自主掌控、高精度、多类型的全球地理信息资源，为掌握全球资源布局、参与全球治理、维护国家安全、促进商贸交流提供基础保障。一是扩大获取范围，开展六大经济走廊相关国家、东盟十国、非洲、极地等部分重点区域的地理信息资源建设，逐步形成对全球地理信息资源的总体掌控能力；二是大力推进应用，积极推进全球地理信息资源服务于“一带一路”倡议的实施，在境外基础设施互联互通、打造中国能源安全通道、加强海外商贸活动、全球变化与可持续发展规划等领域深化应用。

（二）社会发展方面

党的十八大以来，党中央对加快推进社会治理现代化作出一系列重要部署，将推进国家治理体系和治理能力现代化建设作为全面深化改革的总目标。党的十九大报告中对未来社会建设做出“加强社会保障体系建设”“坚决打赢脱贫攻坚战”“打造共建共治共享的社会治理格局”等相关论述和规划部署。要紧密对接国家发展战略需求，从社会建设过程中重大任务的实施角度出发，明确测绘地理信息面对的相关需求。

在智慧交通建设与管理方面，需要加快推进地理信息与北斗卫星导航定位的融合，支持发展以移动通信网络、互联网和车联网为支撑，融合实时交通信息、移动通信基站信息等的综合导航定位动态服务。同时需要基于城市基础地理信息，集成交通各业务系统，构建综合管理平台，实现视频监控、交通运行状况监测、交通信号监控等功能，帮助管理者实时了解路网的运行状况及其变化规律，为交通管理决策、规划设计和实时交通管理提供支撑。自动驾驶、室内导航等新领域对导航地图精度需求越来越高、使用场地也从室外拓展至室内。

在现代城市管理方面，智慧城市建设离不开测绘地理信息技术的支撑。需要基于地上、地下立体覆盖的三维地理信息数据，以城市地理信息为基础平台搭建智慧城市平台，建设城市卫星定位连续参考站系统，为智慧城市提供高精度的时空基准。需要利用地理信息技术开展住房、交通、物流、公共设施、城市安全、生态空间等方面的动态监测分析评价，实现公众生活环境精准化、智能化、现代化治理。

在服务公众生活方面，随着导航定位服务以及地理信息与互联网的深度融合，公众在酒店定位、热门餐馆及娱乐场所定位、搬家货运、外卖、快递等方面提出更高要求，需要提供更为丰富的地理信息、更为便捷的查询和分析服务。随着经济社会发展水平的不断提高，人民群众在医疗和健康方面的需求日益凸显，需要借助地理信息技术，构建集居家养老、医疗救助等为一体的综合性社会公共服务平台。

在公共安全管理方面，需要利用测绘地理信息技术提高公安信息化管理水平。建设基于地理信息的公安指挥信息系统，实现异常轨迹发现与预警、警务信息动态可视化、智能化警务等功能。需要利用测绘地理信息技术对各类自然灾害、卫生、核、电力等高危领域进行监测。

在应急救援及管理方面，需要基于测绘卫星系统和北斗导航定位系统，实现覆盖全国陆海必要区域、“天空地”一体化、高机动性高适应性的国家应急测绘保障服务。根据多发易发灾害区域的类型、时间和特点，提前收集、整理各类专题信息和测绘成果资料，有针对性地制作各种专题测绘产品，为灾害隐患排查和监测预警提供支持。灾害发生时，需要利用航空、航天等手段快速获取灾区高精度实时影像，为灾害评估、分析、规划、决策等提供支持。

（三）生态文明建设方面

习近平生态文明思想关于“山水林田湖草是生命共同体”这一重要论述，表明新时期的自然资源管理要注重自然资源要素之间的相互影响。自然资源要素、要素之间的相互作用关系以及人类的开发利用活动构成国土空间。由此，自然资源管理实际上是对国土空间的管理。测绘服务生态文明建设，要发挥测绘在国土空间定位、空间关系表达以及空间分析等方面的比较优势，做好与土地、地质、海洋、林业等相关业务板块的融合，形成相互支撑、相互衔接的自然资源管理业务格局。

在自然资源调查监测方面，需要以空间位置组织和联系自然资源各要素，通过统一坐标系统将地表覆盖数据、地下数据和行政管理数据相互叠加起来。建立自然资源三维时空数据库和管理系统，需要以基础地理信息为框架，以数字高程模型为基底，以高分辨率遥感影像为背景，对各类自然资源信息进行分层分类和科学管理。

在自然资源和不动产确权登记方面，为实现自然资源和不动产登记“一个簿”、产权管理“一张图”和信息“一张网”，需要针对机构改革前自然资源和不动产确权登记分部门管理下可能存在的权属界线测绘坐标系统不统一、权属登记簿册制图符号不统一等问题，梳理自然资源和不动产确权登记历史数据，完成已有确权登记成果坐标系统向 2000 国家大地坐标系转换工作。同时，加强对地籍测绘、房产测绘等权属界线测绘的市场监管以及权属界线测绘成果质量的审核把关，监督测绘坐标系统和制图标准的规范化使用。

在自然资源资产负债表编制和领导干部自然资源资产离任审计方面，利用基础测绘成果，为掌握土地、矿产、森林、草原、湿地、水、海洋等自然资源的实物量家底和变化情况提供相关数据；利用测绘地理信息技术，为自然资源资产价值量评估、生态系统服务价值核算、自然资源资产负债表编制、专题自然资源资产统计图制图，以及领导干部自然资源资产离任审计信息化平台建设、审计评价指标体系构建等提供技术支撑。

在国土空间规划编制与国土空间用途管制方面，发挥测绘地理信息在统一空间基准、划定管控界线、开展分析评价、绘制规划用图等方面的作用，“以自然资源调查监测数据为基础，采用国家统一的测绘基准和测绘系统，整合各类空间关联数据，建立全国统一的国土空间基础信息平台”。分类处理已有的空间管控界线，对于无地理边界的，通过测绘的方式予以确定地理边界；对于有地理边界的，通过与现状地表分区数据叠加并进行用地图斑差异分析，对发现的用地类型和空间边界不一致等现象，进行外业测绘、实地核查。通过空间分析、景观分析、数理统计等方法，开展陆海全覆盖的资源环境承载能力评价和国土空间开发适宜性评价。制定“三条控制线”等空间管控界线的制图标准规范，通过地图语言形象直观地表达规划相关活动的空间分布、变化规律和相互关系，以及生态功能区转移支付、退耕还林还草、生态补偿等国土空间用途管控措施，便于社会公众看懂规划并依规办事。

在执法督察方面，利用测绘地理信息技术手段实现“天上看、地上查、网上管”，对土地、矿产、森林、草原、海洋等自然资源及以国家公园为主体的自然保护地、国土空间规划实施等开展遥感巡查和实地核查，有效提升自然资源执法督察的反应和处置能力。

三　测绘地理信息供给现状

从 1956 年原国家测绘局成立至今，测绘地理信息系统已形成一套完备的组织体系、法规体系、技术体系、产品体系，为经济社会发展、国防建设和生态文明建设提供了较为完善的服务。

（一）政策法规方面

测绘地理信息法治建设成果丰硕。已形成以《中华人民共和国测绘法》为核心，由4部行政法规、6部部门规章、35部地方性法规、近百部地方政府规章和大量规范性文件组成的测绘地理信息法律规范体系，这为我国测绘地理信息发展提供了有力的法治保障。

基础测绘规划计划管理制度不断健全。我国对基础测绘实行计划管理，各级政府制定基础测绘中长期规划，并根据基础测绘中长期规划编制年度计划。1997年，原国家计委正式将基础测绘列入国民经济和社会发展年度计划进行管理，并制定了基础测绘计划指标体系。从“十五”时期到“十三五”时期，基础测绘的规划主要出台了4项，而且以五年规划和中长期规划交替的方式出现，两者的规划期限分别为5年和15年。

通过市场机制促进地理信息产业发展。《国务院办公厅关于促进地理信息产业发展的意见》于2014年1月印发，该《意见》首次明确地理信息产业为战略性新兴产业，全面阐述了发展地理信息产业的重要性，对促进地理信息产业发展作出了全面、系统的部署。2014年7月，国家发改委和原国家测绘地理信息局联合印发了《国家地理信息产业发展规划（2014-2020年）》。这是在国家层面上首个地理信息产业规划，对于推进我国地理信息产业蓬勃发展具有重要指导意义。随后，各地也相继出台了促进本地区地理信息产业发展的有关文件。有关部门正在探索建立地理信息产业宏观运行监测体系，组织开展地理信息产业分类研究，不断完善产业发展政策。

（二）人才队伍方面

经过几十年的发展，测绘地理信息各类人才队伍的规模、素质和结构不断提高。实施“人才强测”战略，统筹推进党政人才、专业技术人才、技能人才、企业经营管理人才“四支队伍”建设，培养造就了一支适应事业发展总体要求、规模适度、结构合理、素质优良、作风扎实、善于创新、充满活力的人才队伍，为测绘地理信息的改革发展提供了坚强的人才保证和可靠的智力支持。目前地理信息产业从业人员数量超过134万人，测绘单位从业人员超过48万人，原测绘地理信息局系统从业人员近3万人。全国普通高校设立地理信息科学本科专业的有179所；设立测绘工程本科专业的有157所；设立遥感科学与技术本科专业的普通高校共45所；设立导航工程本科专业的普通高校共7所；设立地理空间信息工程本科专业的普通高校共9所。2018年以来，部分高校还成立、组建了测绘、地理信息等相关学院和研究院。测绘地理信息相关专业就业率在全国居各学科前列。

（三）产品技术方面

测绘基准建设稳步推进。国家现代测绘基准体系基础设施建设一期工程圆满完成，建成了覆盖全国、基于北斗、三维动态的全国卫星导航定位基准服务系统，实现了基准站网的自主可控，已向社会提供厘米级实时导航定位服务。大地基准包括国家2000大地坐标系（CGCS2000），由420个国家级基准站、近3000个省级基准站构成的国家卫星导航连续运行基准站网，以及4503个点规模的国家卫星大地控制网等构成的坐标参考框架。高程基准包括1985国家高程系统、青岛水准原点、CQG2000似大地水准面，以及包含26327个点的国家一等水准点、12.6万千米长的一等水准路线构成的高精度国家高程控制网。重力基准包括由71个国家重力基准点和126个基本点构成的2000国家重力基本网。

基本比例尺地形图实现全国有效覆盖。构建了国家级、省级和市县级1：500~1：100万的多级比例尺基础地理信息数据库。国家级1：5万基础地理信息数据库已实现年度更新。至2018年底，省级1：1万数据库已覆盖全国陆地面积的约62%，总图幅数超过38万幅，25个省（自治区、直辖市）实现全域覆盖；市（县）级基础地理信息数据已覆盖全国290个地级市和214个县级市的城镇建成区域。

自主核心技术创新不断加强。大力实施“科技兴测”，基本建立起以数据获取实时化、处理自动化、服务网络化、应用社会化为特征的信息化测绘技术体系，测绘生产力水平实现了质的飞跃。我国已成为世界上少数掌握高精度卫星立体测绘成套技术的国家之一，成功研制了北斗卫星导航定位芯片，结束了我国高精度卫星导航定位产品“有机无芯”的历史。自主装备研制取得很大突破，自主研发了 SWDC 系列数字航摄仪、大面阵大重叠度航空数码相机、机载激光雷达系统、机载合成孔径雷达系统、低空无人飞行器航空摄影系统等装备，并快速取代了长期垄断市场的进口产品。企业逐渐成为技术创新的主体。北科天绘公司发布全球最轻、总重仅 1.168 千克的无人机激光雷达系统，四维图新公司位置大数据平台 MineData 基于实时获得的海量数据与可视化、算法和服务高度融合，高德公司的智能车盒实现 AR 实景导航、车家互联等车辆智能化服务，超图软件的新一代三维 GIS 在三维场数据模型与分析、倾斜摄影和 BIM 等多源数据多尺度融合等方面获得突破。

标准体系不断丰富。根据测绘地理信息发展的需求，不断丰富完善测绘标准体系和国家地理信息标准体系，着力提升测绘地理信息标准化发展整体质量效益。截至 2018 年 9 月，建立了由 162 项国家标准、149 项行业标准、70 余项地方标准构成的测绘地理信息标准体系。

（四）应用服务方面

智慧城市建设成效初显。原国家测绘地理信息局大力推动智慧城市时空大数据平台建设，利用测绘地理信息成果与技术为智慧城市建设提供时空基础，搭建智慧城市时空大数据平台，并加强与其他部门智慧城市工作的衔接，支撑智慧城市的规划、布局、分析和决策。据自然资源部国土测绘司统计，截至 2019 年 11 月，全国已有 57 个城市被列为智慧城市时空大数据平台试点城市，12 个已建成并验收。

位置服务广泛应用。以高德地图、滴滴打车、摩拜单车等为代表的新一代基于位置的服务，在技术创新应用和产业化成熟度方面走在世界前列。卫星导航定位服务已经深入水利、电力、通信、交通运输等行业，特别是北斗卫星导航定位系统已经成为运营车辆、船舶的标配。自动驾驶地图与汽车、交通行业深度融合，四维图新、高德、百度等图商均与车企开展了深度合作。

有力支持生态文明建设。测绘地理信息在服务生态文明建设的技术标准、基础数据、政策制定与评估等方面提供了有力服务。在空间规划体系建设方面，通过参与省级及市县级空间性规划“多规合一”试点，测绘地理信息成果与技术被用于统一基础数据，建立空间规划基础数据库；开展基础评价，划定“三区三线”，绘制规划底图；搭建信息平台，为规划编制提供辅助决策支持，对规划实施进行数字化监测评估。在自然资源资产审计方面，测绘地理信息服务于自然生态系统服务功能分析评价。在该项工作中，测绘地理信息部门加强与国家发改委、中组部、审计署等部门的合作，形成了稳定的业务关系。

服务公共安全快速有效。国家应急测绘保障能力建设项目于 2019 年底完成，航空应急测绘、应急现场勘测、应急快速集成处理与分发服务以及应急测绘地理信息资源共享等系统建成并投入使用。应急测绘为应对自然灾害、事故灾难、公共卫生事件、社会安全事件等突发公共事件提供了高现势性、可靠、高效的地理信息成果和技术支撑。

公共平台有效服务民生。国家地理信息公共服务平台“天地图”（2019 版）集成了海量的基础地理信息资源，包括全球范围的矢量地图数据、影像地图数据、地形晕渲数据及地名地址与兴趣点数据，已实现 1 个主节点、31 个省级节点和 334 个市县级节点的服务聚合和互联互通。构建了集数据服务与前后端开发支撑于一体的 5 大类 19 小类开发资源，聚合在线服务资源 1500 余个，在服务政府、专业部门和社会民生方面发挥了重要作用。公益性标准地图，交通、旅游、生活、文创类地图越来越丰富，手机地图、车载导航地图和互联网地图的发展，为公众的文娱、出行和生活带来了诸多便利。

四　测绘地理信息供给存在的问题和不足

问题是实践的起点、创新的起点，抓住问题就能抓住发展的“牛鼻子”。新时代下，测绘地理信息供给面临着一些亟待解决的问题。

（一）国内数据精度不足

无论是经济社会发展，还是生态文明建设，新时代都要求测绘地理信息数据的精度更高、现势性更强，实现地上下、室内外、动静态地理信息数据的全覆盖，创建新型地理信息产品，构建实体、三维、时空化的数据模型，并根据需要提供多元化专题信息产品。与此相对照，现有的二维地理信息数据表达存在高程信息缺失、专业要素及属性不够丰富、层次化表达欠缺、空间关系粗略等局限，无法满足城市精细化管理、自然资源精细化管理、自动驾驶、战场态势评估等国家重大需求。

（二）国外数据仍然缺乏

我国的全球地理信息资源建设起步于 2013 年。原国家测绘地理信息局在该年组织开展全球地理信息资源关键技术研发。自 2015 年起，国家财政在原国家测绘地理信息局设立一级预算科目“全球地理信息资源建设与更新”，支持开展工程预研、生产性试验及技术规定编制、重点区域产品生产。到 2019 年底，将完成占全球陆地面积 1/3 左右的数字正射影像（DOM）、数字地表模型（DSM）/ 数字高程（DEM）和核心矢量产品等数据，形成一批数据成果和技术规范成果。

自主可控的全球地理信息资源是国家重大战略与工程实施的基础保障，是我国参与全球治理履行大国责任的必要条件，是面对复杂国际形势保障国家安全的有效支撑。总体上看，我国全球地理信息资源建设工作仍处于起步阶段。全球陆地总面积中，1/3 的地区的高精度地理信息资源仍然缺乏。广阔的海洋占全球面积的 71%，而我国的全球海洋地理信息资源极度匮乏。今后，应进一步树立全球思维，依托先进的卫星遥感等现代测绘技术，加快全球陆地高精度地理信息资源建设，尽早开展全球海洋地理信息资源建设。

（三）陆海统筹不足

党的十八大报告提出建设“海洋强国”的战略，党的十九大报告指出，要“坚持陆海统筹，加快建设海洋强国”。《全国基础测绘中长期规划纲要（2015-2030 年）》明确新型基础测绘的主要特征之一是“陆海兼顾”。长期以来，由于体制机制不够健全等原因，我国陆海测绘未能实现统筹兼顾。主要表现在以下几个方面。一是陆海测绘基准不统一。海洋大地基准建设滞后，无法与陆地大地基准协调一致。陆海垂直基准的同步持续观测与维持能力没有形成。缺乏高精度、高分辨率的海洋大地水准面模型。海洋重力基准尚未实现全国沿岸陆地和海岛礁的合理覆盖。二是相比陆地测绘，海洋测绘建设滞后。海洋测绘的成果现势性差，我国管辖海域内还存在数据空白。海洋测绘成果主要集中在近海，深海大洋数据缺乏。海洋测绘产品生产周期长、更新速度慢、种类单一。三是标准建设统筹不足。陆海测绘的相关标准建设滞后，统一协调不足。海洋地理信息建库和制图等方面的标准规范不能满足实际需求。

（四）数据共享不足

受多种因素制约，我国地理信息共享是一个长期未能得到很好解决的难题。纵向上的共享主要是指国家和各省测绘地理信息部门之间的共享。在国家给各省提供数据方面，国家 1∶5 万基础地理信息数据已经无偿提供给有关省份。反之，在各省给国家提供数据方面，除了开展应急时有关省份测绘地理信息部门一般会无偿提供给原国家测绘地理信息局本省 1∶1 万基础地理信息数据以外，由于财政投入渠道不同，省级测绘地理信息部门不愿将数据无偿提供给原国家测绘地理信息局。

横向上的数据共享有两个方面，一是测绘地理信息部门与其他部门之间；二是政府和企业之间。测绘地理信息部门与其他部门之间的共享，采用的方式主要是双方签订有关协议。从效果上看，原国家测绘地理信息局给其他部门无偿提供数据情况较好，而反过来则效果不理想。究其原因，一方面是其他部门的专题数据对于国家基础地理信息数据的更新作用不大，因此测绘地理信息部门在这方面的需求不大；另一方面是出于部门利益等原因，其他部门不愿主动提供数据。总的来看，测绘地理信息部门与其他部门之间的共享尚缺乏常态化的制度保障。一旦发生部门负责人更换，有关的共享协议则不能得到很好的落实。

在政府与企业之间的地理信息共享方面，企业通过申请可以较为顺畅地获取基础地理信息数据；反之，由于企业拥有的主要是大比例尺地理信息数据，对于中、小比例尺的基础地理信息数据的更新用途不大，因此测绘地理信息部门对企业数据的需求并不大。

（五）测绘地理信息与自然资源管理业务之间仍需磨合

2018 年自然资源部组建成立后，测绘地理信息工作开始全面融入自然资源管理大局，直接服务于自然资源部“两统一”职责。各地测绘地理信息部门主动作为，积极开展服务自然资源管理的相关探索。例如，自然资源部经济管理科学研究所（黑龙江省测绘科学研究所）在市县“多规合一”试点工作中研究形成了一套国土开发适宜性评价方法；河南省测绘地理信息局开展了省级国土空间规划信息平台的研发；海南测绘地理信息局作为海南省加快推进“多规合一”领导小组的成员全程参与了海南省“多规合一”改革试点；陕西测绘地理信息局积极服务领导干部自然资源资产离任审计试点、森林资源监测及管理信息化等陕西省政府部门重点工作，开发了市、县两级“多规合一”信息管理平台；等等。

然而，上述例子并不是普遍现象。总体上看，各级测绘地理信息部门的工作融入自然资源管理仍显不足。面对自然资源管理中各项新业务，如自然资源调查监测、自然资源统一确权登记和合理开发利用、空间规划“多规合一”等，测绘地理信息工作尚未真正融入上述新业务中，测绘地理信息技术支撑上述业务的能力尚未得到充分发挥。

五　加强新时代测绘地理信息供给的有关建议

未来 5 年，测绘地理信息工作应紧扣新时代提出的新需求，加强科技创新，完善体制机制，强化高质量供给，为经济社会发展和自然资源管理工作提供坚实保障和支撑。

（一）加强地理信息资源供给

一是提高国内数据的精度。按照《测绘法》中对基础测绘内容的界定和《全国基础测绘中长期规划纲要（2015-2030年）》中对新型基础测绘特征的描述，加快新型基础测绘建设步伐，总结试点经验，尽快在全国范围内推广，促进基础测绘工作转型升级。加快陆海一体的测绘基准体系现代化建设。统筹建设全国卫星导航定位服务系统，完成卫星导航定位基准站的北斗化升级改造，实现我国地心坐标框架的动态维持与更新，形成覆盖全国的分米级/厘米级实时位置服务能力。建成新一代全国统一的厘米级似大地水准面，实现国家高程基准的现代化。完善国家重力基准，建立新重力系统，构建新一代高阶重力场模型。扩大高精度基础地理信息覆盖范围，实现省级基础地理信息对陆地国土全覆盖，市县级基础地理信息对县级以上城镇建成区全覆盖。完善基础地理信息数据联动更新机制。优化基础地理信息数据库模型与结构，丰富数据内容，拓展社会、经济、人文、资源、环境等要素，建成综合性强、应用面广、标准化程度高的基础地理信息数据库体系。

二是扩大国外数据覆盖范围。加快开展全球地理信息资源建设，“十四五”期间完成覆盖全球陆地表面1.49亿平方千米的多尺度、多类型的地理信息产品生产，达到总体1∶5万、重点地区1∶1万比例尺精度要求，建立全球地理信息数据库，有效解决我国自主全球多尺度地理信息数据匮乏，覆盖全球高精度自主位置服务能力不足的问题。根据“一带一路”倡议的实际需求，加强“一带一路”沿线热点地区的地理信息资源获取，缩短生产周期。加强陆海测绘统筹，开展海洋地理信息尤其是远海地理信息获取的技术探索，为获取全球海洋地理信息数据，建立全球陆海“一张图”奠定基础。

（二）推动测绘地理信息工作全面融入自然资源工作大局

推动测绘地理信息与地质、矿产、土地、林业、草原、海洋等自然资源业务板块的深度融合，是指在统一规则的基础上，区分不同业务板块在自然资源管理中的特点，明确各业务板块在自然资源管理中的主要任务，形成各业务板块相互支撑、相互衔接的自然资源管理整体业务格局。应从两个方面推动测绘地理信息工作尽快融入自然资源工作大局。

一是尽快明确测绘地理信息工作的边界。一方面，自然资源部成立后，原有的一些测绘地理信息工作将成为自然资源管理的一部分。例如，原属于测绘工作的地理国情监测成为自然资源调查监测的一个组成部分。另一方面，测绘地理信息工作又出现了一些满足自然资源管理需求的新任务。例如，在确定各类自然资源的权属界线和管制界线时，测绘地理信息能够发挥统一、权威、精准地确定界线的作用。为此，需要梳理总结各类自然资源权属界线和管制界线划定的统一、标准的方法，明确测绘地理信息工作如何在界线划定中发挥作用。因此，要梳理新形势下测绘地理信息工作的范畴、边界，确保工作不错位、越位、失位。

二是加快有关法律法规和标准规范的清理和对接。自然资源部“两统一”职责的履行，以及构建“统一组织开展、统一法规依据、统一调查体系、统一分类标准、统一技术规范、统一数据平台”的“六统一”自然资源调查监测体系，均面临优先解决法律法规、标准、规范统一的问题。为此，需要清理原来的测绘地理信息、土地、林业、草原、海洋等部门制定的相关法律法规、政策文件、技术标准，去除矛盾的地方，并根据新的要求与时俱进地补充新的内容，形成统一的“游戏规则”，服务于自然资源统一管理工作。

（三）加强科技自主创新

遵循测绘地理信息技术发展趋势和规律，加快测绘地理信息科技自主创新。政府与企业应携手解决科技“供给短板”问题，注重分工协作。政府重点关注行业内核心、关键的重大科技问题，组织、协调各方力量和资源集中攻关。企业要基于现有科技水平，注重集成应用和产业化，不断创造新的产品和服务。

一是大力加强基础软硬件研究。要坚持核心技术自主可控，发展满足智能化测绘需要的自主高精尖测绘地理信息装备。围绕智能化地理信息数据获

取、处理、管理、服务与应用的需要，着力研制室内、水下、地下、陆上、航空、航天等新一代智能化测绘地理信息装备。加大测绘地理信息领域政府采购对国产化测绘地理信息技术、产品、服务的支持力度。二是加速推动现代测绘地理信息技术与大数据、人工智能、5G、物联网等新一代信息技术融合创新。三是推动地理信息产业价值链向高端提升。目前我国多数测绘地理信息企事业单位从事的活动仍处在产业价值链“微笑曲线”的中间，即中低端加工环节。未来政府要鼓励企业瞄准产业价值链的高端，加大研发力度，创新商业模式，推动地理信息产业向“微笑曲线”的两端——研发设计端和营销服务端攀升。四是充分发挥企业技术创新主体作用。鼓励测绘地理信息企业广泛参与重大科技项目，积极引导企业参与测绘地理信息相关标准的制定修订工作。支持企业牵头或参与建立科技创新平台、博士后科研工作站。

（四）深化测绘地理信息应用深度和广度

为克服以往测绘地理信息成果和服务与用户需求结合不够密切的问题，需要建立有关需求获取机制，深入了解不同领域的用户对测绘地理信息成果和服务的实际需求，根据需求逐步改善成果形式和服务方式。测绘地理信息成果服务部门要建立用户反馈机制，及时获取用户对成果和服务的意见、建议，并在此基础上不断改进。

围绕乡村振兴、区域协调发展、长江经济带建设、粤港澳大湾区建设等国家重大战略，进一步做好测绘地理信息数据产品技术服务保障。为重大工程建设和规划按需提供高精度地理信息数据和产品技术服务。

加强国家应急测绘保障能力建设。加强国家航空应急测绘、国家应急测绘保障分队、国家应急测绘中心和国家应急测绘资源共享的能力建设，构建空天地海一体化的数据快速获取体系，全面提升应急测绘快速获取、处理、传输、共享和服务能力。建设国家应急测绘资源数据共享网络，丰富国家应急测绘基础底图数据库。

加强地理信息共享。在测绘地理信息部门内部共享方面，为克服由财政投入不同导致的各省测绘地理信息部门不愿将数据提供给国家的弊端，需要在新型基础测绘建设中设置新型分级管理模式，采用中央财政和地方财政共同投入的方式，加强中央对基础测绘工作的统筹。在自然资源部门和其他部门共享方面，为解决共享缺乏常态化的制度保障问题，需要根据国家有关政府信息共享、数字政府建设等文件的精神，充分利用互联网等信息技术，建立部门之间信息共享互惠互利的机制，建立共享数据清单，明确负责机构和人员的职责。在政府与企业之间的地理信息共享方面，采取优惠政策，鼓励符合条件的地理信息企业充分利用基础地理信息开展社会化应用和增值服务。

做好国家地理信息公共服务平台“天地图”的建设和维护，发挥平台在整合自然资源大数据及数据挖掘中的作用。优化地理信息公共服务，提供更加丰富的地理信息大众民生产品。坚持总体国家安全观，尽快修订测绘成果保密规定，降低基础地理信息保密门槛，使基础地理信息更多地为企业和社会所用。

（五）进一步发挥市场机制的作用

政府部门要通过地理信息行业监管政策的调整与改革，深化测绘地理信息领域“放管服”改革，营造良好的营商环境，不断激发市场活力，促进企业间的良性竞争与合作。在行业准入政策方面，降低测绘地理信息行业准入门槛，一方面减少测绘资质的等级与分类，吸引更多企业进入本行业；另一方面提高甲级测绘资质的准入门槛，培养龙头企业，提高市场集聚度。此外，要加快推进注册测绘师改革进度，加快制定配套制度，使注册测绘师制度尽快落地实施，发挥其在提升从业人员整体素质中的应有作用。坚持市场在资源配置方面起决定性作用的原则，使基础测绘等财政项目更多向测绘地理信息企业倾斜，尤其是向中小企业倾斜。利用全球地理空间知识卓越中心等平台，为企业提供便利条件和信息，鼓励企业走出国门参与国际竞争。

参考文献

［1］ 肖文:《坚持和完善独立自主的和平外交政策》,《〈中共中央关于坚持和完善

中国特色社会主义制度、推进国家治理体系和治理能力现代化若干重大问题的决定〉辅导读本》，北京：人民出版社，2019，第358~367页。

[2] 自然资源部自然资源确权登记局负责人解读《自然资源统一确权登记暂行办法》,《中国自然资源报》2019年7月24日。

[3] 《中共中央、国务院关于建立国土空间规划体系并监督实施的若干意见》，2019。

[4] 李维森主编《新型基础测绘的探索与实践》，北京：测绘科学出版社，2018，第253页。

[5] 《向高质量发展迈进——聚焦我国地理信息产业发展现状》,《中国自然资源报》2019年8月9日，第5版。

[6] 武文忠:《新型基础测绘体系思考与探索》，库热西·买合苏提主编《新时代测绘地理信息研究报告（2019）》，北京：社会科学文献出版社。

[7] 自然资源部关于启用国家地理信息公共服务平台2019版的公告（http://www.gov.cn/xinwen/2019-04/22/content_5385058.htm）。

[8] 自然资源部:《自然资源部信息化建设总体方案》，2019年11月（http://www.gov.cn/xinwen/2019-11/23/content_5454833.htm）。

[9] 陈常松:《正确认识测绘业务在自然资源管理中的作用》,《测绘地理信息调查、研究、建议（自然资源部测绘发展研究中心内部期刊）》2019年第20期。

公共服务篇

Public Service

B.2

新型基础测绘体系思考与探索

武文忠*

摘　要：本文首先全面总结了我国基础测绘工作的建设内容、主要成果，深入分析了当前基础测绘工作存在的问题，同时面向基础测绘工作“围绕中心、全面服务”的新要求，阐述了开展新型基础测绘体系构建的必要性和必然性；其次，对基础测绘转型升级面临的问题进行深入剖析，提出新型基础测绘工作构建途径和发展思路；再次，围绕产品模式、关键技术、组织方式和政策标准等四个重点建设方面介绍了当前建设的初步思考，并介绍了上海和武汉两个试点建设单位在实践探索中的经验和取得的成果；最后，指出了新型基础测绘体系建设试点工作的近期目标和远期目标，为基

* 武文忠，自然资源部国土测绘司司长。

础测绘转型升级指明方向和路径。

关键词：新型基础测绘　地理实体　全球统一编码　自然资源“两统一”职责履行

一　背景

基础测绘是指建立全国统一的测绘基准和测绘系统，进行基础航空摄影，获取基础地理信息的遥感资料，测制和更新国家基本比例尺地图、影像图和数字化产品，建立、更新基础地理信息系统，具有公益性和基础性，国家对其实行分级管理。基础测绘工作可以总结为“三基”：国家测绘基准、基础航空摄影和基础数据体系。

我国基础测绘经过几代人几十年的努力，取得了长足的发展，成就辉煌，为国民经济和国防建设提供了强有力的服务保障。在国家测绘基准方面，构建了国家大地基准、高程基准和重力基准。其中，大地基准包括 2000 国家大地坐标系（CGCS2000），由 420 座国家级基准站、2718 座省级基准站构成的国家卫星导航连续运行基准站网，以及 4503 点规模的国家卫星大地控制网等构成的坐标参考框架；高程基准包括 1985 国家高程系统、青岛水准原点、CQG2000 似大地水准面，以及包含 26327 点国家一等水准点、12.6 万千米长度的一等水准路线构成的高精度国家高程控制网；重力基准包括由 71 个国家重力基准点和 126 个基本点构成的 2000 国家重力基本网。在基础航空摄影方面，获取了全国范围不同分辨率、不同时相卫星遥感数据、数码航摄影像数据、机载 LIDAR 数据、航空重力数据等数千万平方千米。其中，2015~2019 年间获取航摄影像数据约 260 万平方千米，采购高分辨率卫星影像约 370 万平方千米；此外，GF2 国产亚米级卫星影像中国内陆平均每年获取有效景数约 4 万景对，有效覆盖率达 70%；ZY3、GF1 等国产 2 米级卫星影像中国内陆平均每年获取有效景数约 7 万景对，有效覆盖率达 95%。基础数据体系方面，构建了国家级、省级和市县级 1∶100 万 ~1∶500 的多级比例尺基础地理信息数据库。其中，国家级地理信息数据库尺度为1∶100万至1∶5万，1994年建成1∶100万数据库，1998年建成1∶25万数据库，2006年建成1∶5万核心要素数据库，2011年全面更新后建成全要素1∶5万数据库，并自2012年开始实施动态更新；至2018年底，省级（1∶1万~1∶5000）基础地理信息数据库中的1∶1万数据库已覆盖全国陆地面积约62%，总图幅数超过38万幅，25个省（市、自治区）实现全区域覆盖；市（县）级基础地理信息数据库（含1∶2000~1∶500比例尺地形图数据、0.2m~0.05m分辨率数字正射影像数据、1米网格间距的数字高程模型数据以及精细三维城市模型数据）已覆盖全国290个地级市和214个县级市的城镇建成区域。

上述多类型、多尺度、高精度的基础测绘建设成果通过建立和维护国家统一的空间定位基准和基础地理信息系统，提供满足社会发展所需要的地理信息的基础平台和空间定位框架，是国民经济和社会信息集成的载体，也是重要的战略资源。然而，随着全球化进程加快和区域协同快速发展，各政府部门、企事业单位和社会公众对基础测绘成果的需求日益旺盛，特别是2018年3月，根据国务院机构改革方案，原国家测绘地理信息局的职能全部融入自然资源部，测绘工作在体制与机制上发生了重大变革，基础测绘的服务模式已由原来面向全社会的“普适性服务”，转化为“围绕中心、全面服务”的方式。原有的基础测绘生产建设在表达形式、技术方法、管理方式等方面存在的问题日益凸显，原有基础测绘成果执行的标准还是模拟纸质地形图的标准，原有基础测绘管理体制过分强调分级管理而导致各级统筹不够，此外，原有基础测绘成果的要素分级分类标准与自然资源登记管理的标准通用化程度不高、协调性不够，在服务自然资源“两统一”职责履行时很难实现编码一致性和语义一致性，这些问题已经严重制约了基础测绘成果的应用服务能力。

早在2015年6月，在国务院批复同意的《全国基础测绘中长期规划纲要（2015-2030年）》中就提出：“到2030年新型基础测绘体系全面建成。”2019年1月，自然资源部陆昊部长在全国自然资源工作会议上的讲话又明确提出：“加快基础测绘转型升级，增强测绘地理信息公共服务能力，促进地理信息产业高质量发展。”随着当前新技术的不断涌现，测绘技术已经与互联网、大数据、人工智能等高新技术深度融合，测绘技术手段和方法更加先进、多样。可以说，构建新型基础测绘体系从技术逻辑和行政逻辑上都成为必然选择。

二 需求分析

在进行新型基础测绘体系构建时，国家测绘基准要实现“全球化、动态化、高精度”，基础航空摄影要面向服务基础测绘和服务自然资源“两统一”两方面建设，同时创新采购和组织方式，基础数据体系则要向“实体化、三维化和非尺度化”方向发展。其中，国家测绘基准已经将平面、高程、重力基准一体化理念付诸实施，形成了高精度、三维、动态以及几何和物理基准融合统一的现代测绘基准体系，同时国家卫星导航定位基准网全面支持北斗系统，兼容 GPS、GLONASS、GALILEO 三系统，形成最先进的综合地面观测设施，正全力实现“全球化、动态化、高精度”的目标。基础航空摄影紧密围绕自然资源部主责主业，及时调整工作思路，在基础测绘计划制定、项目立项中，主动贴近自然资源“两统一”需求，服务全国海岸线修测、国家级新区等建设。

针对基础数据体系的转型升级，当前的基础数据成果在产品形式和生产组织方式两方面存在以下问题。

在产品形式上，目前执行的生产标准还是纸质地形图的标准，生产的基础测绘成果使用时还需要重新进行对象化、实体化处理；此外，当前 5 进制和 10 进制的比例尺不适应计算机缩放和统计分析，多尺度分级也容易造成重复测绘；最后，当前基础测绘成果的要素分级分类标准与自然资源登记管理的标准协调性不够，无法有效地为自然资源“两统一”职责履行提供基础测绘服务。

在生产组织上，当前测绘技术与互联网、大数据、人工智能等高新技术已经实现了深度融合，测绘的一些专用技术趋向消失，同时，现有的基础测绘技术体系基本上还以 3S 为代表的上一代技术为架构，已经十分不适应当前技术发展趋势；当前的基础测绘生产组织基本属于 3+4 结构，即：以 3S 做分工、以 4D 成果为目标；基础测绘管理体制强调了“分级”、忽略了“统筹”，国、省、市县数据难以共享，造成重复测绘，难以做到协同更新和服务。

面对新时代思考上述存在的问题，就需要我们牢固树立和贯彻落实新发展理念，坚持以需求为牵引，以问题为导向，以提高发展质量和效益为中心，以供给侧结构性改革为主线，深入推进基础测绘转型升级、创新发展。实际上，人类对现实世界的认识都是针对一个个地理实体展开的，然而受到测绘技术能力的限制，原有基础地理信息数据的获取、组织和可视化表达都是分尺度进行的；其次，对于不同的地理实体，如自然地物和人工地物，实际上在进行测绘和表达时，并不需要统一的测绘精度；再次，尽管随着测绘技术手段的不断涌现，测绘成果的精度越来越高，但其核心生产作业模式仍是分级测绘、分尺度建库，核心成果仍然是4D产品，与原有的基础测绘没有根本上的区别，新技术测制旧成果不是新型基础测绘；复次，国家、省、市分级管理开展基础地理信息数据的生产方式，最大限度地解决了基础测绘的投入问题，保障了基础测绘数据的长期稳定生产，但也造成了前面所提到的共享难、融合难、重复测、更新慢的问题，当前信息化更需要统筹和共享；最后，也需要推进基础测绘标准与自然资源相关数据标准进行编码协调衔接，以实现数据融合。

因此，在进行新型基础测绘体系构建时，特别是基础数据体系建设时，应立足需求、创新引领、统筹设计、多级协同，重点围绕基础测绘数据的产品模式、关键技术、生产组织、政策标准等四个方面开展建设，扩大有效供给、满足应用需求，打造适应新时代信息化基础测绘发展模式，推动基础测绘服务能力和水平大幅跃升，促进自然资源管理和治理能力现代化，服务经济社会各领域高质量发展。

三　建设思考

（一）产品模式设计

1. 概念与定义

新型基础测绘数据要以地理实体为测绘基本单元，因此地理实体的概念

必须首先界定清晰。根据大量的前期调研和专家研讨，我们认为地理实体是指“现实世界中占据一定空间位置、单独具有同一属性或完整功能的自然地理单元与人工设施”。从某种意义上说，国土调查中的“图斑”就是一种以“地理实体”为视角的表达方式。这一概念也需要根据试点生产实际和应用需求作进一步完善，最终提出科学准确的地理实体的概念与定义。

2. 分类与分级

充分考虑对地观测技术的最新发展及地理实体自身属性，参照原有基础地理信息数据中定位基础、水系、居民地及设施、交通、境界与政区、管线、地貌、植被与土质等八大要素，自然资源管理对象山水林田湖草，以及生态环境、水利、住建、农业农村等部门的应用需求，建立地理实体科学合理的分类体系。以此为基础，确定哪些地理实体属于国家级，由国家统一施测，省级负责核查和属性扩充；哪些地理实体属于省级，由省级统一施测，市县负责核查和属性扩充；哪些地理实体属于市县级，由市县施测，对于跨市县的地理实体，市县负责本辖区内的施测，由上一级负责相关地理实体的整合，实现“一个地理实体只测一次”，通过上下联动和信息共享，共同构成完整的地理实体基础时空数据库。

3. 粒度与编码

提出一套对地理实体划分的粒度，即基础测绘需要测定和描述的最小或基本地理实体单元；参考借鉴新型基础测绘建设的牵头单位设计提出的统一编码原则，设计本地区多级网格，建立地理实体与网格关系，创建由“多级网格编码”、“语义分类编码”、“时间码”和“标识码”四部分内容共同构成的地理实体全球统一、唯一空间身份。

4. 施测精度与方式

针对人工、自然等不同类型的地理实体，设计提出各地理实体内容所对应的施测精度，包括精度等级、相对精度、绝对精度等。建立由原有多尺度、多类型数据库（DOM、DEM/DSM、DLG 等）到地理实体基础时空数据库生产加工转化的工艺流程，同时探索直接生产构建地理实体基础时空数据库的技术途径。对于加工转化得到的地理实体，探索原有数据到符合该施测精度要求的地理实体的处理方法；对于直接生产的地理实体，探索符合该施测精度要求的施测方式方法。

5. 数据库设计与集成

在地理实体模型的基础上，采用多种技术手段进行地理实体测绘，并实现不同精度地理实体的整合；以地理实体（含自然实体和人工实体）及其空间身份为中心，挂接集成新型基础测绘体系数据库中已有或者新增的影像数据、格网数据等其他各类型多样化数据，构建“分布式存储、逻辑式集中、一站式服务”的国家、省、市县多级地理实体基础时空数据库系统。国家、省、市县级地理实体分别物理存放本地服务器上，通过网络在纵向上实现协同共享。基础地理数据库更新整体按年度开展，地理实体基础时空数据库则针对不同的地理实体制定相应的更新期限，部分地理实体按年度，部分地理实体利用竣工测量成果按月甚至按周、按天更新。

（二）关键技术研究

1. 地理实体施测技术

不同类别地理实体的施测在精度、方式，甚至仪器装备等方面是不同的，如水系、山脉等自然地理实体边界施测和人工构筑物坚强点的施测在精度和方式上就存在较大差异。当某测区内包含不同类别的地理实体时，需要建立统筹施测的高效经济的方式方法。

2. 地理实体变化发现技术

建立基于互联网的在线抓取技术、基于物联网和边缘计算的实时感知技术，综合应用众智大数据分析、挖掘、提取地理实体变化信息，实现基于变化信息的定向、定点地理实体数据的采集与更新。

3. 地理实体构成部件挂接与表达技术

现实世界中占据一定空间位置、单独具有同一属性或完整功能的自然地理单元与人工设施，由许多部件构成，通过地理实体概念模型，实现这些部件和地理实体的挂接，基于地上下、室内外一体化的可视化技术，实现地理实体及其部件的动态的空间表达。

4. 信息集成建库技术

不同精度的地理实体进行集成建库时，必然导致空间冲突，譬如毗邻的25厘米精度的自然地理实体和5厘米精度的人工构筑物坚强点叠加后，需要对产生的压盖或缝隙提出处理方法，并对形成的组装产品进行精度定义。不同精度地理实体集成后的基础时空数据库，需要建立相适应的空间统计、分析等算法。

5. 现有数据的转换技术

梳理分析依据现有标准建立的DOM、DEM/DSM、DLG等多尺度、多类型数据与地理实体数据之间的差异，建立不同数据之间转换的知识图谱，突破自动化转换关键技术，构建由现有基础地理信息数据库到地理实体基础时空数据库建设的生产工艺流程。

6. 产品组装技术

依托地理实体基础时空数据库，开发制作面向公众的基本公共产品库（以地理实体为索引的影像数据、地名地址数据、实景数据、三维模型数据等）和面向部门的典型应用产品库（以地理实体为索引的水系专题数据、交通专题数据、居民地专题数据等）；同时，根据地理实体国家级、省级、市县级的分类，按需组装产品。

7. 数据集约融合技术

对于地理实体基础时空数据库中定位基础、水系、居民地及设施、交通、管线、境界与政区、地貌、植被与土质等地理实体数据的获取，在充分利用本部门现有地理实体调查成果的基础上，注意辨析不同手段获取地理实体的语义差别，提出并建立地理实体本部门内集约共享科学合理的方式方法。如国土调查成果中高速路图斑以隔离网为边界，而基础测绘成果中高速路地理实体则以路边线为边界，通过建立地理实体多样化表现语义映射图谱，制定地理实体数据归一转化语义规则，进行规模化的数据集约共享融合整合。

8. 地理实体数据无级制图技术

依托地理实体基础时空数据库，基于卷积神经网络深度学习、向量机机器学习等多种方式，建立地理实体识别认知模型，研制顾及语义、空间关系及空间分布特征等多重约束的一系列自动综合算子算法，开发无级地图工作站，自动生成任意范围、任意尺度、任意类型的数据或可视化表达产品，实现“一库多能、按需组装”。

9. 基于众智感知的生产技术

探索空、天、地专业测绘设备和公众参与的立体化、组合式数据获取技术，开发散乱的、海量的、异地的数据资源实时协同系统，促使数据管理更加自动化和简捷化，建立众源数据一体化处理与地理实体智能化提取技术方法，构建数据融合、处理和提取的自动化技术，实现地理实体的变化及时发现、多源（元）数据融合、智能化处理。

10. 质量评定技术方法

针对地理实体施测精度、分类分级、集约融合、统一空间身份编码、智能服务效能和数据库构建等重点内容，开展技术方法与数据成果的试验检测，对精度等定量指标、完整性和合理性等定性指标进行比对性分析。进而面向地理实体基础时空数据库及其生产工艺流程、基本公共产品库和典型应用产品库，提出并建立质量元素及评定方法。

11. 试点单位认为需要突破的关键技术

除以上共性关键技术以外，试点单位在探索实践过程中，遇到具有本地特征的难题或者个性化的技术，特别是对于地理实体理论研究探讨方面的实践经验和问题，应及时总结归纳并汇总至项目组，统一组织各方技术力量，集中攻关、知识共享，加快推进新型技术体系的构建。

（三）生产组织模式探索

1. 专业测绘队伍组织模式的重构

现有基础测绘组织模式通常按专业方向布局，细分为偏重外业的工程院、偏重内业的遥感院以及偏重产品的地图院等，而面向地理实体的新型基础测绘，可以考虑按地理实体分类布局，如偏重高精度地理实体的测绘院、偏重精度要求不高的地学分析型的信息院、偏重基于遥感解译与判读的遥感院等。

通过试点建设，探索重构新型基础测绘体系以专业队伍为主的组织模式。

2. 众源测绘组织方式的创建

通过国产密码和区块链技术，构建在线测绘信息安全策略，实现互联网条件下地理实体数据安全灵活的采集、处理、存储、更新和传输。鼓励社会公众有偿开展数据采集、上传，成为空、天、地专业测绘数据获取的重要补充，探索构建众源测绘组织方式。

（四）政策标准制定

总结提炼试点建设成果，优先编制地理实体概念定义、编码规则、分类分级等核心关键标准规范。此外，在试点推进过程中，逐步健全完善地理实体集约共享、一体化处理、质量评价等相关标准规范，进一步统一思想、凝聚共识，不断夯实地理实体理论支撑和新型基础测绘技术框架，多方协同推进新型基础测绘体系建设。此外，还应根据基础测绘定义、内涵、分级方式等发生的变化，对相应管理政策提出一些修改建议，支撑《中华人民共和国测绘法》《基础测绘条例》等政策法规修改。

四　实践探索

为了更快更好地推动新型基础测绘体系建设工作，自然资源部已经在全国范围内选择原有基础较好，且对这项工作有充分认识的省、特大型城市和中小城市，从某一个方面或某几个方面开展试点工作。截至目前，已在上海市（直辖市）、宁夏回族自治区（省区）、武汉市（特大城市）开展先期试点探索，取得了部分实践探索成果。

（一）上海市新型基础测绘试点实践

上海市新型基础测绘试点项目“基于地理实体的全息要素采集与建库”围绕智能化全息采集、地理实体构建、非尺度地理实体全息数据库构建、全息数据分发和产品服务等方面进行了创新探索。经过试点实施单位的努力，完成了上海张江科创城 28 平方千米的数据生产及成果建设等工作，项目试点取得了阶段性成果。

一是形成了以智能化全息测绘技术为核心的《基于地理实体的全息要素采集与建库》关键技术和标准体系。在关键技术方面，开展了“智能化全息测绘”，以地理信息服务精细化、精确化、真实化、智能化为目标，利用倾斜摄影、激光扫描等传感技术获取全息地理实体要素，通过深度学习等 AI 技术自动半自动化提取建立地理实体的矢量以及三维模型数据，结合调查充实各地理实体的社会经济属性，形成涵盖地上地下、室内室外的一体化的全息、高清、高精的结构化实体二、三维一体的地理数据；在标准体系方面，通过《基于地理实体的全息要素采集与建库》标准体系建设，规定了地理实体的分类与编码方法、实体概念模型、几何表达规则和数学基础以及各类地理实体的构建要求，明确了地理实体的属性以及存储、组织方式，统一智能化全息数据采集、处理以及成果制作的技术和要求，满足基于地理实体的全息数据库和全息测绘成果的建设需求。

二是形成了面向智慧社会和自然资源管理新型应用的新型基础测绘产品，主要包括全要素地形数据成果、全要素三维实景模型，并构建了基于地理实体的全息数据库。其中，全要素地形数据成果在传统地理要素的基础上，以“地上地下，能采尽采”的全息测绘采集原则，丰富街坊内部、地下空间和城市道路及其两侧范围的要素信息，关联了全空间采集对象的社会经济管理属性，突破了传统地形图的比例尺概念，以需求为导向、对不同要素以不同精度进行采集，兼顾了自然资源权籍管理的特殊需求；全要素三维实景模型建立了地上、地下、室内、室外等全空间模型，包括建筑、交通、水系、植被、管线、地形等全要素的信息模型，并融合动态城市智能感知数据，形成高精度城市信息模型，高精、高清地重现了整个静态和动态数字城市；基于地理实体的全息数据库以地理实体为纽带，以地理实体模型为核心，将上海市已有的和未来新扩展的各类数据产品统一到一个全新的技术框架体系内，并支持社会、经济、人文及各类专题信息融合扩充，形成全空间、全要素、全时态、全媒体的新型空间地理信息数据库。

（二）武汉市新型基础测绘试点实践

根据《自然资源部国土测绘司关于同意〈国家新型基础测绘建设武汉市试点项目实施方案〉的函》（自然资测函〔2019〕35号）相关建设内容要求，武汉市试点项目目前已经针对产品体系和技术体系等的创新升级开展了相关探索。

在产品体系创新方面，以江汉区某块试点范围的1∶500地形图为基础，并结合室内定位、地下管线、地理国情、实景三维模型、地下空间调查、湖泊测量等成果数据，面向新形势下自然资源“两统一”管理职能和城市治理体系与治理能力现代化等各方面新需求，构建了立体、透明反映物理世界的地理实体产品首件样例，在空间域上实现地上、地下一体化，水域、陆地一体化和室内、室外一体化，在信息域上实现时间、空间一体化，自然、社会属性一体化和二、三维一体化。

在技术体系创新方面，为了实现都市建成繁华区域的高精实景三维模型采集，创新性地自主研发了基于DSM的贴近定高倾斜摄影飞控系统，满足了在城市建筑密度大且高低起伏剧烈区域的高精实景三维模型采集，大大降低了外业采集的成本；同时将人工智能、深度学习、大数据和云计算等高新技术与传统3S（GPS、GIS和RS）技术相融合，有效解决多源异构激光点云和倾斜摄影数据的有效融合、目标自动识别与提取等关键技术难题，实现测绘生产由人机交互识别向机器自动识别的跨越；并且按照地物要素（图元）全息化采集、智能化处理、实体化建库和动态化更新等生产流程的若干环节，研制基于地理实体的时空地理信息智能生产更新工具软件，从而构建智能、高效采集处理数据的生产技术体系。

五　结束语

新型基础测绘体系构建是一项极具创新挑战的工作。为了科学、稳步推进这项工作，自然资源部先期选择部分试点开展建设，重点围绕产品模式、

关键技术、生产组织、政策标准等四个方面开展探索，推动按尺度分级的基础地理信息数据库向按地理实体分级的非尺度基础时空数据库、专业队伍测绘向以专业队伍为主的众源测绘、固定产品提供向典型产品加按需组装与自动综合服务的方式转变。力争用2~3年时间，取得一批探索试验成果，经总结凝练，为全国基础测绘升级转型提供可借鉴、可复制、可推广的经验和示范。

在试点成果的基础上，面向全国开展新型基础测绘体系建设推广，经过5~10年的共同努力，以地理实体为单位和索引，将影像数据（数字正射影像、实景数据等）、格网数据（数字高程模型、数字表面模型等）和地理编码数据等集成于一体，建成“一库多能、按需组装”的国家地理实体基础时空数据库。

B.3

自然资源卫星遥感云服务平台建设及应用

王 权　王光辉　徐雪蕾　刘慧杰　郭晓敏*

摘　要：本文面向新时代自然资源管理及相关行业部门对国产高分辨率卫星遥感数据应用需求，针对国产卫星影像深层应用服务中存在的主要问题，综合运用“互联网+”、云服务、云计算等新技术，通过关键技术攻关，研制自然资源卫星遥感云服务平台，建立自然资源遥感监测监管模式并实现业务化运行。项目成果为政府、行业、产业和大众提供具有统一基准影像及产品的标准化和专业化服务，提高国产卫星遥感数据的应用范围和使用效率，提升国产高分辨率遥感影像的分发服务水平与应用服务能力，推动测绘地理信息行业进步，促进经济社会发展。

关键词：卫星遥感　云服务　影像统筹　变化检测　遥感监测监管

一　引言

近年来，随着国产卫星遥感数据资源的不断丰富，卫星遥感数据在各行业发挥的作用已从原有的研究试验型逐步转向业务化应用；各领域对卫星遥感数据服务的范围日益扩大，深度日益提升，生态文明建设、自然资源审计、突发事件应对、自然灾害应急救援等，对卫星遥感数据产品的时效性及全面

* 王权，自然资源部国土卫星遥感应用中心主任，研究员；王光辉，自然资源部国土卫星遥感应用中心高级工程师；徐雪蕾、刘慧杰，北京国测星绘信息技术有限公司副总经理；郭晓敏，北京国测星绘信息技术有限公司产品经理。

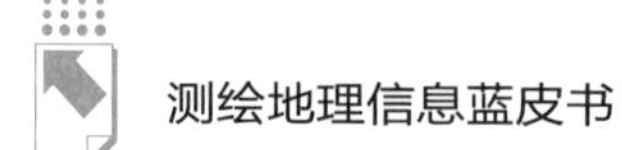

性需求越来越高。然而，卫星遥感数据资源的分散管理，导致了遥感数据信息的封闭；长时间序列、海量多尺度的卫星遥感数据资源压迫着传统的空间数据存储模型以及传统的数据分发模式。国产遥感卫星现状如图 1 所示。

我国生态文明建设、党和国家机构改革不断深入推进，对我国卫星遥感事业的发展提出了更高的要求。2015 年 4 月，国务院印发《关于加快推进生态文明建设的意见》，要求利用卫星遥感等技术手段，对自然资源和生态环境保护状况开展全天候监测，健全覆盖所有资源环境要素的监测网络体系。2016 年 12 月，国务院印发《“十三五”国家信息化规划》，该《规划》提出，实施自然资源监测监管信息工程，建立全天候的自然资源监测技术体系，构建面向土地、海洋、能源、矿产资源、水、森林、草原、大气等多种资源的立体监控系统。2018 年 3 月，十九届三中全会通过的《中共中央关于深化党和国家机构改革的决定》进一步提出：设立国有自然资源资产管理和自然生态监管机构，完善生态环境管理制度，统一行使全民所有自然资源资产所有者职责。2018 年 4 月，自然资源遥感应用创新发展座谈会在京召开，会议提出自然资源部的组建，以创立陆海空一体，山水林田湖草整体保护、系统修复、综合治理，全民所有自然资源管理体制为使命，自然资源管理工作需要

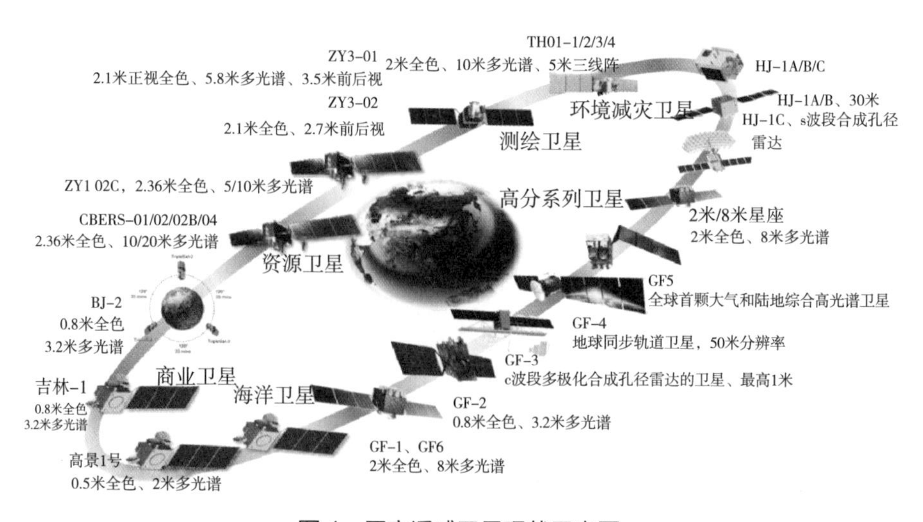

图 1　国产遥感卫星现状示意图

卫星遥感技术的有力支撑。要围绕提高山水林田湖草自然资源全要素、全覆盖、全天候调查监测及监管能力的新目标，充分发挥既有优势，增强遥感应用合力，着眼大局，凝心聚力，全面提升自然资源遥感应用的能力和水平。

当前，卫星遥感应用工作既有很好的工作基础，也存在一些突出问题和短板，面对自然资源部所肩负的新职责、新使命、新任务，卫星遥感应用工作面临前所未有的发展机遇和挑战。要从国家利益出发，着力推进卫星遥感技术体系建设和应用能力提升，进一步激发和发掘卫星遥感应用潜能，实现卫星遥感应用提质增效。要把面向重大需求的技术创新摆在更加突出的地位，进一步统筹卫星规划、基础数据获取、各种产品生产和技术研发等遥感技术能力建设，为自然资源系统全面落实国家重大战略、促进国家治理体系和治理能力现代化、深入贯彻生态文明建设要求等相关工作需求提供关键技术支撑，同时在符合相关管理办法的前提下，为政府部门、社会公众提供优质的遥感数据和应用服务，促进经济社会发展。

二　现状问题

（一）遥感数据统筹获取能力亟待加强

近年来，我国陆续发射了资源系列、高分系列、天绘系列、测绘卫星系列、商业卫星系列等多传感器类型、多空间尺度、多时间尺度的多颗遥感卫星，为自然资源、生态环境研究和国民经济建设提供了宝贵的空间图像数据。面向自然资源部各部门围绕土地、地质、海洋、测绘、林业开展卫星应用工作，对全国范围、高频次、长时间序列、多传感器的卫星遥感数据的需求越来越旺盛，亟待建立更优化、更顺畅的遥感数据统筹获取机制，提升数据获取保障能力。

（二）支撑服务自然资源遥感数据水平有待提高

自然资源领域对地观测体系的发展，要在新时代自然资源管护的总体要求下，进一步推进全色 + 多光谱、高光谱、成像雷达等不同载荷的高精度对地观测应用技术和遥感数据服务能力建设，加快形成全覆盖、全天候、全要素、全方位的遥感信息获取、检校与产品规模化生产能力，形成需求任务统筹、数据产品统一、专业应用协同的卫星业务应用新格局，为山水林田湖草多门类自然资源调查监测提供技术保障，为“多规合一”“生态保护”“资源资产评估”等业务提供技术积累和支撑。

（三）遥感数据及产品社会化服务领域仍需拓展

在整个遥感产业中，遥感数据及产品服务已经在农业、林业、水利、国土、环保、城乡规划等领域得到广泛应用，但这些领域面向的依然是政府、行业部门，解决行业专业化的应用需求，依然没有实现大众化、定制化服务的革命性跨越。因此，要积极探索遥感数据及产品形式和服务模式，探索建立以全国高分辨率卫星遥感数据为基础的大众化卫星影像在线浏览工具和数据处理方法，让非专业用户通过简单的操作获取遥感影像产品和专题信息，比如面向保险、期货、证券等跨行业的应用领域和大众化消费产品仍需拓展。

（四）信息化基础设施和网络安全支撑能力不足

伴随多星任务规划与多源数据动态汇聚任务的新增，信息化支撑平台计算、存储、网络及安全等面临严峻考验。遥感数据的量级指数倍增势必带来计算、存储与网络资源的严重负荷，针对新增多类型业务需求与底层支撑平台响应压力，原有业务支撑平台将会异常吃力。主要表现在：计算能力不够，不能及时有效完成遥感数据的处理、应用及分发服务任务；存储空间不足，原始数据、产品数据及分发数据的在线存储周期将大大缩短，同时数据处理工作空间紧张，产品分发服务周期增长；网络带宽拥堵，整条业务链路数据流不畅通、业务流响应慢，影响数据处理时效与分发服务体验。

三　目标框架

（一）总体目标

面向自然资源管理及相关行业部门对国产高分辨率卫星遥感数据的应用需

求，针对国产卫星影像深层应用服务中存在的主要问题，综合运用“互联网+”、云服务、云计算等新技术，通过对多源国产卫星遥感数据统筹规划与协同获取、多源异构遥感观测数据自适应动态汇聚、跨区域多中心分布式PB级卫星影像数据管理、动态化跨域遥感数据协同调度与自动分发、基于深度学习算法模型的遥感变化检测等关键技术攻关，研制自然资源卫星遥感云服务平台，建立自然资源遥感监测监管模式并实现业务化运行，形成以1个国家级中心为主体，以31个区域级中心为延伸，拥有M个国内行业用户、N个国际用户的“1+31+M+N”的遥感卫星应用综合服务多级多层次网络体系，开展国内外各类遥感卫星的数据共享和自然资源监测等综合服务，服务于自然资源调查、监测、评价、监管、决策全过程，实现遥感监测监管信息在自然资源部内部横向一致，国家、省、市、县、乡纵向统一，为自然资源保护、开发、利用和高效管理等提供决策支撑，进一步向政府、行业、产业和大众提供具有统一基准影像及产品的标准化和专业化服务，扩大国产卫星影像的应用范围和提高使用效率，提升国产高分辨率遥感影像的分发服务水平与应用服务能力。

（二）总体框架

面向自然资源管理及相关行业部门对国产高分辨率卫星遥感数据的应用需求，针对卫星影像深层应用服务中存在的主要问题，综合运用“互联网+”、云服务、云计算等新技术，进行自然资源卫星遥感云服务平台建设，总体技术框架如图2所示。

1）建立统筹机制：通过部局合作、行业共享、公益与商业互补等多种方式，打通资源三号、2米/8米星座、天绘一号、高分系列、资源一号02C等国产卫星数据获取渠道，实现国产卫星及其他主流遥感卫星数据统筹和系统获取。

2）突破关键技术：多源卫星遥感数据统筹规划与协同获取、多源遥感观测数据自适应动态汇聚、分布式PB级卫星影像数据管理、动态化跨域遥感数据协同调度与自动分发、基于深度学习算法模型的遥感变化检测等关键技术

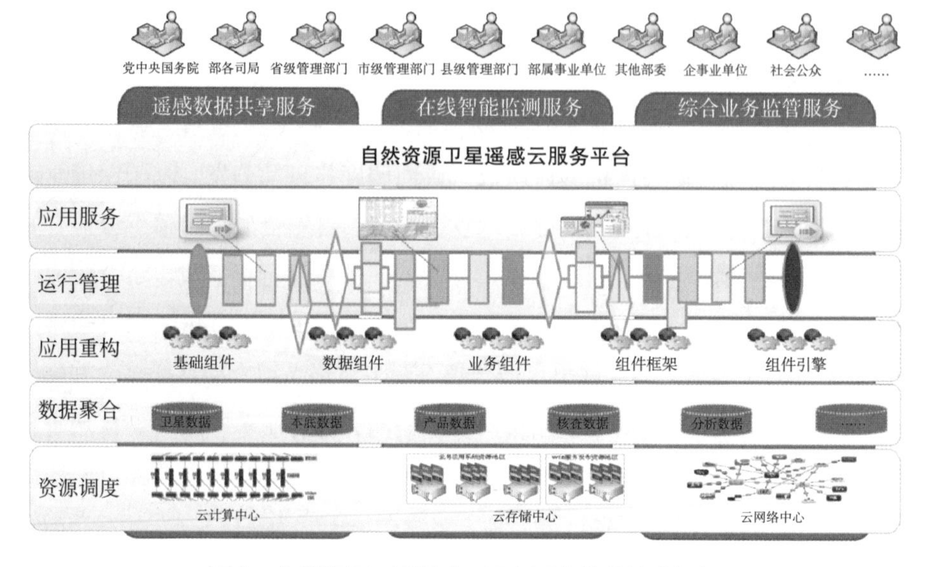

图 2　自然资源卫星遥感云服务平台总体技术框架

攻关。

3）建立全球数据库：实现 6 大类 19 颗卫星资源的遥感数据动态汇聚，具有 0.8~30 米分辨率的遥感卫星数据资源数据整合和共享服务能力；云数据库管理实体卫星影像数据超过 150 万景，数据量超过 1.2PB，支持万景数据检索和统计，响应速度不超过 1 秒。

4）研制云服务平台：研制自然资源卫星遥感云服务平台，具有数据推送、数据管理、数据查询、覆盖统计、轨道预测及二次分发等功能，构建以 1 个国家级中心为主体，以 31 个区域级中心为延伸，拥有 M 个国内行业用户、N 个国际用户的“1+31+M+N”的遥感卫星多级多层次应用综合服务网络体系。

5）建立遥感监测监管模式：建立自然资源遥感监测监管模式并实现业务化运行，向政府、行业、产业和大众提供具有统一基准影像及产品的标准化和专业化服务，扩大国产卫星影像的应用范围和提高其使用效率，提升国产高分辨率遥感影像的分发服务水平与应用服务能力。

四　建设内容

（一）卫星遥感数据统筹规划与协同获取

建立多途径数据资源共享与整合通路，充分依托资源三号卫星稳定高效的数据获取能力，同时通过部局合作、行业共享、公益与商业互补等多种方式，与天绘卫星遥感中心、中国自然资源航空物探遥感中心、中国资源卫星应用中心等多家数据源单位密切合作，畅通资源三号、2米/8米星座、天绘一号、高分系列、资源一号02C等国产卫星获取渠道，获取持续、稳定、可靠的数据源。卫星影像统筹机制及影像类型如图3所示。

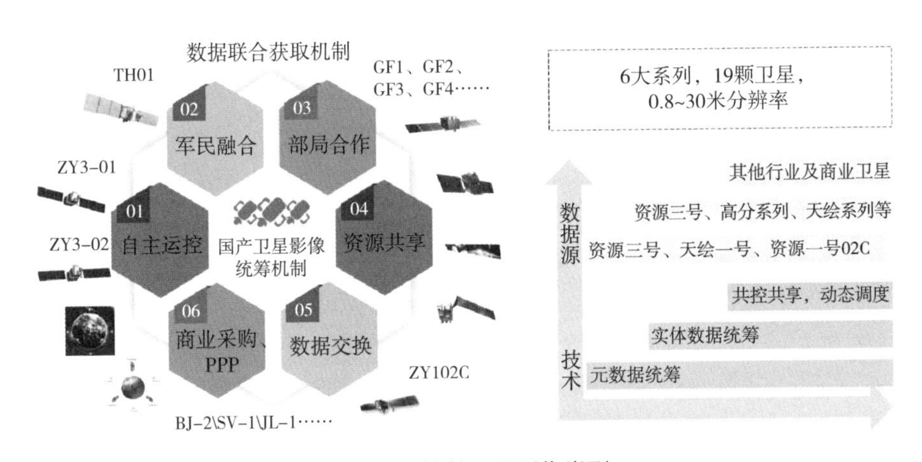

图3　可统筹卫星影像类型

针对自然资源监测对遥感数据要求的多样性和复杂性，设计实现遥感影像区域可获取性因子综合分析模型。通过结合区域历史天气（降雨、降雪）数据、区域天气预报数据、区域地形地貌数据、区域气候因子、历史采集情况、多源卫星轨道、卫星重访周期等多种区域因子，得到遥感影像区域可获取性因子综合分析模型，模拟卫星过境时的影像可获取性，用于科学指导编程任务定制，真正实现多源卫星数据协同获取。打通资源三号、2米/8米星座、高分系列、资源一号 02C 等国产卫星数据获取渠道，实现国产卫星及其他主流遥感卫星 6 大系列、19 颗卫星、0.8~30 米分辨率的遥感数据统筹获取和智能优选整合；综合 8 颗 2 米级光学卫星，吐鲁番温州一线以北可实现 1~1.5 个月一次全覆盖；伊犁厦门一线以北可实现季度全覆盖；全国 90% 以上的区域可实现半年全覆盖。

（二）分布式PB级卫星影像数据库建设

基于云服务器和云存储提供的高可用性、安全性和弹性的基础设施框架，为自然资源卫星遥感云服务平台的搭建与运行提供了稳定、可靠的坚实基础。通过选择多地域的可用区服务器和分布式存储，构建稳定高效的全球影像云数据库，形成 PB 级卫星影像数据共享资源池；充分发挥主节点 +31 个省级节点的网络布局优势，建设卫星影像云数据库；通过多源卫星元数据归一化、实体数据分布式存储与提取、NoSQL 键值对关联元数据与实体数据；建立基于云架构的多数据中心，如图 4 所示，实现云端共享，动态互联；通过纵向和横向的弹性伸缩机制，根据业务量的增减灵活变更服务器配置，实现无缝平滑增加 / 释放服务资源，合理控制业务成本；建立 PB 级全球多源、多尺度海量遥感影像混合云数据库，数据库实体卫星影像数据超过 150 万景，数据量超过 1.2PB，万景以上数据检索统计响应时间不超过 1 秒。

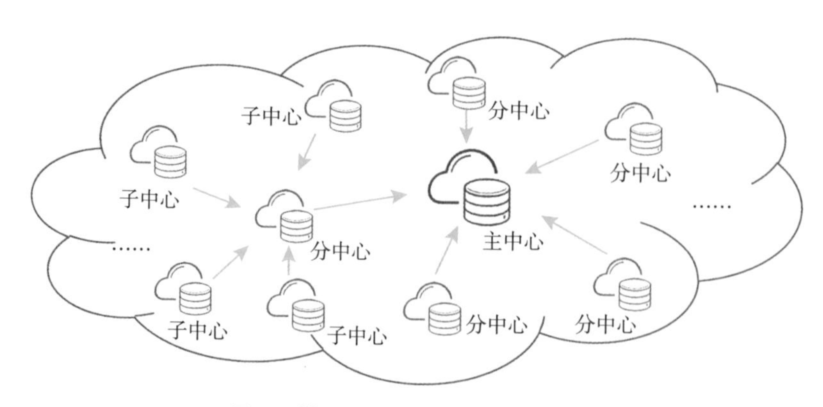

图 4　基于云架构的分布式数据中心

（三）动态化跨域遥感数据协同调度与自动分发

利用卫星影像可获取性预测模块开展目标区域的影像获取预测，根据预测结果结合其他信息，辅助制定影像协同利用方案，开展多星协同影像数据调度，然后在获取多源数据的基础上进行数据整合后批量开展影像云区快速提取，将云区提取结果导入优选模块，然后利用多源影像智能优选模块开展任务区的影像优选，将优选结果以数据清单的方式输出，最后利用影像提取与组织模块将优选结果中的影像数据全部调度到制定位置，完成数据同步。遥感数据协同调度与自动分发体系架构如图5所示。

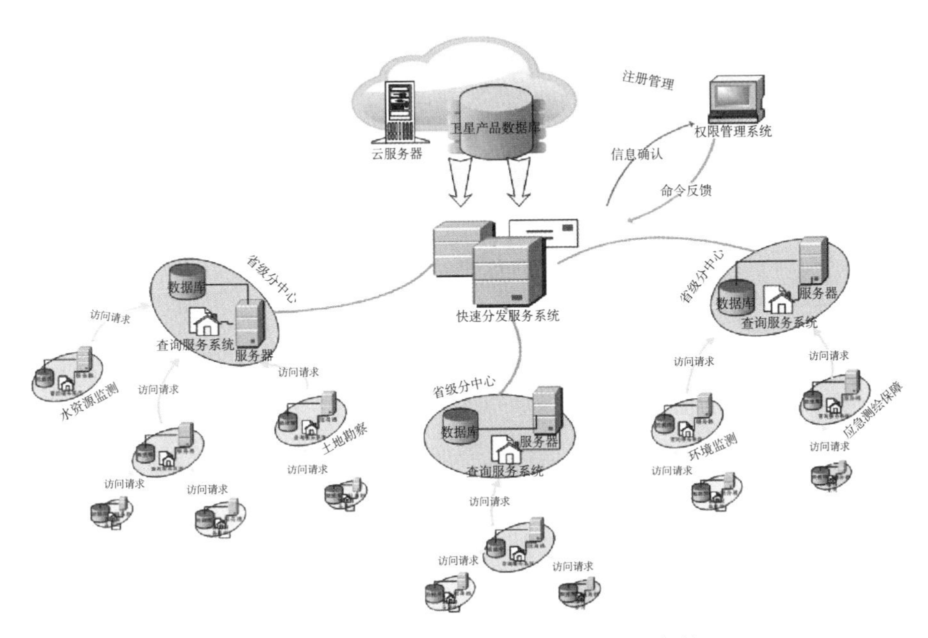

图5　遥感数据协同调度与自动分发体系架构

通过权限管理与分配、认证与统一访问、信息存储安全保障、数据同步云端、数据更新广播、数据订阅推送等，为各类卫星影像数据产品的实时发布、内部服务模式统一推送、严格的安全认证提供基础的功能支撑。提供增量影像数据定时上传至云端服务，建设影像数据同步至云存储端系统，提供对于影像数据更新信息的及时识别发现，并在最短时间内自动推送增量数据至云存储端；提供云端更新影像数据自动推送至认证客户端服务；建设云端推送至客户端系统，提供在发现云存储端有影像数据增量时，自动推送指定范围的影像数据至订制该范围数据的本地客户端。遥感数据协同调度与自动分发工作流程如图 6 所示。

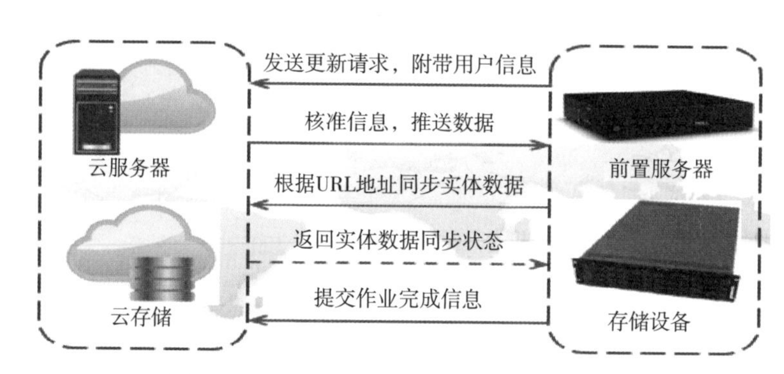

图 6　遥感数据协同调度与自动分发工作流程

（四）基于深度学习算法模型的遥感变化检测

通过遥感变化检测标记影像制作、遥感变化检测算法模型构建、影像特征分析与提取、算法迭代与模型优化等技术实现云环境下的在线智能变化监测，以多源遥感影像为数据源，构建地表要素光谱、纹理、形状、指数及几何拓扑、空间关系等特征信息专家知识库，建立数学模型，实现对象特征量化表达；实现样本数据的高效组织、管理，检索与更新；实现要素样本特征知识自动采集，形成“知识应用 - 评价 - 知识反馈”的动态机制，支撑国土资源要素的快速、准确识别。基于深度学习算法模型的遥感变化检测工作流程如图 7 所示。

利用深度学习技术方法，形成各类地物的提取模型。如图 8 所示，分别形成路网、水体、飞机、建筑物、大风车等检测模型，并实现业务应用。

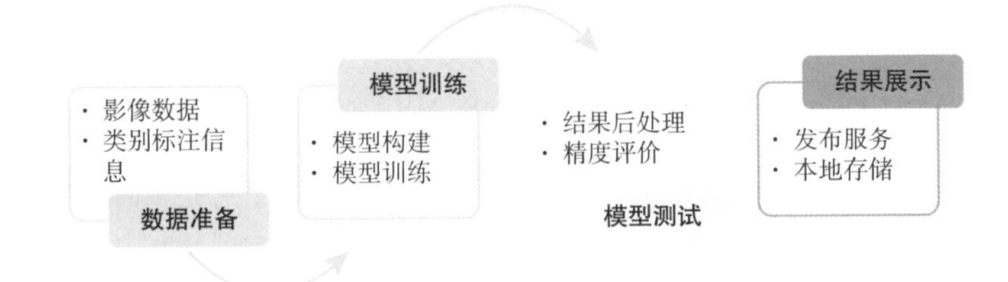

图 7　基于深度学习算法模型的遥感变化检测工作流程

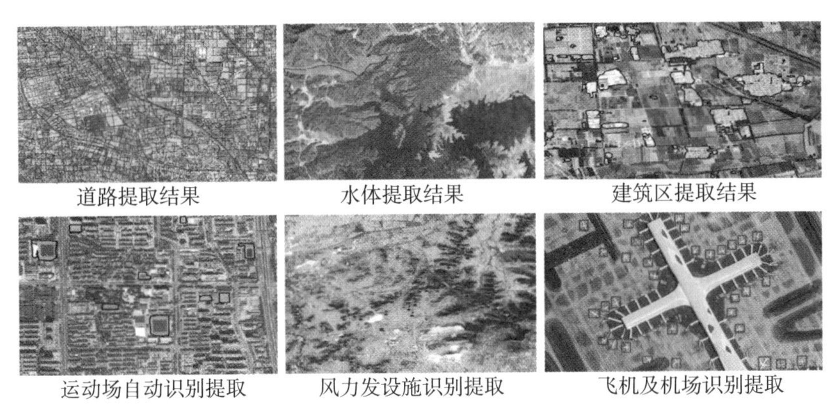

图 8　基于深度学习算法模型的遥感地物自动提取

（五）自然资源遥感监测监管模式构建与业务化运行

如图 9 所示，基于自然资源卫星遥感云服务平台，以国土资源卫星遥感数据及时获取、快速处理和信息化应用为技术轴线，以季度土地利用现状变化监测和月度批供用常态化监测为业务轴线，通过多源卫星遥感影像统筹获取、卫星遥感影像集群化处理、卫星遥感监测图斑快速提取、监测成果云推送和服务发布等技术创新，形成国土资源卫星遥感监测技术体系；建立和完善国土资源监测与监管技术标准体系；搭建国土资源卫星遥感即时监测及成果服务发布系统，将项目成果快速推送至业务需求部门，开展多种国土资源业务化应用，真正落实“天上看、地上查、网上管”，及时掌握全国国土资源现状及变化，有效促进国土资源集约节约利用和有效保护，服务经济和社会发展。图 10 为青岛市自然资源监测监管成果发布界面。

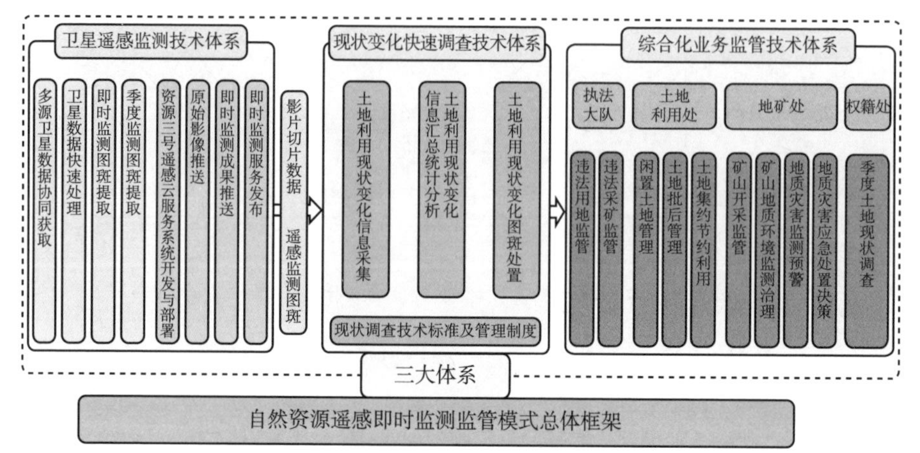

图 9　自然资源遥感即时监测监管体系

（六）自然资源卫星遥感云服务平台研发与运行

根据自然资源卫星遥感云服务平台整体业务需求进行虚拟化平台网络系统及各部门接入网络系统建设。规划设计满足自然资源卫星遥感云服务平台 IT 建设发展的网络基础架构，在充分了解网络现状和业务需求的基础上，结合成熟的设计理念，采用可靠和高效的网络设备，搭建具备先进性、安全性、高可靠性、高效、环保以及满足自然资源卫星遥感云服务平台未来发展的新一代网络系统，为项目各类信息系统的建设提供网络基础设施支撑和保障。整体网络规划，应具有足够的弹性和扩展性，保证未来新的电子政务外网私有云数据中心、互联网分布式公有云等能够平滑接入网络，而不会影响网络架构的稳定性，不会导致访问策略的频繁调整，保证各业务中心之间无阻塞的数据交换，以及各省级单位、其他共建部门、社会公众等对各种业务的高速、可靠、可控访问。自然资源卫星遥感云服务平台的建设，实现卫星数据产品全自动、“T+1”时效、“7×24”小时不间断服务推送；建立以 1 个国家级中心为主体，辐射 31 个省级中心，拥有多个行业中心及若干国际中心的“1+31+M+N”服务体系。图 11 为自然资源卫星遥感云服务平台网站首页。

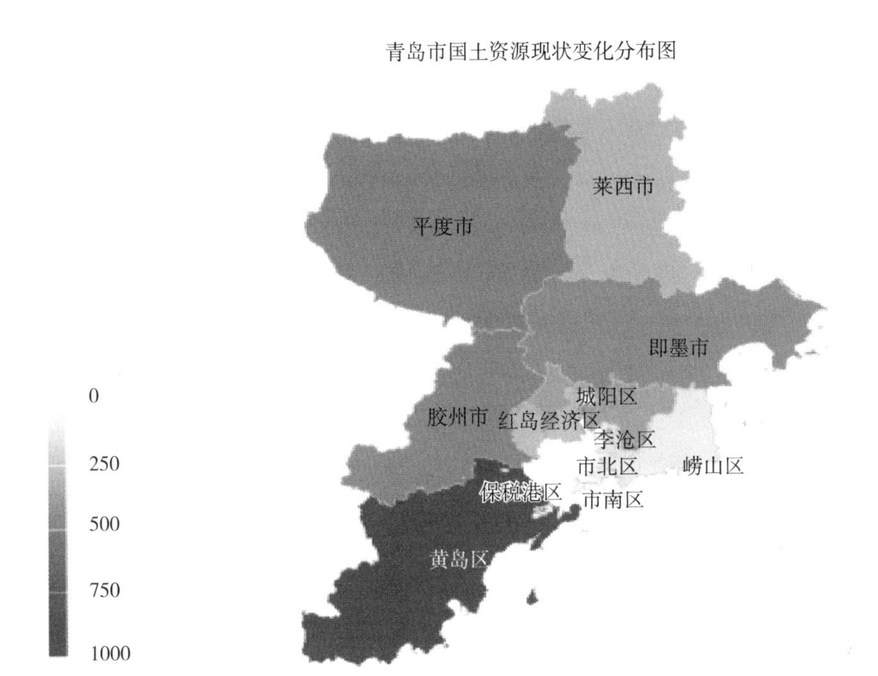

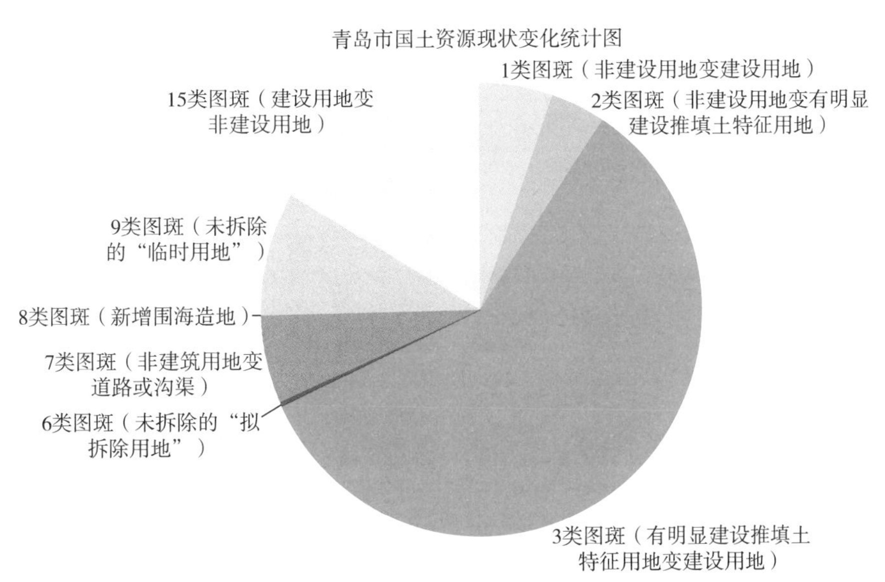

图 10　青岛市自然资源监测监管成果发布界面

图 11　自然资源卫星遥感云服务平台网站首页

1. 数据管理

依托高可用性、高安全性和高弹性的基础设施框架技术、全球 PB 级卫星影像云数据库建设技术实现数据管理功能；实现 6 大类 19 颗卫星资源的遥感数据动态汇聚，具备 0.8~30 米分辨率的遥感卫星数据资源数据整合和共享服务能力；云数据库管理实体卫星影像数据超过 150 万景，存储全球多源多尺度卫星遥感影像元数据 200 余万条，实体数据 150 余万条，云端在线数据量达 1.2PB。图 12 为自然资源卫星遥感云服务平台数据管理功能界面。

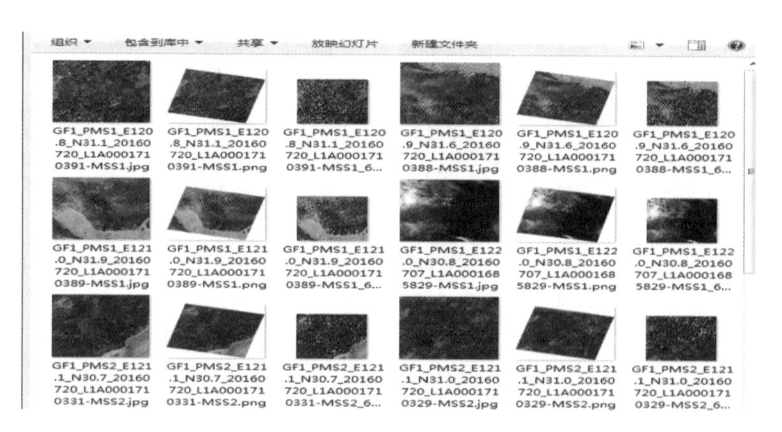

图 12　自然资源卫星遥感云服务平台数据管理功能界面

2. 数据查询

依托多类产品海量数据多样化条件综合检索技术实现数据查询功能；支持采集时间、卫星及传感器选择、行政区选择、云量等条件查询。

3. 数据推送

依托跨区域数据协同调度与同步技术、海量国产卫星遥感数据高时效自动处理分发技术实现数据推送功能；每日智能闲时自动推送，实现 7 × 24 小时不间断服务，数据共享时效达 T+1 天。

4. 轨道预测

依托遥感影像区域可获取性因子综合分析技术中的多卫星平台飞行轨迹分析实现轨道预测功能；定时获取卫星轨道根数和两行轨道根数（TLEs）等参数，采用逐点加密和空间相交分析的方法，动态生成用户指定区域内、指定时间段内、指定卫星源的过境情况。

五　成果应用

自然资源卫星遥感云服务平台在数据共享服务、遥感监测应用、综合监测监管等方面得到充分应用，建设成效显著。

（一）建立了全球数据共享服务网络

如图 13 所示，自 2016 年 5 月 29 日自然资源卫星遥感云服务平台正式开通以来，在国内已接入 31 个省市级自然资源部内外应用单位 208 个，实现了自然资源部内外的多行业覆盖和业务化运行；在海外，与拉丁美洲、非洲、大洋洲、欧洲、中亚、南亚的 17 个国家建立了数据服务节点，未来将进一步拓展国际市场，建设全球化卫星遥感数据中心，实现国产卫星遥感数据到亚非拉美欧等地区的一站式快速服务。表 1 为自然资源卫星遥感云服务平台各节点数据推送情况。

省级中心（21）

- 北京市测绘设计研究院
- 河北省自然资源厅信息中心
- 山西省遥感中心
- 内蒙古自治区基础地理信息中心
- 黑龙江省国土空间规划研究院
- 上海市测绘院
- 江苏省地质调查研究院
- 浙江省土地勘测规划院
- 福建省基础地理信息中心
- 山东省国土测绘院
- 湖北省国土资源研究院
- 湖南省国土资源规划院
- 广东省国土资源技术中心
- 广西壮族自治区基础地理信息中心
- 重庆市地理信息中心
- 四川省国土科学技术研究院
- 贵州省国土资源勘测规划研究院
- 陕西省矿产地质调查中心
- 甘肃省基础地理信息中心
- 青海省地质调查院
- 宁夏回族自治区自然资源信息中心

国际节点（17）

- 奥地利（The Republic of Austria）
- 孟加拉国（The People's Republic of Bangladesh）
- 柬埔寨（The Kingdom of Cambodia）
- 加纳（The Republic of Ghana）
- 约旦（The Hashemite Kingdom of Jordan）
- 肯尼亚（The Republic of Kenya）
- 老挝（The Lao People's Democratic Republic）
- 蒙古（Mongolia）
- 尼泊尔（Nepal）
- 挪威（The Kingdom of Norway）
- 斯里兰卡（The Democratic Socialist Republic of Sri Lanka）
- 泰国（The Kingdom of Thailand）
- 乌干达（The Republic of Uganda）
- 英国（The United Kingdom of Great Britain and Northern Ireland）
- 委内瑞拉（Bolivarian Republic of Venezuela）
- 赞比亚（Zambia）
- 印度尼西亚（Indonesia）

省级中心（28）

- 北京市土地权籍事务中心
- 天津市地籍管理中心
- 天津市测绘院
- 天津市勘察院
- 河北省基础地理信息中心
- 山西省自然资源调查规划院
- 山西省地质调查院
- 辽宁省自然资源事务服务中心
- 吉林省基础地理信息中心
- 江苏省测绘工程院
- 浙江省测绘资料档案馆
- 安徽省土地勘测规划院
- 安徽省基础测绘信息中心
- 江西省自然资源厅国土资源勘测规划院
- 江西省测绘成果资料档案馆
- 河南省遥感测绘院
- 河南省地质矿产勘查开发局测绘地理信息院
- 湖北省测绘成果档案馆
- 海南省农垦设计院
- 重庆市国土资源和房屋勘测规划院
- 重庆市勘测院
- 贵州省基础地理信息中心
- 云南省遥感中心
- 西藏自治区测绘院
- 甘肃省自然资源规划研究院
- 青海省测绘科学技术研究院
- 新疆维吾尔自治区测绘档案资料馆
- 港澳台地区（北京天下图数据技术有限公司）

行业节点（10）

- 长江流域水资源保护局
- 水利部水利信息中心
- 解放军信息工程大学
- 深圳大学
- 南京市农业大学
- 西部战区陆军信息工程科技创新工作站
- 中国人民解放军61175部队
- 中国人民解放军61618部队
- 中国人民解放军32022部队
- 中国人民解放军61363部队

部署机构（23）

- 国家自然资源督察济南局
- 国家自然资源督察北京局
- 国家自然资源督察沈阳局
- 国家自然资源督察上海局
- 国家自然资源督察武汉局
- 国家自然资源督察成都局
- 国家自然资源督察广州局
- 国土整治中心
- 中国国土勘测规划院
- 中国海洋局南海分局
- 中国海洋信息中心
- 国家卫星海洋应用中心
- 第一海洋研究所
- 陕西基础地理信息中心
- 黑龙江基础地理信息中心
- 四川基础地理信息中心
- 第四航测遥感院
- 重庆测绘院
- 中国自然资源航空物探遥感中心
- 国家林业和草原局调查规划设计院
- 国家林业和草原局西北林业调查规划设计院
- 福建省林业调查规划设计院
- 云南省林业和草原局机关服务中心

用户类型

国际节点 17；部属机构 23；行业节点 10；省级中心 21；省级节点 28；市级节点 126

市级节点（126）

- 大连市自然资源局
- 宁波市自然资源和规划局
- 青岛市自然资源和规划局
- 深圳市规划和外面资源局
- 北京市规划和自然资源委员会东城分局
- 北京市规划和自然资源委员会西城分局
- 北京市规划和自然资源委员会丰台分局
- 北京市规划和自然资源委员会门头沟分局
- 北京市规划和自然资源委员会房山分局
- 北京市规划和自然资源委员会通州分局
- 北京市规划和自然资源委员会顺义分局
- 北京市规划和自然资源委员会昌平分局
- 北京市规划和自然资源委员会大兴分局
- 北京市规划和自然资源委员会怀柔分局
- 北京市规划和自然资源委员会平谷分局
- 北京市规划和自然资源委员会密云分局
- 北京市规划和自然资源委员会延庆分局
- 石家庄市土地利用规划院
- 雄安新区管理委员会综合执法局
- 太原市规划和自然资源局
- 鄂尔多斯市自然资源局
- 丹东市自然资源局
- 锦州市自然资源局
- 辽阳市自然资源事务服务中心
- 铁岭市自然资源事务服务中心
- 葫芦岛市自然资源事务服务中心
- 南京市规划和自然资源局
- 无锡市自然资源和规划局
- 徐州市自然资源和规划局
- 常州市自然资源局
- 苏州市自然资源和规划局
- 昆山市自然资源和规划局
- 南通市自然资源局
- 连云港市自然资源和规划局
- 淮安市自然资源和规划局
- 盐城市自然资源和规划局
- 扬州市自然资源和规划局
- 镇江市自然资源和规划局
- 泰州市自然资源和规划局
- 泰兴市自然资源和规划局
- 宿迁市自然资源局
- 溧阳县自然资源和规划局
- 杭州市规划和自然资源局
- 温州市自然资源和规划局
- 绍兴市自然资源和规划局
- 金华市自然资源和规划局
- 台州市自然资源和规划局
- 萍乡市自然资源和规划局
- 济南市自然资源和规划局
- 淄博市自然资源和规划局
- 东莞市自然资源局
- 烟台市自然资源和规划局
- 潍坊市自然资源和规划局
- 临沂市自然资源和规划局
- 武汉市自然资源和规划局
- 黄石市自然资源和规划局
- 十堰市自然资源和规划局
- 宜昌市自然资源和规划局
- 襄阳市自然资源和规划局
- 鄂州市自然资源和规划局
- 荆门市自然资源和规划局
- 孝感市自然资源和规划局
- 荆州市自然资源和规划局
- 黄冈市自然资源和规划局
- 咸宁市自然资源和规划局
- 随州市自然资源和规划局
- 恩施州自然资源和规划局
- 仙桃市自然资源和规划局
- 潜江市自然资源和规划局
- 天门市自然资源和规划局
- 长沙市自然资源和规划局
- 株洲市自然资源和规划局
- 株洲醴陵市自然资源和规划局
- 湘潭市自然资源和规划局
- 湘潭韶山市自然资源和规划局
- 衡阳市自然资源和规划局
- 邵阳市自然资源和规划局
- 岳阳市自然资源和规划局
- 常德市自然资源和规划局
- 津市市自然资源和规划局
- 张家界市自然资源和规划局
- 益阳市自然资源和规划局
- 郴州市自然资源和规划局
- 永州市自然资源和规划局
- 怀化市自然资源和规划局
- 娄底市自然资源和规划局
- 娄底新化县自然资源和规划局
- 湘西土家族苗族自治州自然资源和规划局
- 广州市自然资源局
- 珠海市自然资源局
- 佛山市自然资源局
- 梅州市自然资源局
- 清远市自然资源局
- 东莞市自然资源局
- 中山市自然资源局
- 南宁市自然资源局
- 柳州市自然资源和规划局
- 攀枝花市自然资源和规划局
- 西安市自然资源和规划局
- 铜川市自然资源和规划局
- 咸阳市自然资源和规划局
- 杨凌示范区自然资源和规划局
- 汉中市自然资源局
- 榆林市自然资源和规划局
- 安康市自然资源和规划局
- 武威市自然资源和规划局
- 西宁市自然资源和规划局
- 果洛州自然资源局
- 玉树州自然资源局
- 乌鲁木齐市自然资源局
- 克拉玛依市自然资源局
- 哈密市自然资源局
- 巴音郭楞蒙古自治州自然资源局
- 阿克苏地区自然资源局
- 喀什地区自然资源局
- 和田地区自然资源局
- 塔城地区自然资源局
- 阿勒泰地区自然资源局
- 齐齐哈尔市城乡规划局
- 牡丹江勘察测绘研究院
- 大庆市城乡规划局
- 鸡西市城乡规划局
- 七台河市城乡规划局
- 伊春市城乡规划局
- 双鸭山市测绘地理信息管理办公室
- 宁安市人民政府

图 13　自然资源卫星遥感云服务平台节点

表 1 自然资源卫星遥感云服务平台各节点数据推送情况

截至 2019 年 12 月 31 日

节点类型	节点总数	推送批次	推送影像（景）	推送数据量（T）	总面积（万平方千米）
部属机构	23	1942	260552	281.18	50958.28
省级中心	21	2365	89041	156.22	24883.37
省级节点	28	17320	635189	493.45	44700.19
市级节点	126	6899	77001	74.53	13372.34
行业节点	10	3052	177161	109.69	8036.41
国际节点	17	415	26131	11.11	2432.611
总 计	225	31993	1265075	1126.18	144383.2

（二）开展遥感数据共享服务

云平台在测绘重大工程、第三次全国国土调查、农林业普查、水利建设、海洋资源监测、生态保护监测、城市建设等众多领域推广应用，满足多种行业应用需求，极大地提升我国遥感影像处理能力及服务水平，产生了显著的经济效益和社会效益，具有广泛的应用前景和推广价值。

1. 第三次全国国土调查

在第三次国土调查项目中，通过云平台完成了全国 960 万平方千米陆地范围（含海岛）优于 1 米分辨率遥感影像数据采集保障；统筹分辨率优于 1 米国内外卫星数据源超过 25 颗；在标准影像时间之前，影像采集已完成全国 100% 覆盖；第三次全国国土调查卫星遥感数据分发服务，全部通过云平台在线推送，保障了工程的顺利实施。图 14 为全国第三次国土调查影像统筹信息统计。

2. 全球测图遥感影像服务保障

在全球测图项目中，累计完成 5334.03 万平方千米区域的 16 米分辨率

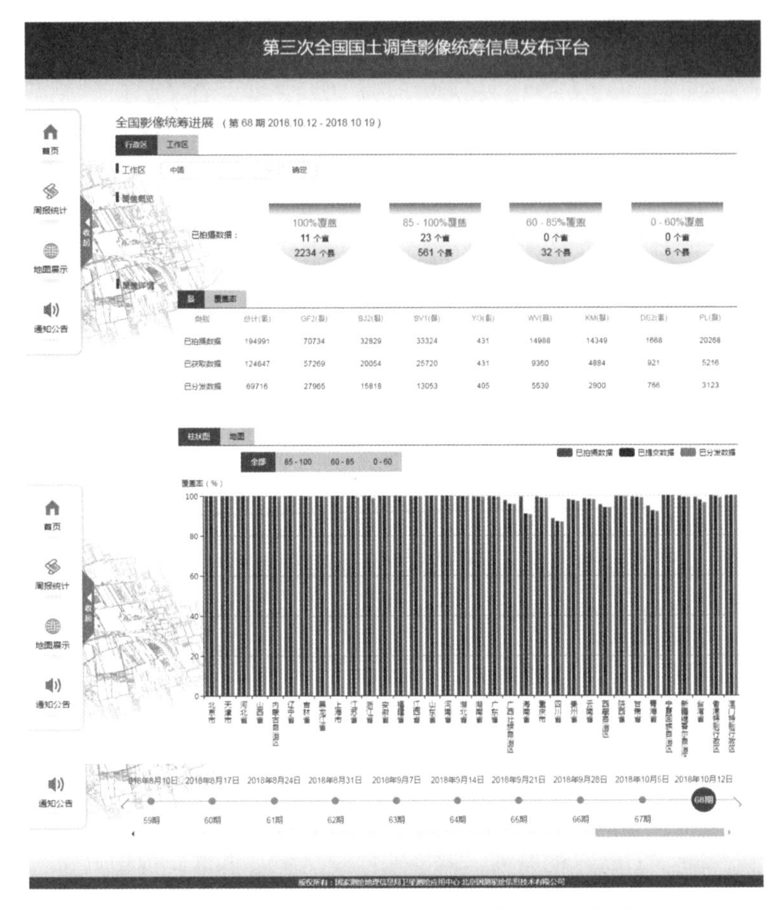

图 14　全国第三次国土调查影像统筹信息统计

卫星多光谱影像的统筹获取、区域网平差处理、质量检查和对外分发等工作；完成面积完全覆盖了原定任务区域，完成率达到 100%。

3. 地理国情数据保障

2017 年 5 月至 8 月，通过云服务平台对统筹协调的 37457 万景卫星影像进行 31 省分发，将原来的数据领取工作从原来的 5 个工作日以上压缩到 12 小时之内，并可实现无人值守的工作状态，大大节省了数据领取人员往返两地的人力、财力耗费。

（三）服务于自然资源监测监管

面向自然资源管理中对于数据的及时性、准确性和全面性的迫切需求，构建全流程的自然资源遥感即时监测监管技术体系，连通卫星遥感监测、现状变化调查和综合业务监管三大环节，遥感监测要及时、全面，现状变化调查要真实、快速，业务监管要依法有效，即时监测监管模式已经在青岛市、吉林省、陕西省、萍乡市、雄安新区的自然资源管理部分得到充分应用，同时在整个自然资源部执法系统等实现了业务化运行。

建立国土卫星遥感即时监测技术体系。如图 15 所示，形成多源卫星遥感影像数据协同获取、卫星影像数据快速处理、国土资源卫星遥感监测图斑自动化提取、即时监测成果推送与服务发布等环节紧密结合的一体化监测流程，快速将监测成果（影像成果和图斑成果）通过云环境自动推送至业务部门，提供标准 OGC 底图服务，方便接入通用 GIS 平台和业务系统；上线多终端监测报告，便于管理部门随时随地查看最新资源变化情况。

建立现状变化快速调查技术体系，通过信息通信技术以及互联网平台，采用移动互联网、云计算、大数据、物联网等信息通信技术，移动终端可以获取违法、违约或闲置图斑，进行图斑的快速展示、定位和导航，同时支持

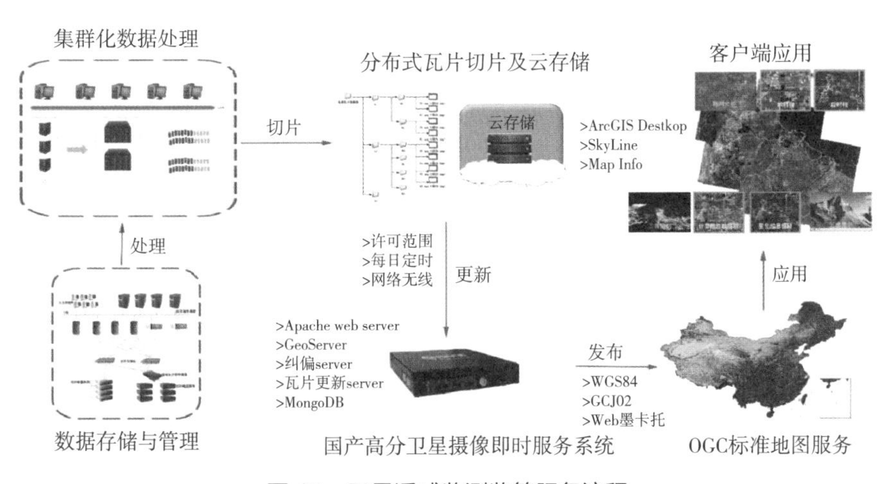

图 15　卫星遥感监测监管服务流程

发送查询信息到国土专网，实现即查即得、快速处置。图 16 为卫星遥感监测监管外业核查系统界面。

建立综合业务监管技术体系，通过自动化智能套合比对分析技术，根据决策树模型，实现对监测图斑的自动分析检测与类型划分，大大提升国土资源专项工作中图斑判别的效率和准确性；通过各项具体业务需求的深度挖掘和需求转化，研发各项专题应用模块。图 17 为青岛市建设用地批供

图 16　卫星遥感监测监管外业核查系统界面

图 17　青岛市建设用地批供用查管理信息系统界面

用查管理信息系统界面，图 18 为自然保护区卫星遥感监测与综合展示系统界面。

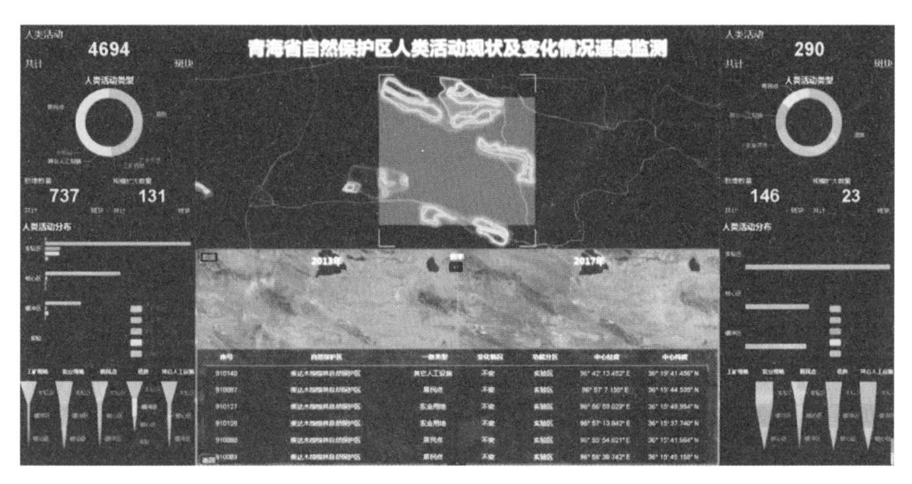

图 18　自然保护区卫星遥感监测与综合展示系统界面

六　结论与展望

自然资源卫星遥感云服务平台建立至今，已经向测绘、农业、水利、交通、环保和减灾等领域的 2200 余家国内外用户提供了覆盖面积累计超过 14 亿平方千米的高精度、高鲜度的卫星影像产品与服务保障，为我国测绘地理信息事业发展、卫星遥感技术和应用服务能力提升做出了贡献。

今后将继续以卫星遥感的专业化、工程化、产业化、国际化为目标，以自然资源遥感云服务平台为基础，充分利用互联网和部内专网两个网络，构建互联互通的多级服务网络，全面打通国内外辐射状延伸和省市级层级状渗透的纵横数据链路，实现基础影像底图、调查、监测信息数据、统计分析数据等成果的同步共享，服务于自然资源调查、监测、评价、监管、决策全过程，为自然资源保护、开发、利用和高效管理等提供决策支撑。

参考文献

[1] 王权:《建设“五全”自然资源卫星观测体系》,《中国自然资源报》2019年3月11日。

[2] 李倩、王旭雁:《全国土地利用管理工作会议召开:持续加强房地产用地市场管控》,《中国国土资源报》2017年9月1日。

[3] 李倩:《山东省青岛市建成国土资源卫星遥感即时监测监管平台》,《土地、矿产监测监管实现——天上看 地上查 网上管》,《中国国土资源报》2017年12月29日。

[4] 王光辉、王华斌、樊文锋、刘宇,“Change Detection in High-Resolution Remote Sensing Images Using Levene-Test and Fuzzy Evaluation”, ISPRS, 2018年11月。

[5] 李佳雨、王华斌、王光辉、翟浩然,“Appling Remote Sensing Technique to Monitor Spatial Expansion of Important Cities in China-indochina Peninsula Economic Corridor”, The ISPRS Geospatial Week 2017, 2017年11月。

[6] Hong Zhang, Fei Yang, “Optimization of Capital Structure in Real Estate Enterprises”, *Journal of Industrial and Management Optimization*, 2015年11月。

B.4
国家重大基础设施智能化建设的思考

李朋德　朱月琴*

摘　要：本文结合目前信息服务平台在智能化体系建设中所面临的机遇和挑战，剖析了国家重大基础设施建设各阶段数字化、信息化和智能化的重点，针对川藏铁路智能化建设提出了几点思考。

关键词：基础设施　智能化　地球空间信息　川藏铁路

一　前言

重大基础设施是影响国家政治、经济、社会、科技、生态环境、公众健康与国家安全的建设工程。鉴于基础设施具有规模宏大、开放性强、多元化显著以及新技术推广运用较为普遍等特点，重大基础设施工程在规划、建设、运维等整个生命周期中变得越来越复杂，延伸性影响也越来越大。因此，如何利用"物联网＋"、数字建模、孪生操控、大数据和人工智能等新一代信息技术，为重大基础设施生命周期提供全面、可靠的数字依据和决策知识服务，以提高规划勘察、设计、施工、运维等全过程的数字化、信息化和智能化水平，成为当今重大基础设施工程建设的一项重要任务。本文结合目前信息服务平台在智能化体系建设中所面临的机遇和挑战，剖析了国家重大基础设施建设各阶段数字化、信息化和智能化的重点，针对川藏铁路智能化建设提出了几点思考。

* 李朋德，博士，高级工程师，全国政协常委，中国农工民主党中央常委，自然资源部中国地质调查局副局长，曾担任联合国地球空间信息管理全球专家委员会共同主席，现担任地球观测组织（GEO）共同主席中国首席代表；朱月琴（女），博士，高级工程师，中国地质调查局发展研究中心大数据研究室（局网信办）。

二　重大基础设施智能化建设面临的问题

智能化的信息平台（简称为“智能平台”）可为高速公路、铁路、大型化工厂、水利工程、机场、码头等大型基础设施的规划、选址、勘察、设计、施工和运维提供全生命周期的信息服务和数据支撑，已成为国家重大基础设施数字化和信息化建设的重要方向和组成部分。从信息技术的发展、国家重大基础设施建设需求等方面考虑，智能平台建设面临着以下几个方面的问题。

（一）数据共享问题

智能平台需要自然科学、工程技术和人文科学的交叉与融合，更加强调人文学科在工程科学技术中的运用。而在传统的工程类信息服务平台中，大都考虑的是工程基础数据，且此类工程基础数据目前多数由特有建设施工单位持有，尚未纳入或尚未作为公共数据共享。而重大基础设施智能平台不仅需要这些数据，还需要建立有效的机制来集中统一全领域、全类型的相关权威数据。为此，很多建成的“互联网 +”大数据共享服务平台都提供了很好的空间信息共享机制和基础，例如：自然资源部提供的“天地图”就是公共地理信息共享服务平台；中国地质调查局的“地质云”建立了领域内的数据共享机制；国际地球科学联合会提出的“地质一张图”（One Geology）实现了全球地质图数据的共享服务等。然而，这些共享服务大多考虑的还只是比较单一的领域，要实现服务重大基础设施的智能化建设依然具有较大的挑战性，还需要制定灵活的共享服务机制和互联互通的网络。

（二）时空数据表达问题

基础设施建设具有空间分布特征和时序性，其精准表达需要大量准确的时空数据。这些数据包括两大类：一类是重大基础设施本身所需的全领域、全要素的数据；另一类是重大基础设施对环境的影响，是地球生态环境评估所需的数据。因此，应采用统一的数据模型来表达、支持其高效的组织管理。

然而，把包含人文科学和环境科学的全业务数据纳入工程建设数据体系中，在现有的信息服务平台里仍然十分鲜见。尽管联合国地球空间信息管理全球专家委员会（UN-GGIM）已经开始尝试把地球空间信息与统计信息、海洋信息、土地应用等信息融合起来，但操作层面的统一数据模型仍然没有提出。因此，考虑以时空信息为基准，把社会统计学、人文科学的信息集中纳入并融合到一个统一的数据模型进行管理和服务，亦是国家重大基础设施信息服务平台需要解决的核心问题之一。

（三）协同操作与知识服务问题

各类“云”提供了无国界的互联互通，但从目前云平台的应用状态来看，政府间的共享与服务大都采用私有云的方式开发使用，并未真正实现对全社会的公开共享。但国家重大基础实施信息服务平台的用户是多层次的，有政府、企事业单位，也有社会组织及个人；有国内的，也有国外的。那么，在全球网络软硬件环境层次不一的情况下，如何进行数据的接入、访问和服务，是全球普适性的“云平台”所面临的一个新的挑战。为实现全球领域的共享服务，还需要考虑如何利用全球化的机制和平台，如正在浙江德清建设的联合国地球空间信息管理卓越创新中心、在江苏昆山的世界地科联深时数字地球（Deep-time Digital Earth，DDE）卓越创新中心、阿里巴巴云平台所支持的高分卫星全球数据服务平台等，都是在围绕国家重大基础设施工程收集整理所需要的数据、模型算法的基础上，通过云平台提供时空知识服务，并在知识自动服务方面做着各种尝试。

（四）全生命周期数据贯通问题

如何围绕国家重大基础设施工程，动态采集、处理、传输所需要的数据，如何对采集到的数据进行全过程的模拟和预测，至今仍未得到很好的解决。而全生命周期工程建设数据贯通乃是此系列问题的重中之重。例如，欧盟 2016 年的地平线项目 IntegrCity 就试图采用 City GML 对与城市能源消耗有关的建筑物、管网、电力等专业领域的能源消耗模拟系统的集成及动态环境气象数据、经济价格信息的接入，在实现能源消耗全过程数据贯通的基础上，为城市能源消耗的全过程分析提供支撑。

（五）多粒度信息服务与数据安全问题

在基础实施信息平台的建设中，首要目标是采集、汇聚、处理本工程所需要的数据，从而支撑重大工程的建设，其次是通过该平台的建设，提供全领域的、不同层次的多粒度信息服务。不同时间段和空间区域决定了粒度的尺寸和时效，这对智能化工程提出了更高的要求。目前的共享服务平台基本上以数据、产品或是定制好的服务模式实现对外提供。随着需求的进一步提升和信息技术的进一步发展，势必会有针对多层次、多粒度的共享服务模式得以提出和应用，这也是未来的一项技术挑战。数据安全是保证信息平台正常运转的前提，基础设施数据关系到国家安全与企业经济效益，随着接入数据种类的丰富以及使用人员和周期的扩大，对数据的保密性、完整性、可溯源性以及用户权限的灵活安全分配提出了更高的要求。目前区块链技术作为新兴的数据管理与认证方式，得到了广泛的关注，其具有的去中心、不可篡改、不可否认以及合约执行等特性对于保障基础设施信息平台的安全性具有支撑作用。但基于目前相关技术的开发，其应用与验证还有待加强。

三　基础设施建设全生命周期智能化建设的基本要求

数字化技术已广泛应用在基础设施建设的不同阶段，但未能统一覆盖现代工程项目建设和管理所涉及的全部环节，无法形成工程建设全生命周期的信息平台体系。因此，研究并建立面向重大基础设施工程全生命周期的信息服务平台，满足多方参与协作、数据资源共享、全生命周期建设管理、数字化移交等功能需求（参见图 1），不仅能在纵向上实现工程项目全生命周期开放式协同共享，还能为各类基础设施工程项目的应用提供基础数据及软件工具支撑，实现其在大区域，即国家级别或是全球领域内的横向扩展。

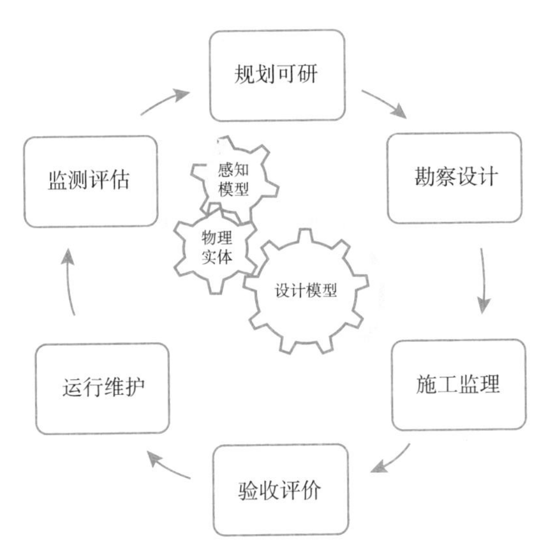

图 1　基础设施建设的全生命周期

（一）规划可研阶段

国家重大基础设施是利用自然和改造自然提高人类生活水平的有效措施之一，目标的提出和任务确定是工程立项的基础，其可行性研究也是工程建设的保障基础。由于我国国土辽阔，地形地貌、地质环境、水文气候等条件存在较大的差异，社会发展状况也因地区的不同而存在较大的差异，各个地方基础设施状况参差不齐，因此任何重大工程的规划都要综合考虑众多因素，例如数量、规模、类型、位置、建设目的等。

此阶段的主要任务即针对前期所有资料的收集、整理、处理归纳，从而形成新的规划信息。平台应能通过汇聚分析整理输入信息，并根据需求进行信息提取、分析评价等基本处理，然后依托三维建模技术，完成工程雏形三维模型的建模和修正，从而为项目的可行性、合理性进行直观综合分析，为相对科学的决策提供支撑。

（二）勘察设计阶段

勘察设计阶段主要根据规划可研阶段所构建的三维工程雏形进行实地信

息的采集和核实，并对该模型进一步细化、完善。其核心任务是实地信息的智能采集和存储，即利用“空—天—地”一体的现代信息采集方法及云存储技术，对施工地址以及沿线进行勘察，并将勘探的数据汇入系统平台，从而实现沿线水文、地质、气象、灾害、社会、人文等实时数据的智能融合和云端自动存储。

采集的数据主要包括地理测绘数据、地质数据、气象数据和生态数据。此阶段数据的处理难点主要体现在统一的数据模型构建、遥感影像自动判释、文本信息自动提取等，另外还有气象、经济、人文、地质及地理等业务数据的专业处理模型的研发、接入及转换等。

设计阶段主要在勘察阶段形成的三维模型基础上，根据设计任务及相关的规范要求，利用专业的三维建模软件，最终形成详细的三维设计模型。其核心任务在于三维模型的构建及大场景的虚拟、增强现实重构模型的校审和协同处理等。此阶段对数据的处理，主要包括对工程管理类数据以及工程本身的系列参数的存储管理及应用。

基于 VR/MR/AR 等技术构建大场景虚拟环境将是该平台构建及设计阶段最大的挑战和创新点。5G、云计算、虚拟现实等系列技术的发展为构建大场景虚拟环境提供了可能。对比传统的方法，基于虚拟现实环境下的设计，不仅增强了设计的真实性，而且还为各类专业、不同阶段的协同设计提供了平台基础。因此，该阶段的输出将不再是传统意义上的设计图纸，而是包含虚拟环境的挂接各专业设计信息的全要素三维仿真模型。

（三）施工监理阶段

施工和监理阶段是工程项目全生命周期最重要的阶段之一，其主要任务是基于勘察设计阶段模型及其他成果，由项目中标的施工单位按照设计模型进行组织工程建设。此阶段的信息化建设特点在于施工单位多，工程类型多样，管理过程复杂。因而该阶段的信息化建设重点在于在完成施工本身数据（如工种数量、施工材料用量、种类、需开挖面积、开挖面、回填量、施工工期等）与设计阶段的一致性管理及监测，同时还应考虑部分工程变更的必要性和变更后模型的完善及合理性评价。

同时，由于此阶段的模型是基于虚拟环境的包含各专业设计信息的全要素三维仿真模型，因此用户不仅能直接计算实物工作量，进行施工进度款的支付等，还可以根据设计尺寸、安装时间和顺序等信息进行实地操作。这不仅为传统意义上的进度控制、合约控制、物资控制、工程量计取、造价文件编制、施工模拟等过程提供了多人协同处理平台支撑，同时也提高了施工的透明度，减少了质量监管的工作量，节省了成本。

（四）验收评价阶段

基础设施建设一般都是几年的工期，分段进行。整个工程的验收也要基于分段和分系统的验收。验收需要根据国家标准，依托工程设计，对工程的质量及过程进行检验，对经费使用进行审计。验收的一项重要工作是把设计、施工、运维等各阶段的在线和非在线资料文件，如项目的合同文件、施工组织文件、施工方案、设计更改、构件验收单、合格证、检验报告等进行科学且全面的自动和半自动归档，并按照特定路径上传云端永久存储。验收可得到两大成果：一个是可以运行的基础设施，另一个就是数字化的“孪生系统”。这个“孪生系统”也为物理系统的运行提供神经网络和智慧大脑，是全面信息化平台的基础。

（五）运行维护阶段

基础设施建成后，要投入正式的运行，运行过程设施的破损要及时维护，才能确保安全运营。新一代的基础设施运维将是一个基于全域的多维感知、实时处理及综合智能评估体系。物理设施的运行要与数字化的“孪生系统”同步，从数据的自动采集和处理，到数据的主动发现及与现有的模型对接、运行状态是否完好的评估、出现问题的上报、处理等众多过程融合在一起，形成一个全智能的自动化过程。此阶段的特征为虚拟场景和真实场景的对接，其难点之一在于实时数据的接入及运行状态的自动识别判断。数据的处理部分既包括人员、能源、物料、成本、维修、设备更换等维护成本数据的处理分析，又包括各类实时数据，如测试、联调及试运行等数据和外部数

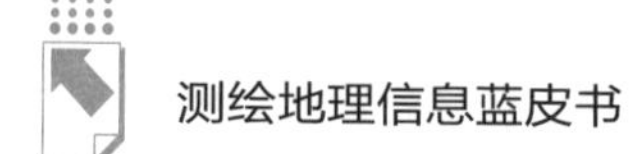

据的水文地质监测数据、自然灾害监测数据（风、雨、雪、洪水、泥石流、地震）的实时接入等。

此阶段的另一个难点是各个专业模型的接入和应用，即在完成数据的实时对接后，该平台需在多尺度的空间单元体系下，通过实时部件上的智能传感器，将部件的运行情况传至云端进行分析处理，并通过有效的空间定位系统，将发现的问题进行目标分解，在实现目标任务的由上至下的快速处理链条并完成基础设施的智能早期识别的基础上，通过运行状态、生态环境评估等专业模型的接入，借助相关人工智能如边缘计算等技术，完成设备的运行状况控制和影响问题的可视化表达和判断，为后续及时准确的检查维修提供辅助决策。

（六）监测评估阶段

工程项目的建设长时间以来存在“重建轻管”的问题。为了准确分析重大基础设施工程投入运行后的效益以及对环境带来哪些变化、工程本身哪些部分老化且需要更新等系列问题，需要依托现代项目管理的基本理论，对项目的规划、勘测、设计、实施和运维的全过程和运营的成果、影响、绩效等进行综合评价和总结，这是工程建设管理的自然延伸，是不可或缺的重要组成部分。在提倡创新、协调、绿色、开放、共享的理念下，建设后评估已经日渐得到重视。故该阶段的评价，应借助生态评价理论技术方法体系，通过智能评估模型的构建，对其所影响到的资源环境进行评估，从而为后续类似工程的开展及本工程的维护提供辅助。

四　川藏铁路智能信息服务平台构建的基本原则

铁路工程作为一类代表性的重大基础设施，对信息服务的需求具有行业性的特点。故川藏铁路智能信息服务平台建设应在全生命周期信息服务建设需求的基础上展开，其建设总体框架应包括四大部分（见图 2），即“一平台、两空间、六环节和三标准”。其中，“一平台”指沟通数字空间和实体空间的媒介载体，包括统一的时空大数据集与系列类脑智能模型算法等。“两空间”是指物理空间和虚拟空间体系；“六环节”是指全生命周期的六大阶段信息服务模型；“三标准”是指建设入库标准、成果交付标准及数据转换标准等。其具体建设应遵循以下原则。

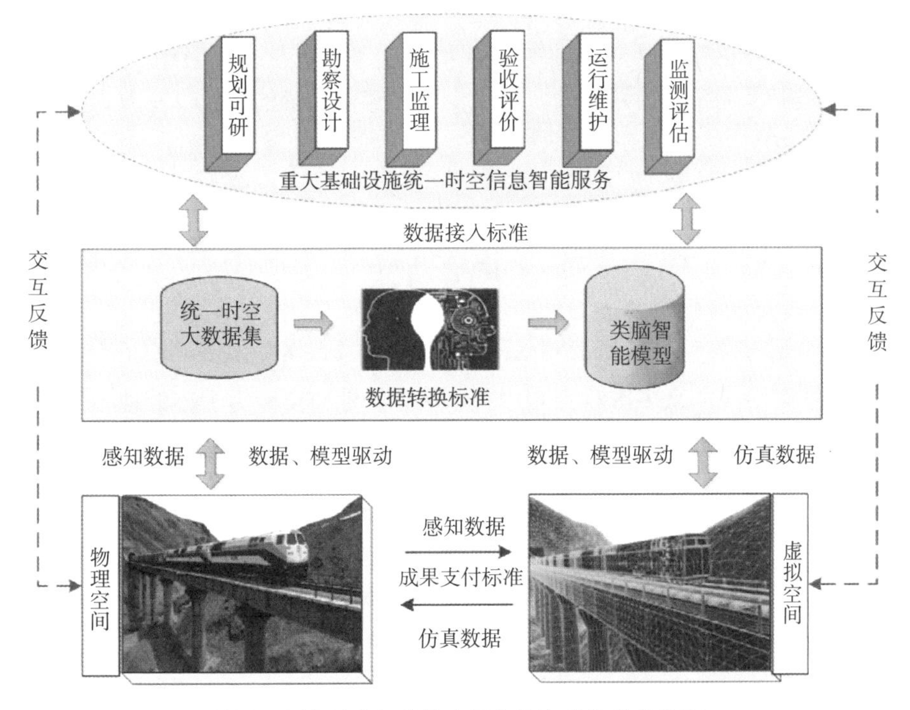

图2　川藏铁路智能信息服务平台建设总体框架

一是应遵循基础设施建设周期的客观规律，结合六大管理阶段的全生命周期，以数字技术对管理赋能增效，推动重大基础设施的数据汇聚和成长。

二是应以基础设施建设及运营过程的全息信息整合技术为关键。通过搭建基础空间数据平台，基于统一开放数据格式实现 GIS、BIM 和 IoT 等多源数据的融合，并以统一空间单元和统一空间编码为各类数据汇聚、计算、查询的唯一标识，构建贯穿过去—现在—未来和整合地上—地表—地下的全息信息管理体系。

三是以“多规合一”和“多管合一”为指导理念。构建覆盖审查—监测—评估—预警等多种需求的指标体系，制定规划设计、技术指南、标准规范、相关政策等内容共同确定的“全量无损”管控规则，整合打通六大阶段中跨专业的指标计算关系，实现从总体规划逐步落实到各阶段设计层面，最后落实到各阶段建设层面的纵向传导过程，形成层层传递、全局联动、敏捷迭代的智能化决策规则。

四是要实现规划建设管理的“数字共享、镜像联动”。基础设施的物理部件与数字设施同步规划建设，实现全域化智能系统的建设以及数据资产管理体系的建设。

五 地球空间信息在川藏铁路数字化的作用及现状

铁路工程是一个复杂的线状工程，由于涉及很多穿山隧道的工程，在全面考虑铁路沿线的众多影响因素中，以地理、地质要素为主体的地球空间信息是一个最难、最复杂，同时又是最容易被忽略的因素，此问题在川藏铁路的建设中尤为明显。

分析铁路建设需要考虑的地球空间因素主要有地理地貌、区域地质、矿产、水文、地质灾害等。其中，区域地质条件包括地层、断裂构造、岩性、构造带等；矿产方面主要考虑矿产对铁路选线存在的不利影响，如压覆性矿产、采矿权、探矿权等信息以及矿产可能产生的有害气体，放射性矿产可能带来的放射性对施工人员的伤害等；水文方面的有岩溶条件，尤其在水分布相对密集区域，会对铁路选线具有重要的影响；地质灾害方面考虑的因素也十分复杂，如地震、泥石流、滑坡、塌方等灾害信息。此外，还要考虑地应力、地热、冻土、冰川等。目前这些数据在川藏铁路建设服务方面还存在以下几个方面的不足。

一是缺乏共享平台和获取渠道，信息共享不足，加大了建设施工阶段的不必要的工作量。

二是协同处理机制不够，部分地质数据的参考价值有限，对工程选线设计造成一定困扰。同时，还存在地球空间数据的坐标系、时间和格式的不一

致现象。

三是缺乏一个可以提供重大基础设施全生命周期的信息服务平台。这也是出现信息不一致、获取难的问题的原因。在现有技术条件下是可以构建一个满足需要的信息服务平台的，但还需要各方协商共建。

六　川藏铁路信息服务平台中地质信息共享服务的几点建议

根据基础设施建设全生命周期管理的阶段性特征，提出建设川藏铁路智能平台的几点建议。

一、亟须多家单位密切合作，在联合编目和统一标准规范下的标引基础上，对外提供统一的信息服务。例如，在调研过程中了解到，尽管建造构造图对工程建设具有很大的应用参考价值，许多工程建设单位却不清楚1∶25万建造构造图的存在；此外，许多单位也不清楚地质行业各部门的相关工作部署，如关于地质灾害点等信息，未去当地的环境监测院收集相关资料。因此，需要加强各部门相互之间的信息和需求交流，甚至需要有关部委出面协调。

二、继续加强地质信息采集工作的广度和深度，扩大地质信息的服务区域和范围。从川藏铁路的调研来看，目前工程建设地区还存在很多区域调查的空白区，这反映了我国基础地质调查工作与国家、社会的某些重大需求还存在脱节。因此，今后地质相关部门或地质调查局在进行工作部署时应更加具有前瞻性，跟踪热点，多与此类重大工程建设单位接触，提前准备相关工作。

三、持续加强有针对性的专题服务的研发与服务。地质信息的服务、需求调研不足，对于用户的需求，尤其是大用户需求了解得还不够，有针对性的专题服务做得不够到位。例如，川藏铁路的选线设计要考虑多方面的地质因素，然而大量的地质信息分散在不同的地质资料中，调研发现，比较准确的地层与岩性信息包含在1∶20万区调相关数据中，而比较丰富的活动构造体系信息却在1∶25万区调成果资料中。因此，可以针对重大基础设施建设，整合部分信息，以专题服务的形式提供给各大用户，从而帮助用户更快更准地获取信息，提高其工作效率。

四、深入开展沿线的地球科学调查分析，提前开展可行性研究。川藏铁路线路选线过程中，还缺少必要的地球科学数据和生态环境资料，为此需要多部门联合攻关，掌握地形地貌、地质结构、水文环境、生态环境、气候数据和人口分布数据，建立数字川藏铁路，支撑整个铁路的规划设计和建设，在全面施工前就可以对工程进行全方位的模拟仿真，避免走偏离路线或不合理路线，进而形成智能平台的基础。

参考文献

[1] 崔颖:《数字孪生城市下服务的形态与特征初探》,《通信管理与技术》2018年第2期，第12~13页。

[2] 耿建光、姚磊、闫红军:《数字孪生概念、模型及其应用浅析》,《网信军民融合》2019年第2期，第60~63页。

[3] 孙俊峰、王东魁、魏世桥:《面向港航工程的BIM协同共享技术》,《港口科技》2019年第8期，第24~31页。

[4] 汪方震:《浅谈城市地上地下空间的一体化开发与利用》,《低碳世界》2016年第21期，第160~161页。

[5] 王文斌:《轨道交通大数据：挑战和机遇》,《交通世界》2019年第21期，第10~11页。

[6] 夏东、甄建、谭子龙:《BIM技术在特大地下交通枢纽设计中的应用》,《铁路技术创新》2019年第1期，第89~94页。

[7] 杨宇、谈娟娟:《水利大数据建设思路探讨》,《水利信息化》2018年第2期，第26~30、35页。

[8] 张大鹏:《水利信息化建设中大数据技术的应用探讨》,《数字通信世界》2018年第11期，第224页。

[9] 赵旺:《智慧交通综合管理信息服务平台建设研究》,《创新科技》2019年第

19（05）期，第 75~82 页。

[10] 邹丹、马小宁、王喆:《铁路大数据平台架构研究》,《铁路计算机应用》2019 年第 28（08）期，第 1~4 页。

[11] Grieves M., Vickers J., Digital Twin: Mitigating Unpredictable,Undesirable Emergent Behavior in Complex Systems, Transdisciplinary Perspective on Complex Systems, Berlin, Germany: Springer International Publishing, 2017.

[12] James Heaton, Ajith Kumar Parlikad, Jennifer Schooling, "Design and Development of BIM Models to Support Operations and Maintenance", *Computers in Industry*, 2019, 111.

[13] Kanishk Chaturvedi, Andreas Matheus, Son H. Nguyen, Thomas H. Kolbe, "Securing Spatial Data Infrastructures for Distributed Smart City Applications and Services", *Future Generation Computer Systems*, 2019, 101.

[14] Ruoyu Jin, Botao Zhong, Ling Ma, Arman Hashemi, Lieyun Ding, "Integrating BIM with Building Performance Analysis in Project Life-cycle", *Automation in Construction*, 2019, 106.

[15] Tao F., Sui F., Liu A., et al., "Digital Twin-driven Product Design Framework", *International Journal of Production Research*, 2018: 1-19.

[16] Vaclav Hasik, Maximilian Ororbia, Gordon P., Warn, Melissa M. Bilec, "Whole Building Life Cycle Environmental Impacts and Costs: A Sensitivity Study of Design and Service Decisions", *Building and Environment*, 2019, 163.

[17] Ziyu Jin, John Gambatese, Ding Liu, Vineeth Dharmapalan, "Using 4D BIM to Assess Construction Risks During the Design Phase", *Engineering, Construction and Architectural Management*, 2019, 26(11).

B.5
数字中国时空信息数据库更新探讨

刘建军　张　俊*

摘　要： 随着以“互联网+”、大数据、云计算、人工智能为代表的新一代信息技术与测绘地理信息的加速融合，数字中国时空信息数据库更新工作也迎来新的应用需求与发展机遇。本文探讨了数字中国时空信息数据库更新的新需求、发展方向，阐述了全空间全信息化产品模式建立，自动化、智能化技术模式创新，一体化、协同化生产组织模式构建，灵活化、在线化服务模式拓展的发展思路，为构建全空间、全信息、三维化、实体化、时空化的数字中国时空信息数据库提供了参考。

关键词： 数字中国　地理信息　数据库　更新

一　引言

为了更好地满足国家经济建设、国防建设、社会发展和生态保护对测绘地理信息的应用需要，自然资源部作出了对数字中国时空信息数据库持续更新的工作部署，其核心工作内容是地理信息资源的建设与更新。

近年来，我国地理信息资源建设取得了显著成绩。国家基础地理信息数据库实现了陆地国土的全面覆盖，形成了1∶5万、1∶25万、1∶100万3个尺度多种类型的数据库，并每年进行动态与联动更新，整体现势性达到1年

* 刘建军，国家基础地理信息中心，高级工程师；张俊，国家基础地理信息中心，高级工程师。

内。省级 1∶1 万（或 1∶5000）基础地理信息数据库实现了超 60% 的陆地国土面积覆盖，部分省份也实现了常态化更新。第一次全国地理国情普查摸清了我国“山水林田湖草”等各类资源要素现状，建立了地理国情本底数据库，并开展了“一年一版”常态监测。数字城市建设在全国所有地级市和 400 多个县级市陆续开展，形成了大比例尺、高精度的地理信息成果。

以“互联网 +”、大数据、云计算、人工智能为代表的新一代信息技术浪潮蓬勃兴起，给加强地理信息资源建设带来了新机遇，可用于信息获取的遥感影像及互联网资源越来越丰富，信息提取初步融入深度学习等人工智能技术，空间信息无线传输速度更快、信息共享更便捷。新一代信息技术指引地理信息采集、更新、监测、服务等以更加灵活、自动、实时、开放的新方式进行，也驱动数字中国时空信息数据库的产品模式、技术模式、生产组织模式、应用服务模式等方面创新与发展。

二　履行自然资源管理“两统一”职责下的新需求

自然资源部承担了“统一行使全民所有自然资源资产所有者职责，统一行使所有国土空间用途管制和生态保护修复职责”（“两统一”职责），这对数字中国时空信息数据库更新工作提出了更高要求。

（1）产品模式全空间全信息化。产品类型上，传统 4D 产品类型比较单一，偏重数字地形图产品，专业要素及属性不够丰富。要素内容上，按照制图思维进行综合取舍，造成要素不全，影响统计分析。数据模型上，采用静态、二维、面向要素的模型结构，专业应用不便。应建立全空间全信息的新型地理信息产品，升级实体、三维、时空化的数据模型，并根据需要提供多元化专题信息产品。

（2）技术模式自动化、智能化。目前地理信息更新中，遥感影像解译、专业资料整合、制图综合处理等仍需以人工为主实现，自动化程度低，耗费大量的人力、物力、财力，是制约测绘地理信息生产力提升的瓶颈。应加快地理要素提取、处理接近实现全自动化的进程。

（3）生产组织模式高效协同化。目前国家和省两级地理信息分级管理、分别更新的模式，造成生产统筹、人员调度、资料共享等方面难以协同，全国性的更新工作更是难以高效实施。而生产单位按照统一划定的作业区进行跨省实施、集中出测、一次性作业的方式，不仅增加了生产成本，也难以实现针对实地变化的快速反馈和及时更新。应审时度势，建立国家、省、市县联动，专业部门协同，商业公司参与，志愿者自发贡献的一体化生产组织模式。

（4）应用服务模式灵活在线化。目前地理信息服务仍以提供数据产品和纸图产品为主，用户应用的技术门槛高、处理工作量大、使用成本高。应构建基于产品定制、服务在线、信息加工的灵活服务模式，为用户提供统计分析和在线应用等精细化服务。

（5）更新周期应需实时化。目前更新工作需统一安排资料下发、更新生产、检查验收、数据汇交、成果建库等环节。虽然各环节划分清晰，但彼此存在衔接和制约，全流程统筹协调要求高，全国范围更新 1 年完成 1 轮已近极限。更新周期需要进一步缩短，地理信息现势性应进一步提高，整体达到 6 个月，重要要素达到 3 个月，特定要素应需实时更新。

三　数字中国时空信息数据库更新的主要发展方向

在“互联网 +”、深度学习、大数据、云计算等一系列关键技术突破和新一代技术装备研发的基础上，重点对现有产品模式、技术模式、生产组织模式、应用服务模式进行创新与发展。建立全空间、全信息化的产品模式，创新自动化、智能化的技术模式，构建一体化、协同化的生产组织模式，拓展灵活化、在线化的应用服务模式，进一步提高数字中国时空信息数据库的宜用性和现势性，以更好服务于自然资源管理“两统一”职责。

（一）建立全空间、全信息化的产品模式

遵循“需求驱动、面向应用”的基本原则，按照“统筹设计、融合建库、

丰富扩展”的基本思路，改变现有的产品分类模式，建立“全国统一、多尺度融合、专题信息丰富、专业要素衔接”的全空间、全信息的数字中国时空信息数据库。

（1）产品范围全空间化扩展。全面理清应用需求，拓展地理信息数据的覆盖范围，从国内拓展到全球范围、从陆地拓展到海洋、从地上拓展到地下和水下、从室外拓展到室内等多方面的地理信息。

（2）产品内容全信息化完善。摒弃传统综合取舍和按比例尺制图思路，按需应采尽采、全面表达要素，同时大力丰富专题要素和社会属性信息，实现最大比例尺地理信息全信息无缝融合。

（3）数据模型优化升级。改变传统静态、二维、面向要素的数据模型结构，将以“点、线、面”要素为基本单元的简单地理模型，升级为顾及多种应用需求的复合实体模型；将以空间表达侧重平面坐标描述的二维数据模型，升级为综合高程信息的三维模型；将以版本式、快照式为主的静态模型，升级为一体化时空表达建模的时空动态模型。

（二）创新自动化、智能化的信息处理技术模式

创新基于深度学习的影像信息提取技术，实现地理信息的应需自动提取。同时，基于互联网泛在资源等，辅以大数据信息挖掘技术，弥补影像信息提取的不足。最后，结合无人机并辅以 VR/AR 显示增强，发展协同化远程调绘技术，大幅提高外业调绘工作效率。

（1）基于深度学习的影像信息提取。基于现有连续多版的基础地理信息成果以及相应的遥感影像数据，从海量数据中自动学习，提取最有预测性的特征，构建出相应的深度学习模型，继而进行高效的信息分类、解译和自动化提取。

（2）基于大数据的专业地理信息挖掘。基于互联网泛在资源、公众地理信息反馈，以及手机位置信令等信息，发展基于大数据的信息挖掘与变化监测技术，弥补影像提取信息的不足，并丰富地理信息要素属性内容。

（3）结合无人机与 VR/AR 的远程调绘。利用无人机机动灵活的优点，实

时获取高分辨率的实景立体影像，并实时传输至调绘人员，结合 VR 技术构建临场感、AR 技术增强特征信息，实现“千里眼”远程调绘，解决传统调绘的到达困难、工作量大、作业效率低等弊端。

（三）构建一体化、协同化的生产组织模式

基于国省地联动机制，以及无线互联、加密传输等技术，建立全国地理信息变化监测中枢，发展网络化数据传输方式，构建协同化任务调度机制，实现地理信息更新工作的内业任务集中化处理、外业调绘常驻化作业、更新成果增量化审核入库，最终实现全国地理信息更新的“一盘棋”。

（1）数据传输网络化。转变目前数据成果的介质存储和人员护送的交换传输方式，基于商用移动通信平台构建测绘无线专网，基于高保密的网络加密传输技术，实现内业工序和外业工序、生产环节和建库环节的实时通信和数据传输。

（2）任务调度协同化。转变目前的更新任务调度薄弱化现状，建立全国统一的地理信息变化监测中枢，为外业常驻人员装备高度集成的一体化更新终端，并保持二者的实时通信，实现外业状态监控、任务统一调度、各终端协同作业。

（3）内业处理集中化。转变目前内业处理分散化方式，将更新任务的内业工作集中开展，统一进行遥感影像数据、专业现势资料的收集、处理，统一进行影像信息提取、专业资料整合，统一进行内业预更新，以便更好地统一技术要求，并发挥规模效应。

（4）外业调绘常驻化。转变目前外业调绘的跨省实施、集中出测、一次性作业方式，建立日常应需式外业常驻化巡查机制，对发生变化的地点，由调度平台自动就近安排常驻人员及时进行实地调绘更新，真正实现应需实时更新。

（5）成果审核入库增量化。转变目前传统数据成果质检与汇交建库方式，建立增量要素质检、汇交与入库模式，对每天调度平台接收的更新增量成果，集中进行快速审核、实时入库、动态发布。

（四）拓展灵活化、在线化的应用服务模式

对更新后的地理信息进行自动化审核，对涉密或敏感信息进行自动删减处理，形成可以对外发布的地理信息成果。同时，构建自动化的地理信息动态发布技术，将审核后的地理信息成果快速发布，为各行业用户提供在线地理信息服务。此外，还可发展基于众包平台的信息检核与反馈技术，通过广大用户的检核反馈，快速收集问题线索、提升成果质量。最后，基于深度学习，发展自动化缩编与智能化制图技术，实现多级多类地理信息产品的自动定制和智能制作。

（1）地理信息自动审核处理、在线动态发布。发展涉密或敏感信息自动审核流程与方法，建立自动删减脱密处理技术，并构建在线动态发布技术，实现近实时发布特定区域内容的最新地理信息成果。发展基于众包平台的信息检核与反馈技术，对广大用户提供数据问题的便捷标记和反馈，为后续持续更新提供线索。

（2）基于深度学习的自动缩编与智能制图。利用最新地理信息数据成果，结合各行业用户需求，基于深度学习技术，构建缩编规则化深度学习模型，进行高效的自动化缩编，构建制图配置规则化深度学习模型，进行高效的自动化制图。

四　尚需解决的关键技术问题

自动化提取和智能化处理是未来地理信息更新的重要特征之一。然而传统影像信息提取、互联网地理信息获取，以及地图制图综合等技术研究，大多基于规则模型，难以建立全面严谨的算法模型和计算规则，自动化程度难以满足生产要求。需重点推进深度学习、大数据挖掘等技术与测绘地理信息的深度融合，大幅提高信息提取与产品制作的自动化和智能化水平。

（1）基于深度学习的信息自动提取与产品智能制作。随着人工智能技术的飞速发展，在该领域兴起的深度学习算法有更强的泛化和特征表达能力，研究基于深度学习的信息自动提取与产品智能制作方法，将可能促使地理信

息更新技术实现巨大跨越。目前，这一技术方法在地理信息更新工程实践中仍存在诸多问题，影像信息自动提取、产品自动缩编、地图自动制作的自动化率和准确率与工程要求仍有较大差距，未来还需重点突破。

（2）基于大数据的地理信息自动挖掘。随着大数据时代来临，互联网泛在资源、公众地理信息、手机位置信令等信息大量产生，对其的挖掘利用将可能代替传统的资料收集整理。目前，这一技术方法在地理信息更新工程实践中也存在诸多挑战，海量众源数据的可用性评价、多源异构数据的加工抽取、挖掘信息的精度评判等技术尚不成熟，与工程需要还有较大差距，未来还需重点突破。

五　结束语

《全国基础测绘中长期规划纲要》确定了2015~2030年的重点任务之一是建设与更新基础地理信息资源。数字中国时空信息数据库更新，必将逐步实现包括产品模式、技术模式、生产组织模式、应用服务模式等的全面转型升级。产品模式实现从4D产品到全空间全信息产品的跨越，技术模式实现从以人工为主到计算机自动处理的跨越，生产组织模式实现从分级分散化组织到全国生产一盘棋的跨越，应用服务模式实现从版本式数据提供到在线实时发布的跨越。这必将有助于进一步提升国家基础测绘的保障能力，更好服务于自然资源管理，更好满足国家经济建设、国防建设、社会发展和生态保护等领域的需要。

参考文献

［1］ 刘建军、陈军、张俊、张元杰、刘剑炜：《智能化时代下的地理信息动态监测》，《武汉大学学报》（信息科学版）2019年第44（01）期，第92~96页。

［2］ 刘建军、吴晨琛、杨眉等：《对基础地理信息应需及时更新的思考》，《地理信

息世界》2016 年第 23（02）期，第 79~82 页。

[3] 刘建军、杜晓、赵仁亮等:《地理信息快速更新需求下的在线调绘系统设计探讨》,《地理信息世界》2014 年第 21（02）期，第 112~115。

[4] 刘建军:《国家基础地理信息数据库建设与更新》,《测绘通报》2015 年第 1(10）期，第 1~3、19 页。

[5] 王东华、刘建军:《国家基础地理信息数据库动态更新总体技术》,《测绘学报》2015 年第 44（07）期，第 822~825 页。

[6] 王东华、刘建军、张元杰等:《国家基础地理信息数据库升级改造的思考》,《地理信息世界》2018 年第 25（02）期，第 1~6 页。

[7] 刘建军、张俊、李罂、张刚、杜维、赵文豪、刘剑炜:《基于 GF-7 卫星的 1∶10000 制图要素信息提取技术框架建设》,《地理信息世界》2018 年第 25（06）期，第 58~61、67 页。

[8] 陈军、武昊、李松年等:《面向大数据时代的地表覆盖动态服务计算》,《测绘科学技术学报》2013 年第 30（4）期，第 369~374 页。

[9] 陈军、丁明柱、蒋捷等:《从离线数据提供到在线地理信息服务》,《地理信息世界》2009 年第 07（02）期，第 6~9 页。

[10] 李德仁:《展望大数据时代的地球空间信息学》,《测绘学报》2016 年第 45(04）期，第 379~384 页。

[11] 宁津生、王正涛:《面向信息化时代的测绘科学技术新进展》,《测绘科学》2010 年第 35（05）期，第 5~10。

[12] 王家耀:《开创“互联网 + 测绘与地理信息科学技术”新时代》,《测绘科学技术学报》,《测绘科学技术学报》2016 年第 1 期。

[13] 刘先林:《“互联网 +”时代 GIS 的智能特征及展望》,《测绘科学》2017 年第 42（02）期，第 1~4 页。

[14] 李德仁、王密、沈欣等:《从对地观测卫星到对地观测脑》,《武汉大学学报》（信息科学版）2017 年第 42（02）期，第 143~149 页。

[15] 肖建华、彭清山、李海亭:《“测绘 4.0”：互联网时代下的测绘地理信息》,《测绘通报》2015 年第 1（07）期，第 1~4 页。

B.6
“天地图”建设的新理念、新模式、新技术

黄　蔚*

摘　要：“天地图”是政府部门提供地理信息公共服务的重要载体，集成了海量地理信息资源，为用户提供权威、标准、统一的在线地理信息服务。经过多年发展，已进入稳定发展的关键时期。本文通过分析“天地图”建设面临的形势，提出了“天地图”建设需要采用新理念、新模式、新技术，着力解决好服务对象、服务内容、服务手段三者间的准确耦合问题，重点推进地理信息公共服务平台建设模式与总体架构在新技术条件下的持续演进，持续完善地理信息资源从离散、离线到集成、在线的服务模式，建立全国一体化的地理信息资源开放与共享体系。

关键词：“天地图”　地理信息公共服务　在线　平台

一　面临的形势与总体思路

“天地图”是政府部门提供地理信息公共服务的重要载体，它以分布式地理信息数据为基础，以网络化地理信息服务为表现形式，以互联网、电子政务内外网为依托，集成国家、省、市（县）三级基础地理信息资源以及行业部门的专题信息资源，为政府、企业、公众等用户提供权威、标准、统一的在线地理信息服务。旨在促进地理信息资源共享和高效利用，提高地理信

---

* 黄蔚，国家基础地理信息中心高级工程师，主要从事地理信息数据共享与服务理论及关键技术研究与工程组织实施工作。

息公共服务能力和水平，更好地满足国家信息化建设的需要。政府部门提供地理信息公共服务的初衷，一是彻底转变传统测绘地理信息服务方式，从而解决用户在使用海量地理信息资源时遇到的技术与政策瓶颈，包括专业技术、经费投入、更新维护、资料获取等方面的困难；二是推进地理信息资源开放与共享，并充分发挥通过地理位置关联各类专题信息的作用，实现以位置为核心的时空大数据的集成化服务，从而推动更深层次、更广范围的各类地理信息共享，有效消除信息孤岛，催生新的应用业态。

经过多年发展，作为地理信息公共服务平台的“天地图”已进入稳定发展的关键时期，其应用领域不断拓展、应用深度不断加深，基础性、公益性的战略定位得到进一步加强。以在线网络化方式提供集成式地理信息服务的模式得到用户广泛认可，全方位服务格局逐步打开。在宏观决策支撑方面，成为中央办公厅和国务院办公厅宏观决策所需的基础性地理信息平台支撑；在政务应用和社会服务方面，许多专业部门的日常业务已全面使用“天地图”，为水利、公安、农业、林业、统计、环境、民政、气象、教育、安全、交通、应急、传媒等行业或领域提供专业地理信息服务支持；在重大国情国力调查方面，有效支撑了第四次全国经济普查、第二次全国污染源普查及第三次全国国土调查。

面对云计算、大数据、人工智能等新技术不断从概念到落地，“天地图”建设要不断适应新的应用需求，坚持问题导向与目标导向，更好地应对新的形势发展。为此，需要深入剖析地理信息公共服务的构成，从其内在实质及逻辑关系出发，进一步厘清“天地图”的发展思路。按照“天地图”提供地理信息公共服务的基本定位与特点，可以发现服务对象、服务内容和服务手段是其基本的构成元素。服务对象是对用户群体的划分，包括政府、企业、公众等。为满足不同用户的应用需求，需要针对不同的用户对象提供差异化服务；服务内容要为服务对象提供切实所需，能够满足目标群体的应用需求，这样才能体现出服务的价值；服务手段是地理信息公共服务过程中所采用实现路径，包括技术、政策与理念等。从系统论的观点出发，服务对象、服务内容和服务手段三者之间要准确耦合，整体结构才能有效运转。服务内容要

满足服务对象的需求，服务手段不仅要支撑服务内容的高效、准确实现，还要为服务对象提供更好的应用体验。同时，服务手段会制约服务对象的应用效果。服务对象、服务内容、服务手段三者间互为制约、互为促进、互为影响，每一个元素的“输出”同时也是另一个元素的“输入”。“输出”与“输入”之间契合度越高，作为整体的系统的运行就会越顺畅，服务的效果也就会越有效（见图 1）。

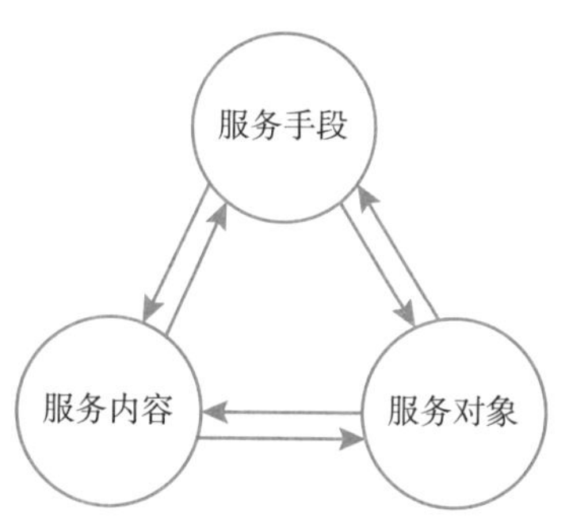

图 1　地理信息公共服务的构成

因此，“天地图”建设需要着力解决好服务对象、服务内容、服务手段三者间的准确耦合问题，在地理信息公共服务平台总体架构、全国各级节点间的协同能力、数据深度融合与广泛集成等方面采用新理念、新模式、新技术，不断提升地理信息公共服务的水平与能力，既要服务于自然资源“两统一”职责，为林草、土地、地质、矿产、海洋等自然资源业务提供地理信息支撑，更要服务于全社会，促进地理信息广泛深入应用。这是履行《中华人民共和国测绘法》赋予的法定职责的要求，要坚持国家立场，按照“‘天地图’既是政府服务的公益性平台、产业发展的基础平台，又是方便群众的服务平台、国家安全的保障平台”的定位，以加强基础地理信息资源开发利用为主线，以扩大地理信息数据开放共享为导向，以服务于自然资源管理业务为重点，推动“天地图”集约共享、转型升级，统筹涉密版、政务版、公众版建设，建立长效运行机制，上下联动，形成合力。

二 当前的任务与实现路径

（一）大力推进地理信息公共服务平台建设模式与总体架构在新技术条件下的持续演进

“天地图”由国家、省、市（县）三级节点构成，分别依托国家、省、市（县）的三级地理信息服务机构，按照统一的标准规范进行建设。省、市（县）级节点建设由地方政府投资建设，负责本辖区内在线服务数据的融合、更新、服务与应用。“天地图”主节点全面接入或融合集成各省、市（县）基础地理信息服务资源，实现全国基础地理信息资源的一体化在线服务。

建设之初，各级节点分别按照运行支撑层、数据层、服务层的技术架构独立进行运行环境搭建、数据整合及软件开发，全国形成了独立节点的链状服务模式（见图 2）。节点之前通过“分级服务聚合”的方式，在国家级主节点上汇聚了全国 31 个省、300 多个市（县）的分布式在线服务资源。但“分级服务聚合”不能很好地解决服务数据一致性及服务效能均等性等问题。为此，自 2014 年起，原国家测绘地理信息局大力推进全国“天地图”数据融合工作。截至目前，已经完全实现主节点与 31 个省级节点的数据融合，进一步解决了系统内基础地理信息数据的共享集成问题，为“天地图”核心服务能力的形成打下了坚实基础。

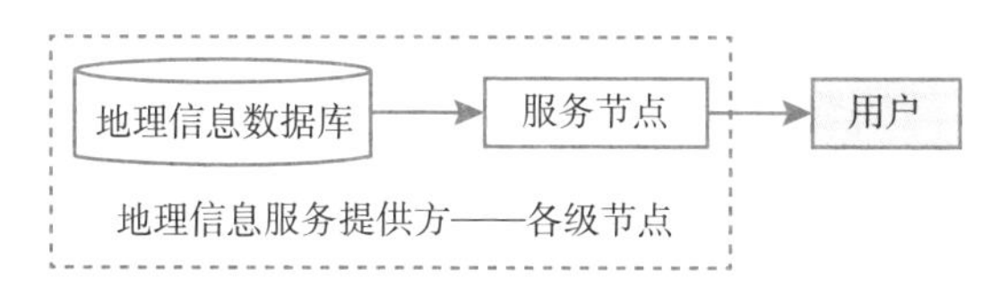

图 2 独立服务节点的链状建设模式

通过多年来持续推进的数据融合工作，全国基础地理信息资源一体化在线服务的总体格局初步形成。但由于经济发展水平、技术积累及理念认识的不同，节点间服务协同还不充分、服务能力还不平衡。有些节点未能与国家级节点形成更加有效的融合与联通；有些节点的可靠性与稳定性不足；有些节点数据基础相对薄弱；不同节点对外面貌多样，不利于形成对外一致的服务形象，未能更好地形成全国“天地图”各级节点服务合力。因此，必须改变地理信息公共服务平台独立服务节点的链状建设模式，不断利用新的理念与技术，使其演进到统一服务中心的星状建设模式（见图 3），统筹建立健全“天地图”统一服务中心与分布式资源节点，形成上下联动、横向协同的在线地理信息服务总窗口。

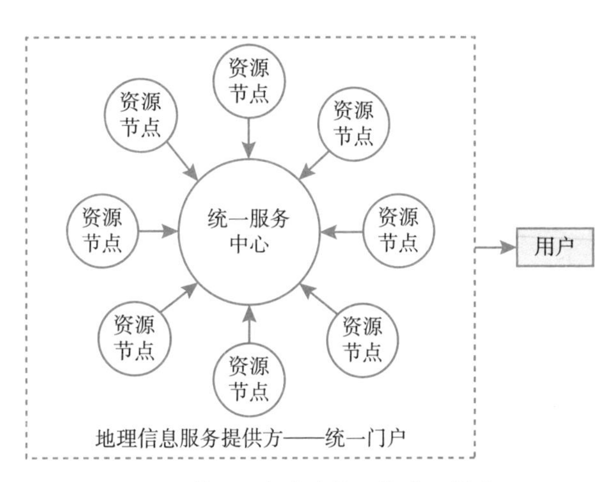

图 3　统一服务中心的星状建设模式

在总体技术构成方面，统一服务中心的星状建设模式，由 1 个服务中心、1 个统一门户及若干分步式资源节点构成，通过电子政务内网、电子政务外网、互联网实现纵向（各级自然资源部门）、横向（政府专业部门）的互联互通。国家、省、市（县）级节点按照“纵向融合、横向聚合”的总体思路，负责本地数据处理、管理、维护和更新工作，通过“统一门户、分级管理”支撑政府及行业专业部门的应用需求。总体技术构成如图 4 所示。

统一门户：建立全国统一的在线服务门户，支持各分布式资源节点基于统一门户实现个性化定制。

服务中心：实现各类服务的注册、发布、管理等，能够对融合后的基础地理信息数据进行统一发布，并提供统一的符合标准的对外服务接口；也能够通过支持远程调用等功能，实现各节点专题服务的发布和管理。

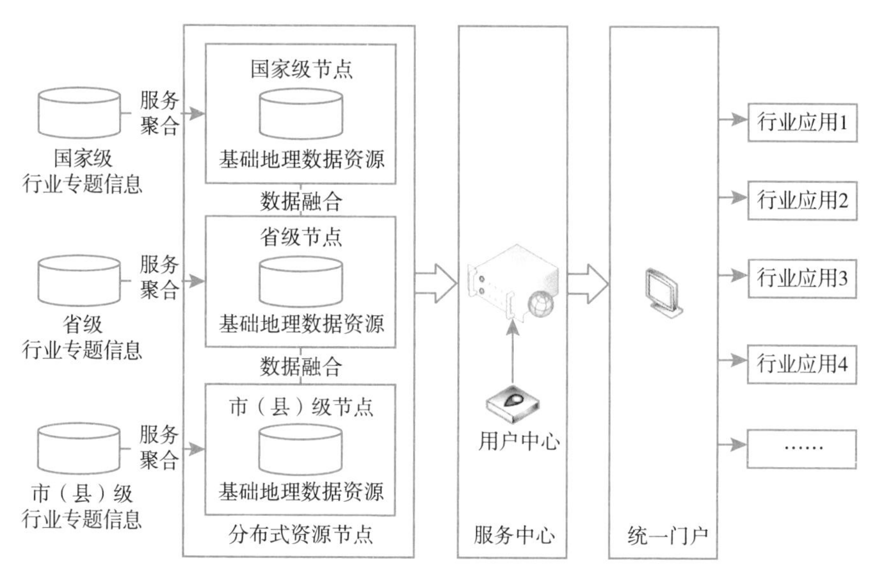

图 4 “天地图”总体技术构成

用户中心：建立统一的用户管理中心，实现用户注册。通过分级分类授权实现不同用户在统一平台上的业务实现和有效管理。

分布式资源节点：分布式资源节点支撑本地数据资源体系建设和行业专题服务聚合，重点做好数据融合、维护和更新工作，通过统一的服务中心发布标准的对外服务接口。

（二）持续完善地理信息资源从离散、离线到集成、在线的服务模式

2008 年，原国家测绘地理信息局开始规划设计地理信息公共服务平台，其原因是我国已经完成了国家级基础地理信息数据库建设并能够每年更新，省、市级更大比例尺的基础地理信息库的建设也取得显著进展，基础地理信息数据资源极大丰富。但未形成网络化服务能力，不同尺度的基础地理信息资源呈分散状态，共享融合程度不高，严重制约了地理信息资源的开发利用。为此，建立地理信息公共服务平台迫在眉睫，目的是转变我国传统地理信息服务方式，全面提升信息化条件下地理信息公共服务能力，更好地维护国家安全和利益，促进地理信息资源的开放共享。重点解决以下几方面问题。

（1）转变地理信息服务方式，满足国家信息化建设的迫切需要。随着国家信息化的逐步深入，越来越多的用户迫切需要将以往单纯的数据提供服务提升为网络化的地理信息服务，为专业用户提供便捷、高效的开发环境，切实降低应用系统构建的技术难度与成本，满足各部门、单位信息化建设的需要，减少或避免信息孤岛现象。（2）整合各级各类地理信息资源，实现互联互通，提高综合利用水平，避免重复建设。加强宏观调控、促进区域协调发展等管理决策，均需利用地理信息辅助进行分析、规划、监测、评估。但各地区、各部门的地理信息资源条块分割、封闭管理，迫切需要加强共享、实现集成，满足政府决策综合利用地理信息资源的需求。（3）实现经济社会信息、灾害与风险信息等各类信息资源与基础地理信息的集成和共享，为突发公共事件应急处置和风险管理等提供全面、准确、及时的综合信息服务与及时权威的地理信息保障。（4）通过建设公共服务平台，支持企业开发更多、更好的地理信息产品，促进地理信息产业发展，为社会大众提供权威、及时和内容丰富的地理信息服务。

实践证明，将离散、离线的海量基础地理信息资源转变为集成、在线的地理信息服务，能够有效挖掘基础地理信息资源蕴含的巨大价值，大大便捷用户开发业务应用，开创了地理信息公共服务的崭新局面，全面提升了信息化条件下的地理信息公共服务能力和水平。在新的应用需求驱动下，集成在线的服务模式需要持续完善，需要做好以下几方面工作。

1. 完善在线服务地理信息数据资源集成与汇聚体系

“天地图”把分散在各地、各部门的地理信息数据资源整合为一体化的在线地理信息服务体系，实现了国家、省、市（县）地理信息数据资源的互联互通，形成了与土地、交通、林业、水利、民政、公安等部门集成共享、联动更新和协同服务的地理信息资源共建共享机制，完成了从离线提供地图、数据到在线提供综合地理信息服务的转变，有效促进了地理信息资源共享和高效利用。下一步，还需要进一步完善在线服务地理信息数据资源的集成与汇聚体系，强化分布式资源节点的建设，以地理信息公共服务基础数据集为核心，集成各类数据成果，包括基本比例尺地形图数据（国家级为1∶5万，省级为 1∶1 万，市县级为 1∶2000/1∶500）、地理国情普查数据、全球地理信息资源数据、其他自然资源地理信息数据等。在此基础上，各级节点加强与水利、农业、土地等行业专题信息的集成。数据资源体系设计如图 5 所示。

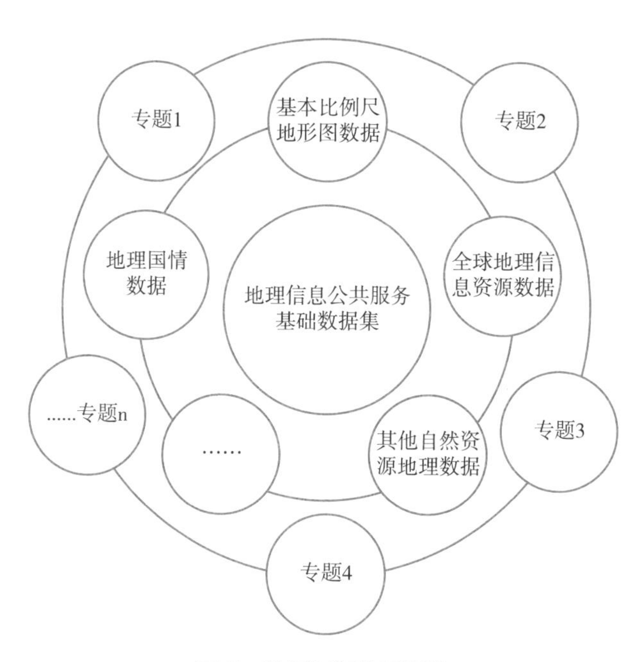

图 5　数据资源体系设计

其中，地理信息公共服务基础数据集基于国家、省、市（县）数据融合成果形成，主要包括道路交通、水系、居民地、政区境界、地名地址与兴趣点、影像等。它是平台的核心数据资源，是提供在线服务和行业专题信息位置关联的基础，能够实现动态更新和内容扩展。充分利用基础测绘数据资源的“全”以及商业地理信息资源的“新”，加上不断扩展的专题地理信息数据，不断提升“天地图”在线服务数据的数量、质量。

2. 建立覆盖全国的政务 POI 数据资源

整合全国各地政务服务主题分类规则，制定统一的政务 POI 分类与编码规则。开发政务 POI 整合系统，包括政务 POI 汇聚子系统和整合子系统。其中，汇聚子系统支持互联网权威信息爬取、政务共享数据抽取及部门收集数

据导入，支持多源异构政务 POI 信息的统一汇聚、存储；整合子系统基于汇聚收集的各类政务 POI 数据，实现无效 POI 过滤、相同 POI 合并等预处理功能，能够实现基于标准地址库的空间位置匹配、基于地名搜索的空间位置自动化匹配，交互式分类与编码、属性编辑、空间位置可视化编辑、数据入库与更新等功能，能够实现政务 POI 的数据融合与联动更新等功能。在此基础上，采用互联网爬虫、大数据分析等技术手段，利用政务 POI 汇聚整合系统，从权威部门、泛在网络等多种渠道收集、整理、分析政务 POI 相关信息，对政务 POI 进行空间化处理，进行分类编码，完善政务 POI 属性信息，建设覆盖全国的完整、准确的政务 POI 数据库，并建立政务 POI 图式规范，形成面向政务应用的公共服务电子地图注记层级划分策略，开发适应高分辨率显示的注记符号库，满足地理信息公共服务的广泛需求。

3. 建立适应在线服务的便捷高效的地理信息数据更新模式

“天地图”在线服务数据的时效性一直是用户关注的重点，持续提升数据更新效率、加快数据更新速度，对于更好地满足各类应用需求至关重要。在多年的应用服务实践中，“天地图”逐步形成了“定期全面更新 + 适时动态更新”的数据更新模式。下一步的工作重点是建立国家、省级、市（县）级联动更新技术体系。通过各级节点联动更新，进一步形成各级节点服务合力，提升数据更新效率，充分发挥出“天地图”分布式资源节点的潜在能力。“天地图”国家、省级、市（县）级联动更新技术体系需要具备更新信息与更新需求可双向推送的能力。各省级节点可以通过联动更新管理系统向国家级节点推送重点要素更新数据，国家级节点接收、确认后及时更新地图和搜索等服务；此外，国家级节点可以向省、市（县）级节点推送更新需求，由省、市（县）级节点完成数据更新并在“天地图”统一服务中心实现发布。国家级节点与省级及市（县）级节点建立更新信息共享与协同机制，有关更新技术方式详见下文。

三 推进建立全国一体化的地理信息资源开放与共享体系

全国一体化的地理信息资源开放与共享体系建设是“天地图”下一步的

工作重点，主要内容包括建立以数据融合为基础的统一在线服务数据资源体系，建立以统一标准基础服务、统一应用程序接口、统一域名、统一用户管理、统一界面样式为基本特征的统一在线服务功能体系，建立以融合更新为主要技术手段的国家、省、市（县）级节点数据联动更新体系。

（一）建立统一在线服务数据体系

数据融合实现了节点间数据资源的优势互补，推进了基础地理信息数据资源的共享集成。统一在线服务数据资源体系就是进一步扩展数据融合类型、扩大数据融合范围，优化技术流程，提高效率与速度，实现全国“天地图”各级节点在线服务数据资源体系的一体化。

（二）建立统一在线服务功能体系

建立统一在线服务功能体系主要包括五个方面：统一标准基础服务、统一应用程序开发接口、统一域名、统一用户管理及统一界面样式。

统一标准基础服务：实现全国“天地图”各级节点标准基础服务的统一，具体包括矢量地图服务、影像地图服务、地名注记服务、地形晕渲服务等。各级节点必须使用统一的标准基础服务，保证“天地图”对外基础服务内容与功能的一致。

统一应用程序开发接口：在统一标准基础服务的基础上，主节点提供统一的对外开发应用程序开发接口，包括基础地图 API、网页 API 及 Web 服务 API。实现应用开发的统一授权认证，避免出现二次开发接口差异较大的情况。省、市（县）级节点在此基础上，还可以提供本地特色服务应用程序开发接口，如移动 SDK、数据 API、Web 服务 API 等。

统一域名：省级节点使用主节点的二级域名，具体格式为：XXX.tianditu.gov.cn（XXX 为省级名称全拼），如天地图·江苏的域名为 jiangsu.tianditu.gov.cn。省级节点子网站采用二级目录进行发布，如天地图·江苏在线地图子网站的域名为 jiangsu.tianditu.gov.cn/map。市（县）级节点在省级域名下采用二级目录进行发布，具体格式为：XXX.tianditu.gov.cn/xxx（XXX 为市级名称全

拼），如天地图 • 南京的域名为 jiangsu.tianditu.gov.cn/nanjing，市（县）级节点子网站采用三级目录进行发布，如天地图 • 南京在线地图子网站的域名为 jiangsu.tianditu.gov.cn/nanjing/map。市（县）级节点二级目录可以通过在省级节点 Web 服务器下配置代理路径方式实现。

统一用户管理：主节点用户中心支持各级节点用户注册、登录及应用系统接入。省、市（县）节点应按照接入规范接入统一用户中心，并将已有用户与主节点进行融合。接入用户中心的节点可在统一用户中心的基础上建立相应应用系统的用户角色管理与权限控制子系统，主节点在用户中心为省级节点提供本地用户注册与访问情况查询。

统一界面样式：省、市（县）级节点必须建立本地节点服务网页，主节点建立统一的门户网站对接规范，确定首页页面风格、框架布局、“天地图”徽标、字体样式等内容，实现各级节点门户首页的快速搭建与发布。各级节点特色服务必须在主节点进行注册，注册的服务统一纳入服务中心进行监控与管理。

（三）建立统一在线服务数据联动更新体系

统一在线服务数据联动更新技术方式主要包括众包在线更新、数据动态更新及服务（瓦片）数据推送。

众包在线更新：使用众包技术手段实现数据快速更新，分类优化在线数据提交内容、字段和审核功能，实现用户提交数据的在线审核，支持审核进度的实时查看与管理，支持用户上传数据的快速发布。

数据动态更新：通过分区域分批次或同一区域多轮更新等方式实现在线服务数据动态更新，提高数据更新频率。基于“天地图”联动更新管理系统统筹管理“天地图”各级节点数据更新，保障高频率数据更新需求和成果及时共享。

服务（瓦片）数据推送：各级节点将符合标准的服务（瓦片）数据推送至主节点在线测试环境。确认检查后合格后，在线导入正式发布环境，完成更新发布。

四 结语

我国测绘地理信息服务模式经历了从“模拟地图”到“数字地图”再到“在线地图”的发展，相比纸质地图的数字化，在线地图的理念和技术有着根本性的变化。大数据条件下，人们普遍意识到数据在线比数字化更重要，拥有稀有数据，不一定能形成核心能力。数据价值的产生取决于以数据共享为前提的数据关联，离线数据难以产生最大化价值。因此，数据在线至关重要。把各种分散的和离线的数据在线汇聚起来并使之发生持续的聚合效应，实现实时共享和更新，这就是地理信息公共服务平台“天地图”的技术与理念定位。地理信息公共服务平台“天地图”是一种基础设施、一种新的公共服务能力。我们将以新的发展理念为指挥棒与红绿灯，加强创新思维，不断推动“天地图”的高质量发展，更好地发挥出“天地图”在履行自然资源“两统一”职责、政府公益性服务、产业发展、方便群众等方面的重要基础性作用，持续推进地理信息资源的共享与开放。

B.7
总体国家安全观视角下的地理信息保密政策调整

乔朝飞*

摘　要：地理信息保密政策是测绘地理信息工作治理体系的重要组成部分之一，现有的地理信息保密政策已远远不适应国内外形势的发展需要，迫切需要加快调整。本文从总体国家安全观的视角出发，分析了我国地理信息保密政策存在的问题及根源，探讨了我国的国家定位和发展阶段，分析了实现国家安全的方法和路径，在此基础上提出了地理信息保密政策调整的有关建议。

关键词：总体国家安全观　地理信息　保密政策

一　引言

党的十九届四中全会上通过的《中共中央关于坚持和完善中国特色社会主义制度、推进国家治理体系和治理能力现代化若干重大问题的决定》提出："坚持和完善中国特色社会主义制度、推进国家治理体系和治理能力现代化，是全党的一项重大战略任务。"地理信息保密政策是测绘地理信息工作治理体系的重要组成部分之一，对于测绘地理信息行业发展具有重要影响。国内外发展的新形势下，现有的地理信息保密政策存在的问题日益突出，迫切需要加快进行调整。本文从总体国家安全观的视角入手，分析我国的国家定位和发展阶段、国家安全面临的威胁，以

* 乔朝飞，自然资源部测绘发展研究中心，博士，研究员，主要从事测绘地理信息发展战略、规划与政策研究。

及实现国家安全的方法和路径，在此基础上提出地理信息保密政策调整的有关建议。

二 总体国家安全观

2014年4月15日，习近平总书记在主持召开中央国家安全委员会第一次会议时首次提出总体国家安全观，并首次系统提出“11种安全”：要构建集政治安全、国土安全、军事安全、经济安全、文化安全、社会安全、科技安全、信息安全、生态安全、资源安全、核安全等于一体的国家安全体系。党的十九大报告明确提出：“必须坚持国家利益至上，以人民安全为宗旨，以政治安全为根本，统筹外部安全和内部安全、国土安全和国民安全、传统安全和非传统安全、自身安全和共同安全。”

总体国家安全观的提出，是因为当前我国国家安全形势出现了一些新的变化，在某些方面、某些领域、某些具体问题上，可能比以前更严峻，解决的难度也更大。国家安全形势更趋复杂主要表现在以下三个方面：一是出现了许多新的安全形式、安全形态、安全挑战。随着科技进步，来自深海、极地、太空、网络和信息等领域的新的安全问题不断涌现；二是各种安全因素之间相互联动、相互渗透、相互作用、相互影响；三是许多新的内外安全问题、挑战将会随着中国大国崛起进一步增加。基于上述变化，习近平总书记在国安委第一次会议上就国家安全形势作了一个重要判断，强调：“当前我国国家安全内涵和外延比历史上任何时候都要丰富，时空领域比历史上任何时候都要宽广，内外因素比历史上任何时候都要复杂，必须坚持总体国家安全观。”

坚持总体国家安全观，要求我们要从全面、动态、系统的角度看待国家安全。以往谈到国家安全，关注重点主要是国土安全、军事安全等传统安全领域。新时代下，社会主要矛盾已变为人民日益增长的美好生活需要和不平衡不充分的发展之间的矛盾。人民安全、政治安全、经济安全等显得愈发重要，需要给予高度的重视。这对我国地理信息保密政策调整具有重要的指导意义。

三　我国地理信息保密政策及其存在的问题

（一）地理信息保密政策

我国现有的地理信息保密管理法规体系包括《测绘法》1部法律和《测绘成果管理条例》《地图编制出版管理条例》2部行政法规、《测绘管理工作国家秘密范围的规定》（国测办字[2003]17号）（以下简称《17号文》）、《地图审核管理规定》、《关于对外提供我国测绘资料的若干规定》、《外国的组织或者个人来华测绘管理暂行办法》、《对外提供我国涉密测绘成果审批程序规定》、《重要地理信息数据审核公布管理规定》、《公开地图内容表示补充规定（试行）》、《遥感影像公开使用管理规定（试行）》等部门规章。在上述法律法规中，《17号文》是核心。该文件是2003年由原国家测绘局和国家保密局联合印发的。

《17号文》中，根据公开或泄露可能对国家安全、领土主权、军事防御能力等造成损害的严重程度，将测绘管理工作中的国家秘密范围分为“绝密”、“机密”和“秘密”三类，三类秘密事项的控制范围各不相同。其中，属于“绝密”级的测绘成果共4项，包括国家大地坐标系、地心坐标系以及独立坐标系之间的转换参数，全国性高精度重力异常成果，1∶1万和1∶5万全国高精度数字高程模型，地形图保密处理技术参数及算法；属于“机密”级的测绘成果共7项，包括国家等级控制点坐标成果，国家等级天文、三角、导线、卫星大地测量的观测成果，分辨率和精度达到一定标准的重力异常和高程异常成果，1∶2.5万、1∶5万和1∶10万国家基本比例尺地形图及其数字化成果，等等；属于“秘密”级的测绘成果共8项，包括国家等级水准网成果，重力加密点成果，分辨率或精度达到一定标准的重力异常和高程异常成果，1∶5千国家基本比例尺地形图，1∶1万、1∶25万和1∶50万国家基本比例尺地形图及其数字化成果，军事禁区及国家安全要害部门所在地的航摄影像，等等。《17号文》中，所有列入保密目录的测绘成果的保密期限均为“长期”。

2011年3月，国家保密局印发通知，要求中央有关机关按照新修订的

《保密法》，结合部门实际，研究提出制定或修订意见；2003 年 12 月底以前颁布的保密事项范围，原则上均应组织修订。然而，出于种种原因，时至今日,《17 号文》仍然没有进行修订，距其发布已过去了 17 年。

（二）存在的问题及根源

近年来，作为数字经济的重要组成部分，地理信息技术与大数据、物联网、人工智能以及区块链等新一代信息技术相融合，智能化进程不断加快。互联网地图、基于位置的应用（LBS）等应用日益广泛和深入。相比之下，《17 号文》已经越来越不适应时代发展的需要，暴露出较多问题。

一是保密范围的确定标准模糊。划分“绝密”、“机密”和“秘密”的标准都是定性的判断，含糊不清，弹性很大。二是“一刀切”式的保密策略使许多本应公开的地理信息不能公开。《17 号文》中，将比例尺的大小作为判断地形图是否保密的标准，导致绝大多数地形图被划为保密成果，严重阻碍了这些地形图的应用。三是保密标准过高。根据《17 号文》的规定，比例尺大于 1∶50 万的地形图、等高距小于 50 米的等高线、空间位置精度高于 50 米的遥感影像、格网小于 100 米的数字高程模型均为保密成果。相比之下，许多国家的地理信息保密标准远比我国的宽松。四是保密期限过长。《17 号文》中规定，涉密成果的保密期限均为“长期”，这意味着保密的期限几乎等同于“永远”。

《17 号文》存在的上述诸多问题，其根源是我国以往的“被动式”的安全保密策略。由于经济实力和国防、军事实力所限，我国以往的国家安全实行的是以被动的“保”为主的策略，通过制定各行业的保密法规，将我们认为可能会对国家安全造成损害的信息划为涉密信息，以防止这些信息被境外敌对势力窃取。其中对测绘成果的保密规定出发点也是基于此。

要调整现有的不合时宜的地理信息保密策略，需要对新形势下我国国家安全战略有清醒的认识。谋划国家安全，制定国家安全战略，有一定的内在逻辑要求。应对本国的国家实力和发展阶段有准确的定位；确定实现国家安全目标所需的方法和途径；根据国内外情况的变化适时调整安全战略，确保国家安全。

四　我国的国家定位和发展阶段

党的十九大报告指出:“我国仍处于并将长期处于社会主义初级阶段的基本国情没有变，我国是世界最大发展中国家的国际地位没有变。”这是对我国现阶段的国家定位和基本国情的准确判断。

（一）国家定位

我国的国家定位是正在和平崛起的大国。崛起，是指一个大国的综合实力快速提高并对世界力量格局、秩序和行为准则产生重大影响的过程。与发展是绝对量的增加不同，崛起是一个相对量的变化，是指国家实力不断上升并与最强大的国家不断接近的过程。大国崛起首先是硬实力特别是经济实力的增长。我国已经成为世界上第二大经济体。观察一个国家的综合国力，除了经济总量外，还要看该国的工业和科技实力。近些年我国的工业基础科技研发能力不断提高是有目共睹的。

（二）发展阶段

我国正处于并将长期处于社会主义初级阶段是我国最大的国情。这个国情是制定我国国家安全战略的重要依据。改革开放以来特别是党的十八大以来，我国积极推进社会主义经济、政治、文化、社会和生态文明建设，全面建成小康社会取得重大进展。经济保持中高速增长，在世界主要国家中名列前茅，国内生产总值居世界第二，对世界经济增长贡献率超过30%；经济结构不断优化，数字经济等新兴产业蓬勃发展；区域发展协调性增强；对外贸易、对外投资、外汇储备居世界前列；人民生活不断改善，获得感显著增强；脱贫攻坚战取得决定性进展，6000多万贫困人口稳定脱贫；生态环境治理明显加强，环境状况得到改善。

同时，我国发展中也面临不少困难和挑战，发展不平衡不充分的一些突出问题尚未解决。创新能力不够强，实体经济水平有待提高，生态环境保护任重道远；民生领域还有不少短板，城乡区域发展和收入分配差距依然较大，群众在就业、教育、医疗、居住、养老等方面面临不少难题；社会文明水平尚需提高；社会矛盾和问题交织叠加，全面依法治国任务依然繁重；意识形态领域斗争依然复杂，国家安全面临新情况。

五　实现我国国家安全的方法和路径

根据辩证法原理，任何事物的变化皆是以内因为主，外因为辅。谋划国家安全，首要的原则就是“以内为主”。具体实现方法就是，一方面需要坚持发展是硬道理，另一方面需要加强国防和军队建设。

（一）坚持把发展放在首要位置

“以内为主”对于中国这个发展中的大国来讲，一是谋发展，二是保稳定。发展是安全的基础，是解决中国所有问题的关键。发展对于全面建设小康社会、加快推进社会主义现代化，对于实现中华民族伟大复兴具有决定性意义。党的十九大报告指出，从十九大到二十大，是我国“两个一百年”奋斗目标的历史交汇期。我们既要全面建成小康社会、实现第一个百年奋斗目标，又要乘势而上开启全面建设社会主义现代化国家新征程，向第二个百年奋斗目标进军。只有坚定不移地把发展放在首要位置，心无旁骛，才能顺利实现“两个一百年”奋斗目标。

人民安全是国家安全的宗旨，国家安全工作归根结底是保障最广大人民的根本利益。只有实现经济增长、政治安定、社会保障有力、生态环境优美，为人民群众创造良好生存条件和安定的生产生活环境，不断提高人民群众的幸福感、安全感，各种危害社会稳定的因素才会得到消除，才能实现社会稳定、人民安居乐业。

（二）加强国防建设

着眼时代发展趋势，立足本国实际，坚定不移地走和平发展道路，是中国强盛唯一可行的途径。党的十八大以来，我国国防和军队改革取得历史性突破，形成军委管总、战区主战、军种主建新格局，人民军队组织架构和力量体系实现革命性重塑；武器装备加快发展，军事斗争准备取得重大进展。

2019 年 7 月，国务院新闻办公室发表的《新时代的中国国防》白皮书中指出，新时代中国始终不渝奉行防御性的国防政策，中国国防的根本目标是坚决捍卫国家主权、安全、发展利益，中国国防的发展路径是坚持走中国特色强军之路。白皮书指出，我国军队的军队现代化水平与国家安全需求相比差距还很大，与世界先进军事水平相比差距还很大。为确保国家安全，需要加快建设一支强大的军事力量。

六　地理信息保密政策调整的有关建议

从前文的分析可以得到启示，我国地理信息保密政策调整，要坚持以内为主、以我为主的原则，坚持把支撑发展作为地理信息保密工作的重要前提。

党的十九大报告中对我国国家安全面临的内外形势有准确的描述。在外部形势方面，“世界正处于大发展、大变革、大调整的时期，和平与发展仍然是时代主题”。在国内形势方面，“社会治理体系更加完善，社会大局保持稳定，国家安全全面加强”。这说明，我国国家安全的内外形势都是在朝着好的方向发展。与此相适应，我国的地理信息保密政策应相应调整放宽。

党的十九大报告指出，“当前国内外形势正在发生深刻复杂变化，我国发展仍然处于重要战略机遇期”。从现在起到 21 世纪中叶的 30 年，是我国发展的重要战略机遇期，能否抓住这个机遇期，决定了“两个一百年”奋斗目标能否顺利实现。经济社会发展、国防建设等各领域工作必须按照中央的决策部署，始终把发展放在首要位置。对于测绘地理信息领域而言，要大力发展地理信息产业这一战略性新兴产业，抢占地理信息产业国际制高点。满足人民对美好生活的需要，客观上要求顺应地理信息科技进步的趋势，大力发展自动驾驶地图、三维实景地图等新型地理信息产品，这就要求放宽地理信息保密政策，使地理信息更广泛地得到开发和应用。

综上所述，政府有关部门应加快修订《17号文》等地理信息保密政策。要坚持总体国家安全观，以人民安全为宗旨，实行主动式的地理信息保密策略。应参照国外有关地理信息保密的标准，根据我国地理信息产业发展的需要，以及我国国防和军事斗争的实际需要，合理降低地理信息保密门槛。同时，探索动态型的地理信息保密策略。

在我国社会进入新时代、国际形势风云变幻的新的历史方位下，我们必须保持战略清醒，紧紧把握住发展这个关键，坚持总体国家安全观，从国家发展的全局调整地理信息保密政策，坚持以发展求安全，以安全保发展，实现安全与发展的辩证统一。

参考文献

[1] 本书编写组:《中共中央关于坚持和完善中国特色社会主义制度、推进国家治理体系和治理能力现代化若干重大问题的决定》辅导读本，北京：人民出版社，2019。

[2] https://baike.sogou.com/v75822034.htm?fromTitle=%E6%80%BB%E4%BD%93%E5%9B%BD%E5%AE%B6%E5%AE%89%E5%85%A8%E8%A7%82。

[3] 本书编写组:《党的十九大报告辅导读本》，北京：人民出版社，2017。

[4] 罗建波:《总体国家安全观与中国国家安全战略》，《领导科学论坛》2018年第8期，第79~96页。

[5] 《测绘管理工作国家秘密范围的规定》（国测办字［2003］17号，国家测绘局、国家保密局2003年12月23日公布），http://www.mnr.gov.cn/zt/ch/11chdlxx_30928/qwfb/201807/t20180727_2148059.html。

[6] 《抓紧保密事项范围制定修订工作　打好规范定密工作坚实基础——国家保密局政策法规司负责同志谈保密事项范围制定修订工作》，《保密工作》2012年第6期，第24~26页。

[7] 谷业凯:《我国地理信息技术智能化进程加快》,《人民日报》2019年11月1日，第4版。

[8] 邵建斌:《对和平发展背景下我国国家安全战略的思考》,《中共中央文献研究室科研管理部.中共中央文献研究室个人课题成果集2013年（下）》，北京：中央文献出版社，2014，第902~913页。

[9] 国务院新闻办公室:《新时代的中国国防》，2019，http://www.mod.gov.cn/regulatory/2019-07/24/content_4846424.htm。

B.8

自然资源调查监测业务体系建设的“变”与“不变”

桂德竹*

摘　要：本文面向新时期自然资源管理“两统一”内涵以及调查监测工作的“三定”职责规定，分析自然资源调查监测业务体系建设的系统性、重构性特点，提出自然资源调查监测业务体系建设中需要把握的“变”与“不变”要求以及近期工作重点。

关键词：自然资源　两统一　调查监测　业务体系

自然资源部成立后，中央对新时期自然资源管理工作的总体要求体现在自然资源管理“两统一”（即统一行使全民所有自然资源资产所有者职责，统一行使所有国土空间用途管制和生态保护修复职责）。深入理解自然资源管理全业务链条以及各业务之间的科学逻辑，需要深入分析各业务对自然资源调查监测的具体需求，把握自然资源调查监测业务建设的“变”与“不变”的关系，相应提出业务建设和制度建设工作建议，以推进该项工作常态化、业务化开展。

一　调查监测工作在自然资源管理全业务链条中的作用

（一）自然资源管理“两统一”职责及其全业务链条组成

自然资源管理“两统一”的实质是按照经济效益与生态效益相统一的原

*　桂德竹，自然资源部测绘发展研究中心，博士，副研究员。

则，依据国土空间不同的功能定位，对经济社会发展相关事项进行布局，在不损坏生态价值的要求下最大限度地发挥其经济价值。

如图1所示，“统一行使全民所有自然资源资产所有者职责”，主要是以自然资源的经济价值为切入点所行使的管理职责。通过自然资源确权登记、自然资源权益维护工作，实现覆盖全部自然资源产权发证，通过市场机制推进自然资源资产有偿使用。

“统一行使所有国土空间用途管制和生态保护修复职责”，主要是以国土空间的生态价值为切入点所行使的管理职责，通过国土空间规划、用途管制

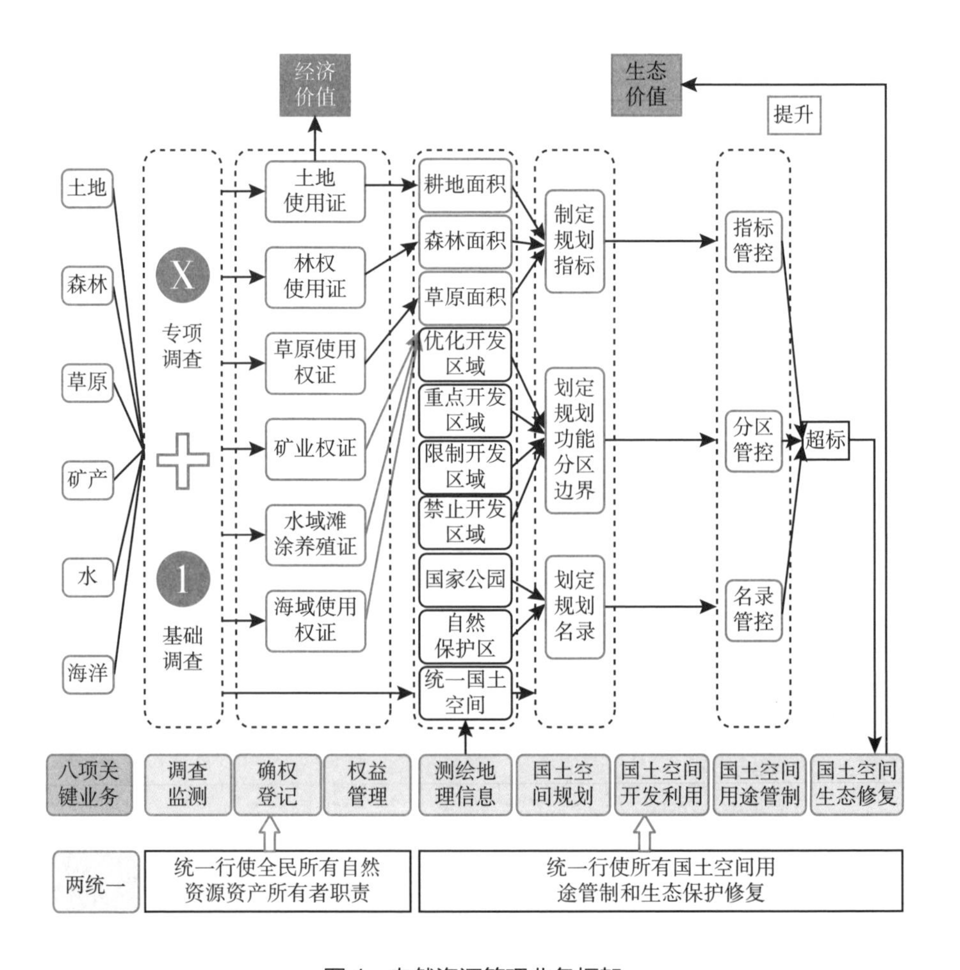

图1 自然资源管理业务框架

对自然资源利用指标和国土空间用途分区提出约束性发展要求，并对破坏的生态系统进行修复，以提升生态系统服务功能和生态价值。

（二）调查监测是落实自然资源管理“两统一”要求，保证自然资源管理各项职能职责正常履行的基础性工作

建立自然资源管理全业务链条，要打通各业务数据流通链路，建立起沟通自然资源管理决策、执行、监督的桥梁，其基础性工作是要统一数据标准和信息平台，以全覆盖、全要素、立体调查监测为基础，构建形成自然资源管理所需的“一套数据、一个平台”。

统一数据标准即把同一事物（国土空间）、同一事项（国土空间开发保护建设活动）的定义和描述统一起来。以空间位置关系为组织和联系所有自然资源体（即由单一自然资源分布所围成的立体空间）的基本纽带，对各类自然资源信息进行分层分类和科学管理，构建自然资源空间模型。

在统一数据标准的基础上，以基础测绘成果为框架，以数字高程模型为基底，以高分辨率遥感影像为背景，根据自然资源产生、发育、演化和利用的全过程，建立自然资源三维时空数据库和管理系统，搭建自然资源信息平台，为自然资源产权登记与有偿使用、空间规划与用途管制、生态保护与修复等提供服务，支撑自然资源全流程管理信息化。

二　把握自然资源调查监测工作的“变”与“不变”要求

根据自然资源部“三定”规定，自然资源调查监测职责主要包括五方面：制定自然资源调查监测评价的指标体系和统计标准，建立规范的自然资源调查监测评价制度，实施自然资源基础调查、专项调查和监测，负责自然资源调查监测评价成果的监督管理和信息发布，指导地方自然资源调查监测评价工作。

在推进自然资源调查监测业务体系建设中，要把握好该项业务的重构性与系统性要求，处理好“变”与“不变”的辩证关系（见图2）。其中，所谓

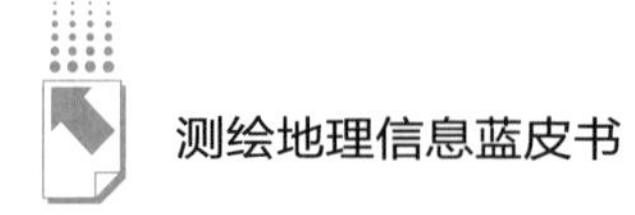

“不变”，主要是保持各专项调查监测原有好的制度的延续性，各类资源调查监测工作还要继续依据、依托现有的专业法律法规、专业技术系统和专业队伍开展；所谓“变”，主要指在自然资源调查监测任务内容、组织方式、标准制定等工作环节体现自然资源管理从要素管理转向综合管理的要求。

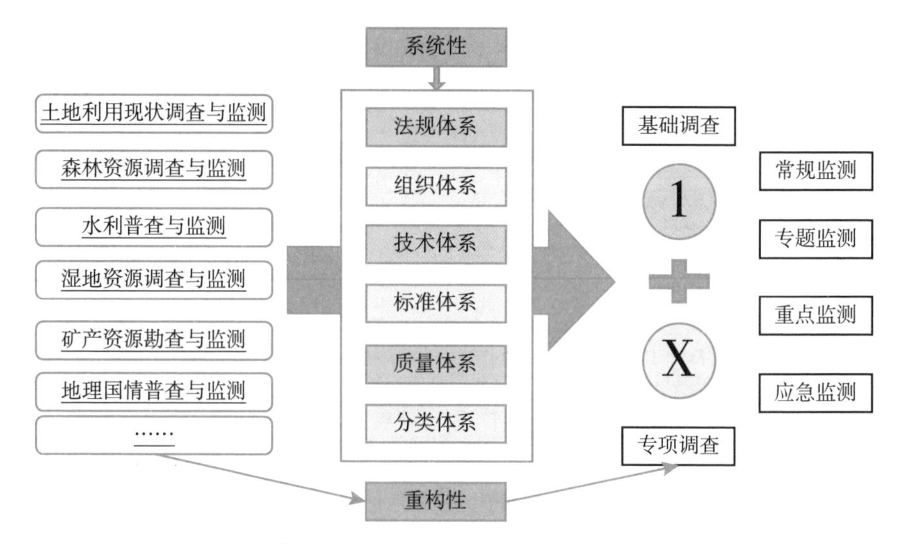

图 2　自然资源调查监测业务体系的重构性与系统性

（一）工作任务内容的变化

——自然资源调查工作。将以往相对独立的自然资源专项调查工作，重构成“1+X”型的自然资源调查模式。具体来说：（1）基础调查（“1”）是针对自然资源水平分布的范围、面积等共性特征开展的调查。（2）专项调查（“X”）是针对自然资源的结构、质量、生态功能以及相关人文地理信息等特性或特定需要建立相对固定的专项调查目录。基础调查和专项调查相结合共同描述自然资源总体情况，并立体反映各类自然资源综合特征。

——自然资源监测工作。将以往相对独立的地理国情监测、以及土地、草原、湿地、水、海洋、矿产等自然资源专项监测工作，根据监测的尺度范围和服务对象划分为常规监测、专题监测、重点监测和应急监测。具体来说:（1）常规监测。即自然资源全覆盖动态遥感监测工作。考虑到当前土地变更调查遥感监测与地理国情监测两项工作，都是对全部国土范围进行的监测，两者在监测目标、技术手段、工作方法等方面具有一定相似性和互补性。为有效衔接两项常规监测，更好地发挥自然资源动态监测的整体效能，加强监测工作的协同，合理整合现有两项全覆盖监测工作。实现每年两次对全国范围的全覆盖监测。年中一次（时点为 6 月 30 日），年末一次（时点为 12 月 31 日）。其中，年中监测重点为地表覆盖，直观反映地表各类自然资源的变化情况。年末监测以自然资源年度变化为重点，综合反映包括土地利用在内的各类自然资源的年度变化信息，直接支撑年度自然资源调查数据库动态更新。（2）专题监测为服务和支撑各类自然资源的日常管理需要，主要对某一区域、某一类型自然资源要素的特征指标开展专题监测，掌握自然资源的资源量、质量的变化等情况。（3）重点监测以直接服务和支撑国家重大战略、重大决策的事中监管为主要需求，开展重点地区、重大战略和重要决策实施情况的遥感监测。（4）应急监测根据党中央、国务院部署和部重点工作，以及涉及自然资源的社会关注焦点、难点问题，组织开展应急任务的监测。

（二）组织实施方式的变化

细化并落实自然资源调查监测有关规定中“统一”“指导”等具体内涵要求，探索建立“总—分—总”的组织实施方式。在规划编制、标准制定、质量监督、成果统计分析等总体设计和总体规划端以及成果总归口端体现“统一”的要求。在具体实施时，地方按照统一的调查监测规程，依据各自的区域特点和任务需求，分别设定调查内容和调查指标，有序规划、组织开展。

——“统一”。自然资源调查监测工作总体组织上要实现“六统一”，即:自然资源调查监测工作进行统一的总体设计和工作规划，统一的制度和机制建设，统一的标准制定和指标设定，统一的组织实施和质量管控，统一的数据成果管理应用，以及统一的信息发布、汇交和共享服务。这既是落实适度加强中央政府承担公共服务的职责和能力、将所需信息量大和信息复杂且获取困难的基本公共服务优先作为地方的财政事权划分改革的要求，也是体现建成自然资源日常管理所需的“一张底版、一套数据和一个平台”的具体需要。

——“指导”。在工作组织安排上，要根据各项调查内容，整体规划，统筹组织，分头实施。对中央部署的调查监测任务，由部统一组织，必要时地方分工参与。涉及对地方考核指标和实施动态监管的调查监测任务，原则上统一组织开展。对其他的自然资源专项调查、专题监测等，根据管理目标和专业需求，发挥各专项调查已有基础，由各地按照设计、实施、监督相分离的组织方式分级分工、部门协作组织开展，并处理好与相关管理部门的关系。如水资源作为一种流动性的、不断变化的自然资源，无法直接通过遥感影像获取数量和质量，通常通过地面测站的形式进行调查监测。该类专项调查仍由水利部门、地质调查部门组织实施比较适宜。

（三）标准规范制定的变化

由于各项调查内容的区别，标准规范制定方式也有所不同。如专业性较强的调查，如上文所述的水资源调查标准由部门联合制定；有些标准为了体现统一管理的要求，由自然资源部统一制定，如林业蓄积量调查以抽样调查方式，全国布设了相应的固定样地，该类专项调查标准由自然资源部制定，由林草部门组织实施。这种内部分工制衡机制，既有利于解决自然资源调查监测政出多门的问题，又较好地处理了统一管理与专业管理的关系。

三 自然资源调查监测体系建设的近期工作重点

自然资源调查监测体系建设目标主要包括业务建设和制度建设两方面：一方面，构建支撑业务开展的基本能力，形成体现调查监测作用的服务模式；另一方面，划分中央与地方事权，做好对地方的指导，完善自然资源调查监测法律法规。

（一）做好与基础测绘业务协同

基础测绘工作和自然资源调查监测工作同为定义和描述国土空间。测绘地理信息工作主要是对国土空间的“空间”属性进行定义和描述，为国土空间中的任意事物或者现象确立唯一空间位置及定义相互之间空间关系的一项工作。自然资源调查监测工作主要是对国土空间的“管理”属性进行定义和描述，确定国土空间中自然资源的种类、数量、权属、功能用途、开发利用与保护状况的一项工作。

要准确理解这两项工作的共性和差异，在保持各项工作相对独立性的同时协同开展。对此，江苏等地方已进行了相关探索，形成了地籍调查与基础测绘“一次采集、两套标准、分类入库”等工作机制。在地籍调查中，分别依据地籍调查标准和基础地理信息数据采集标准采集两套数据，其中权属要素等地籍数据纳入地籍数据库，基础地理要素纳入基础地理数据库；同时，基础测绘从按比例尺分级测绘转变为按要素测绘，其成果可在地籍数据库中得到实时体现。这种地籍调查和基础测绘业务动态融合的开放式工作模式，实现了地籍调查数据和基础测绘数据的双向利用，避免了以往工作中基础测绘成果只作为调查工作底图所造成的信息闭塞和资源浪费。

（二）做好国家与地方事权划分

结合正在开展的“自然资源领域中央和地方财政事权和支出责任划分改革”工作，基于地理国情普查组织实施经验，处理好国家和地方统一开展自然资源基础调查，将专项调查内容纳入现有体制进行管理。

国家层面可主要承担规划编制、标准制定、质量监督、成果统计分析等体现宏观统筹、监督监管方面的职责；国家层面任务主要在影像获取、后期建库、质量检查以及统计分析服务等生产流程前端和后端，地方层面任务主要在数据采集、处理等流程中间端。

地方层面参照关于自然资源调查监测工作的总体安排和布局，按照统一的调查规程和标准，根据本地区管理需要，负责规划、组织本地区自然资源

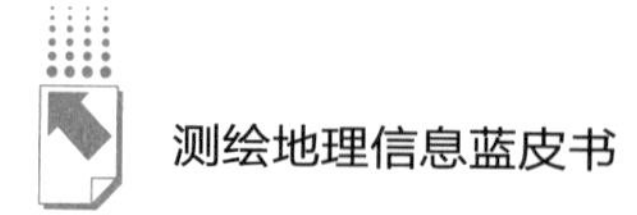

的调查监测工作，科学安排本地区各项调查任务。对于重大国情国力的基础调查工作，按照国家统一部署要求，各地按照分工要求，参与配合做好调查工作。地方调查成果应当纳入国家调查成果中集成使用。

（三）做好法律法规的“废改立”

目前，我国还没有统一的自然资源调查监测方面的法律法规。自然资源调查监测工作还要继续依据现有的专业法律法规。主要包括：土地管理法、测绘法、海域使用管理法、森林法、草原法、水法以及土地调查条例、森林法实施条例、测绘成果管理条例等。现有法律法规中规定的“森林资源清查制度”“草原调查和统计制度”“土地调查统计制度”“水资源的综合科学考察和调查评价”等制度存在不符合自然资源调查监测“统一”开展的内容，要根据机构改革职责规定以及自然资源调查监测工作实际和相关试点经验来完善。

以往调查监测中工作存在的调查内容、分类标准、技术方法不一致等问题，其差异存在的体制机制因素主要是法律法规中有关调查监测组织实施规定没有体现统一开展的要求所致。为此，建议采取“修改旧法”和“制定新法”同步进行的形式，加快调查监测法律法规“废改立”。近期，各类资源的调查监测工作还要继续依据现有的专业法律法规，重点对上述标准制定主体、组织模式等规定予以修订。远期，参照《土地调查条例》立法模式，研究制定《自然资源调查条例》，并出台相关配套实施办法。

科技创新篇

Science and Technology Innovation

B.9

推行实景三维地理信息技术的思考

李德仁　杨必胜　董　震*

摘　要：实景三维地理信息技术是以服务精细化、动态化、真实化、智能化为目标，综合利用“空－天－地－地下”数据采集手段获取城市精准空间信息并结合物联网动态传感数据，实现地上下、室内外、动静态空间数据全覆盖，为实现“像绣花一样精细”的城市管理提供翔实的信息保障。本文从实景三维地理信息的实际需求、发展机遇、建设基础、应用前景等方面进行了较为全面的阐述，从标准与规范、技术需求和建设构想几个方面对实景三维中国提

* 李德仁，中国科学院院士，中国工程院院士，工学博士，武汉大学测绘遥感信息工程国家重点实验室，研究方向为遥感、全球卫星定位和地理信息系统；杨必胜，教授，工学博士，研究方向为三维地理信息获取与分析；董震，副研究员，工学博士，武汉大学测绘遥感信息工程国家重点实验室。

出了建设性意见，从而充分发挥其在智慧城市、智慧交通、智能房管、环保监测等诸多民生领域的重要作用。

关键词：实景三维　广义点云　空间信息融合　全息要素提取　结构化重建

一　引言

实景三维地理信息技术是以地理信息服务精细化、动态化、真实化、智能化为目标，综合利用测绘卫星、无人机航测、激光雷达、倾斜摄影、移动测量系统和探地雷达系统等“空－天－地－地下”三维数字采集手段获取城市精准空间信息，并结合物联网动态传感数据，实现地上下、室内外、动静态空间数据的全覆盖；并利用5G网络、云计算、区块链等技术提高海量三维地理信息数据处理能力，借助深度学习、强化学习、迁移学习等人工智能手段实现城市全要素地理实体的结构与语义信息自动化提取，为实现“像绣花一样精细”的城市管理提供翔实的全空间、动静态信息保障。实景三维对于智慧交通、智能房管、管线规划、环保监测等诸多民生领域的建设具有十分重要的作用。

自然资源部在2019年全国国土测绘工作座谈会上透露，将启动“十四五”基础测绘规划编制工作，并将实景三维中国建设作为大项目、大工程的重点关注方向。该项目预期将催生测绘产业生态链万亿级市场蓝海。实景三维的开展标志着中国的测绘工作要全面从二维走向三维，需要将二维测绘的工作经验积累推广到三维测绘工作中，例如分类体系的建立、语义属性的录入、二维GIS统计分析、二维语义分割与变化监测等，面临着巨大的挑战。

二　实景三维地理信息技术发展机遇

现有的二维空间数据表达存在高程信息缺失、语义信息不足、层次化表达缺乏、空间关系粗略等局限，无法满足城市精细化管理、三维变化检测、自动驾驶、战场态势评估等国家重大需求。地图从二维到三维、从室外到室内、从地上到地下是全球科技发展和智慧地球建设的必然趋势，而实景三维更加直观，可量、可算、信息丰富，是关系国防安全、城市规划、智能交通、生态环保、人工智能等诸多产业发展的重要应用技术。伴随国内智慧城市建设进程的加快，各地市对实景三维建设已经存在非常迫切的实际需求，不少行业和地区已先行试水。目前全国已有武汉、上海、南京、广州、嘉兴、深圳、成都、重庆等600多个地区在不同应用场景尝试了三维模型或实景三维模式并获好评。目前实景三维产业已经具备充分的技术条件，且市场需求强烈，具备推进实景三维中国建设这类大型国家级工程的基础。

首先，测绘卫星、无人机测量、激光雷达、倾斜摄影、移动测量系统和探地雷达系统等“空－天－地－地下”三维数据采集方法已经成熟；5G网络、云计算、区块链等技术的逐渐成熟让业界具备了海量三维地理信息数据处理能力；同时，各地市基于DLG（Digital Line Graphic，数字线划地图）制作的三维地形图和辐射全国的街景地图，也为实景三维中国建设提供了基础。在空天地三维成像技术和国家重大需求的双重驱动下，实景三维中国建设成为必然趋势。并且随着《科技进步法》《促进科技成果转化法》等一系列鼓励创新驱动的政策法规的修订出台，实景三维产业自主创新能力不断增强，具有自主知识产权硬、软件产品的国内企业越来越多。如武大吉奥、泰瑞数创、立得空间、航天远景等，都在进行相关产品和技术的自主创新研发，部分已经过实践检验。

其次，“两个一百年”奋斗目标提出，这意味着，各个行业都要加快发展进程，尤其是地理信息产业等高新技术产业，更是我国现代化发展的重要推动力，实景三维中国建设符合我国发展的整体规划。推进实景三维中国建设这类全国性大体量项目，必然有除国家测绘主管部门之外的民营企业等多方社会力量参与，这对市场经济有极大的促进作用。欧美等发达国家和地区对地理空间信息产业也非常关注，德国目前已基本完成全国范围内的建筑物三维模型制作。2018年发布的《欧洲地理空间产业展望报告》将整个地理空间产业广泛划为 GNSS 与定位、GIS 与空间分析、遥感和三维扫描四个类别，在传统的 3S 领域增加了三维扫描。报告预计，到 2020 年欧洲三维扫描市场将占全球市场的 28.3%，即 34.8 亿欧元，年复合增长率约为 14.3%，三维扫描市场将成为地理空间产业四个分类中增长最快的市场。我国实景三维产业发展迅速，正处于关键上升期，此时若实景三维中国建设经过论证顺利推进，对我国争夺世界级三维扫描产业，乃至地理信息产业高地无疑是一个重要助力。

三　实景三维地理信息的重要进展与面临的挑战

实景三维中国建设面临全空间地理信息获取难、多源异构数据精准融合难、结构与语义信息智能提取难、多层次结构化语义模型重建难等技术瓶颈。近年来，国内外学者在实景三维地理信息理论、多传感器全空间数据获取技术、多源城市空间信息融合、全息要素地理实体结构与语义信息智能提取、场景结构化语义模型按需重建等方面进行了深入研究，并取得了较大的进展。

（一）广义点云模型理论与方法

在实景三维地理信息理论研究方面，杨必胜教授在国际上首次提出了广义点云的科学概念与理论研究框架体系，如图 1 所示。广义点云模型汇集激光扫描、摄影测量、探地雷达、众源采集等多源、多平台空间数据，通过清洗、配准与集成，实现从多角度、视相关到全方位、视无关的统一表达（广义点云数据模型）；建立融合多源异构数据的城市复杂动态场景全要素目标组件级分割理论体系，实现城市全要素地理实体的结构与语义信息自动化提取（广义点云计算模型）；发展“结构－语义－动态”建模过程的迭代耦合模型，形成结构化语义模型按需重建的一体化方法体系，提升实景三维地理信息对城市结构与语义感知能力，为城市空间事件演化多场景、多事件建模与分析提供理论与方法依据（广义点云表达模型）。

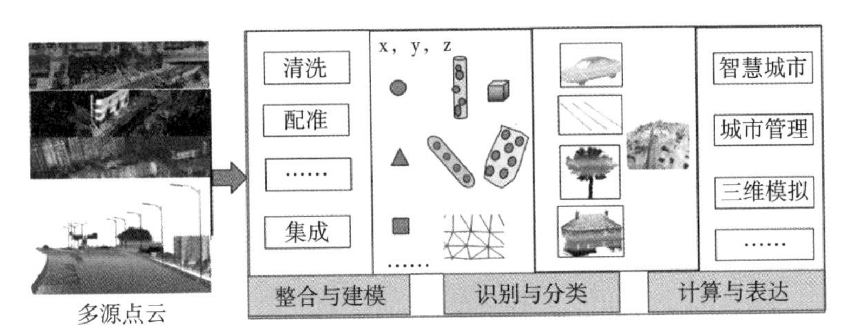

图 1　广义点云模型

（二）“空-天-地-地下”全空间地理信息获取

融合多传感器的空－天－地－地下立体化、组合式、全空间数据获取技术体系已初步形成，综合利用测绘卫星、无人机航测、激光雷达、倾斜摄影、移动测量系统和探地雷达系统等“空－天－地－地下”三维数字采集方法，获取不同类型的三维空间数据，实现全空间室内外、地上下全覆盖，满足实景三维地理信息对数据采集效率和完整性的新需求。例如，机载激光扫描系统主要用于采集大范围基础性数据，包括建筑屋顶、部分立面和主要地形；倾斜摄影测量是机载激光扫描数据的有效补充，有助于提高单体化模型的完整度；车载激光扫描系统主要用于获取道路及其附属设施和部分建筑立面的空间和纹理信息；地面三维激光扫描主要用于重要区域、街坊内部以及地下空间（如：城市地铁）数据采集；便携式激光扫描则是保证空间数据完整性的重要补充手段，适合范围小且需要快速获取的区域；探地雷达用于获取地下管线等设施的空间分布，是地下基础设施数据采集的重要手段；综合调绘则是综合利用多种方式进行调查、判读和补测。全空间地理信息获取技术路线如图 2 所示。

（三）多源异构空间信息精准融合

由于单一视角、单一平台的观测范围有限且空间基准不严格统一，为了获取目标区域全方位的空间信息，不仅需要进行站间 / 条带间的点云融

图 2　全空间地理信息获取技术

合，还需要进行多平台（如机载、车载、地面站等）的点云、影像以及众源采集数据的融合，以弥补单一视角、单一平台、单一传感器带来的数据和信息缺失，实现大范围场景完整、精细的数字现实描述，如图 3 所示。不同数据（如：不同站点 / 条带的激光点云、不同平台激光点云、激光点云与影像）之间的融合，需要同名特征进行关联。针对传统人工配准法效率低、成本高的缺陷，国内外学者研究基于几何或纹理特征相关性的统计分析方法，但是由于不同平台、不同传感器数据之间的成像机理、维数、尺度、精度、视角等各有不同，其普适性和稳健性还存在不足。因此，需要发展基于多视几何和机器视觉方法的多平台观测数据多元结构特征（点、线、面）鲁棒提取，创建同名特征配对模型，解决弱交会、小重叠区域同名几何特征自动提取和配对难题；建立基于同名几何特征配对的一致性映射模型，发展重叠区域闭合环约束自动构建、顾及精度差异的自动分区策略，实现一致性映射模型参数初始值的准确估计；发展分区控制、分步迭代的全局优化求解方法，克服优化求解中局部收敛、全局发散的缺陷，解决模型参数非线性优化问题，实现大范围三维场景内多源异构数据的全自动统一定位、定姿与表达。

图 3　多源城市空间信息数据高精度融合，其中红色为机载点云、绿色为地面站点云、蓝色为车载点云、黄色为背包点云

（四）全息要素结构与语义信息智能提取

全息要素结构与语义信息是从多源异构数据中识别与提取人工与自然地物要素的过程，是数字地面模型生成、场景理解、复杂场景三维重建等应用的基础。不同传感器数据关注的主题有所不同，机载激光点云和影像主要关注大范围地面、建筑物顶面、植被、道路等目标；车载激光点云和街景影像关注道路及两侧道路设施、植被、建筑物立面等目标；地面站激光点云分类侧重特定目标区域的精细化解译；探地雷达用于获取地下管线等设施的空间分布，是地下基础设施数据采集的重要手段。场景目标多样、形态结构复杂、目标遮挡和重叠以及空间密度迥异等现象，是城市全息要素结构与语义信息的共同难题。据此，国内外许多学者进行了深入研究并取得了一定的进展，在特征计算基础上，利用逐点分类方法或分割聚类分类方法对点云标识，并且对目标进行提取。但是由于特征描述能力不足，分类和目标提取的质量无法满足应用需求，极大地限制了三维地理信息数据的使用价值。目前，深度学习方法突破了传统分类方法中过度依赖人工定义特征的困难，已在二维场景分类解译方面表现出极大潜力，但是在三维场景的语义和实例分割方面，

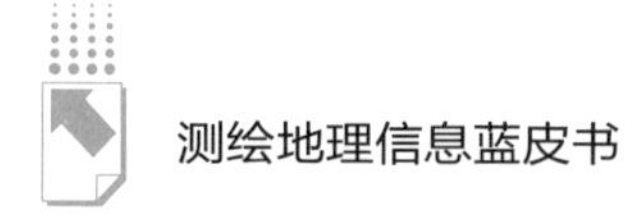

还面临许多难题有待解决。

一是研究包括建筑、街道、植被、树木等全要素时空场景的语义内涵、分类体系及编码方法，建立城市空间语义模型及语义分类体系；研究城市复杂场景基元结构特征的局部自适应描述和表达，实现多尺度、多层次以及与位置无关的时空特征表达。

二是研究众包分布式数据标注任务规划技术，通过多粒度分布式网络系统融合众源标注信息，研制高效、快捷的多源异构数据众包样本标注平台；创建众包样本标注一致性协议和质量控制体系，实现全类型目标千万级多源异构数据基准库的高效构建。目前，上海市测绘院和武汉大学正在合作开展 5 平方千米机载点云城市部件样本库和 15 千米车载点云城市部件样本库的构建工作，如图 4 所示。

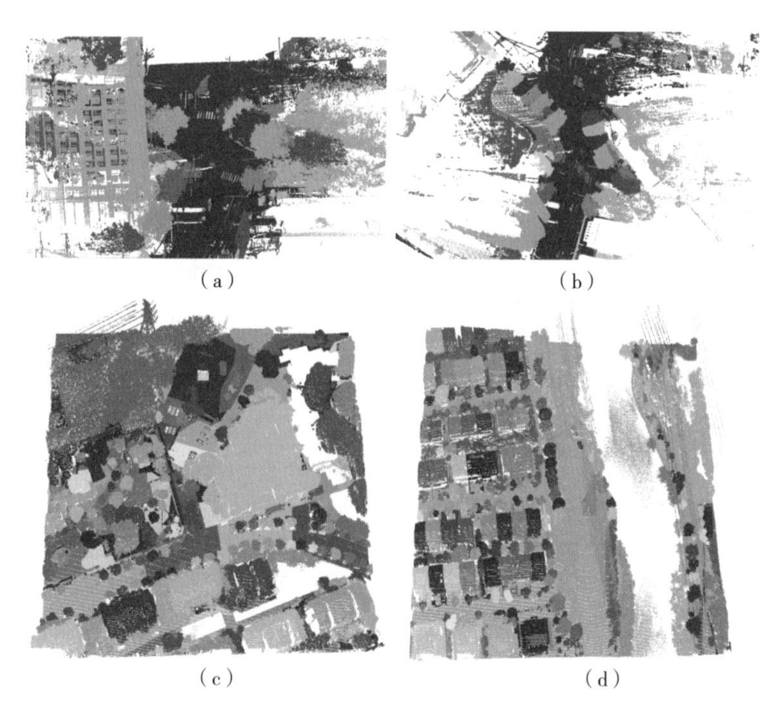

图 4　上海市某区域全类型地物要素样本库构建

三是研究基于深度学习、强化学习、迁移学习等人工智能手段的全要素地理实体结构与语义信息自动化提取方法，提高全息要素结构与语义信息提取的智能化水平。

（五）场景结构化语义模型按需重建

在大范围全息要素结构与语义信息提取后，依然不能显式地表达目标结构以及结构之间的空间拓扑关系，难以有效满足三维场景的应用需求。因此，需要通过场景三维表达，将要素结构与语义转换成具有拓扑关系的几何基元组合模型。此外，不同的应用主题对场景内不同类型目标的细节层次要求不同，场景三维表达需要加强各类三维目标自适应的多尺度三维重建方法，建立语义与结构正确映射的场景—目标—要素多级表达模型。基于构建的结构化语义模型，可以为智慧城市综合治理提供菜单式服务。例如，应急管理部门需要实时动态全空间数据，水务管理部门需要河流数据，绿化管理部门需要绿地数据，建设管理部门需要高层建筑数据，抑或是高架墩柱数据等，这些都可以通过个性化定制服务，通过智能过滤后提取所需模型。目前以数据驱动和模型驱动为主的方法面临如下的主要问题和挑战。

一是发展场景的语法构建方法，挖掘并构建复杂场景与场景目标的几何、语义、属性及场景目标间的空间关系和依存关系的规律性和关联性，形成包含“语义 - 结构 - 关系”的要素建模语法。

二是实现基于“语义 - 结构 - 关系”迭代耦合的场景三维语义建模方法，支持全要素结构化语义建模与分析，形成场景结构化语义模型构建的一体化、规范化表达方法体系。

三是扩展现有的 CityGML 层次化模型表达体系（LOD），形成包含语义、几何、纹理信息的城市要素按需多层次表达体系，如图 5 所示。

四　实景三维地理信息技术重大工程应用

实景三维地理信息技术已在许多重大工程和典型领域里得到了广泛的应

（a）CityGML建筑物多细节层次模型

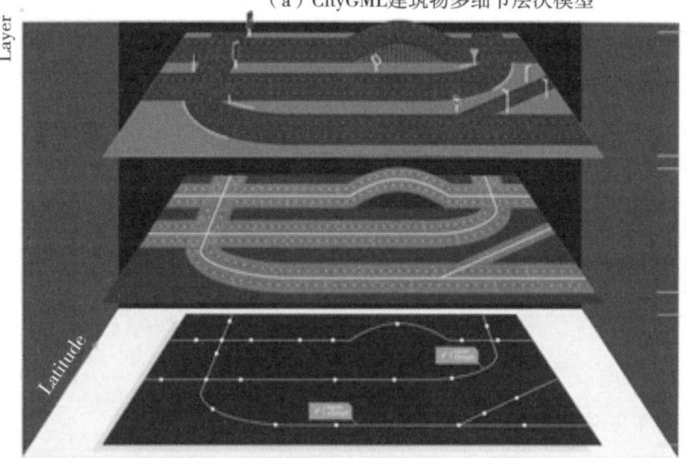

（b）Here地图道路要素多细节层次表达

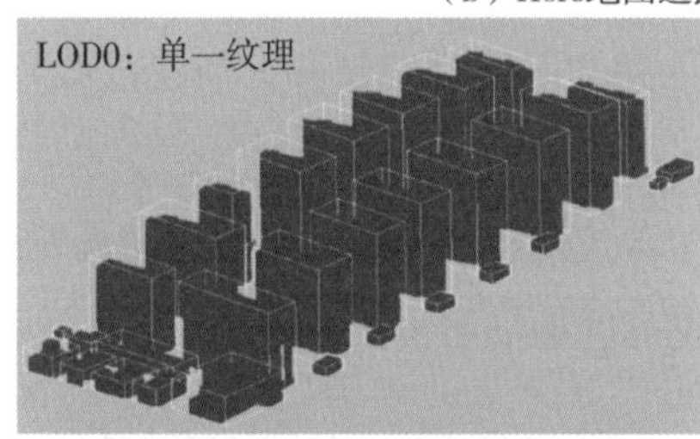

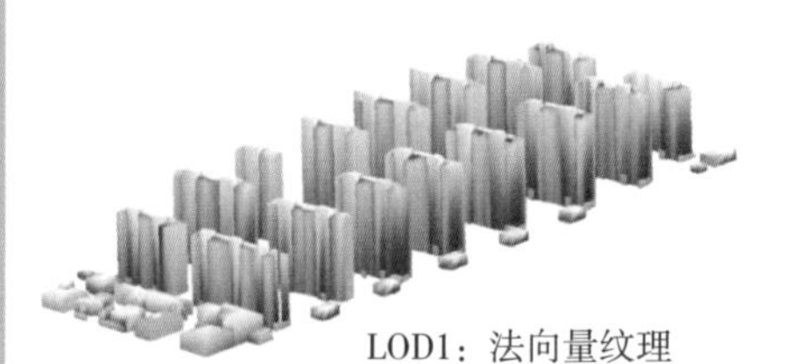

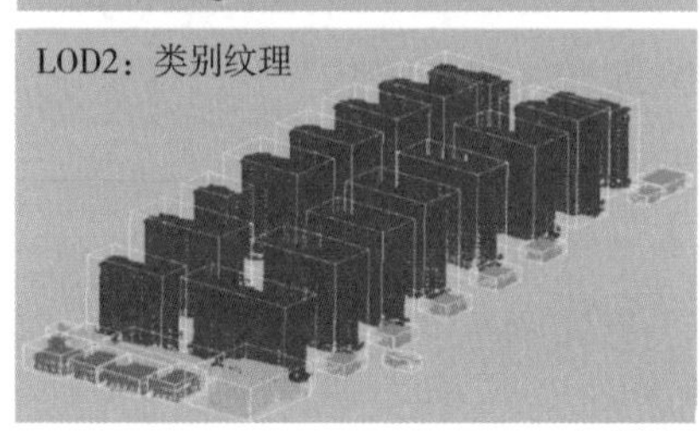

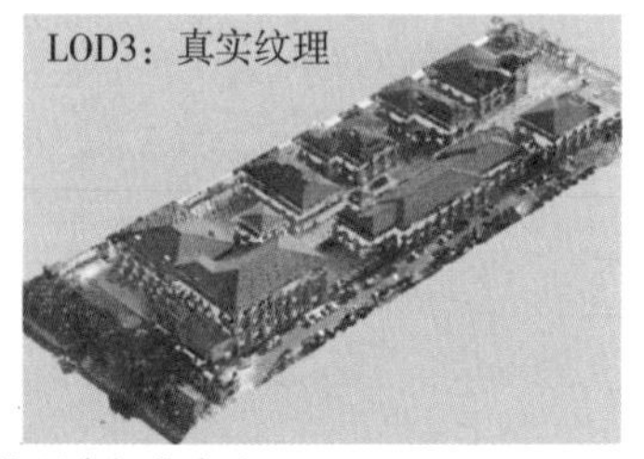

（c）城市场景纹理多细节表达

图 5　城市实体要素按需多层次表达

用。从深空到地球表面，从全球范围制图到小区域监测，从基础科学研究到大众服务，实景三维地理信息技术都展现出了与众不同的优势。

（一）地球科学应用研究

数字地面模型是各种地学过程研究的基础，利用实景三维地理信息技术观测地表形态及其变化，已被广泛用于各类地学应用，例如：全球冰川质量平衡，地质灾害区域时空变化监测，海岸线提取（见图 6）和海岸侵蚀监测，海底测绘及水下目标探测等。

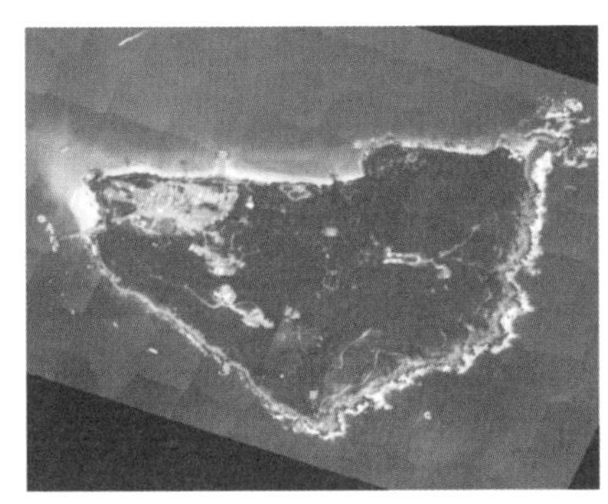
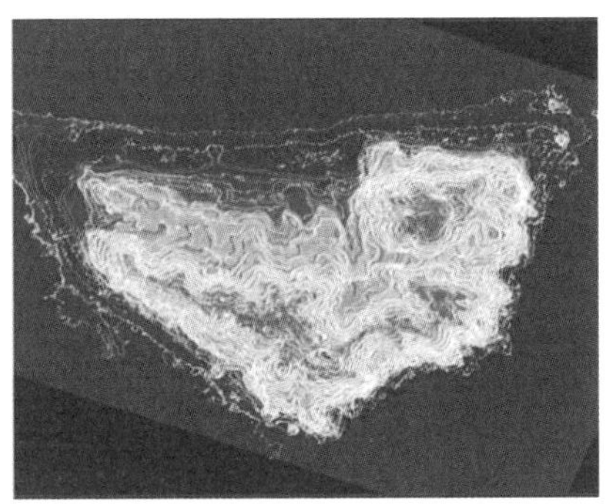

图 6　岛礁与浅海等高线

（二）森林资源调查

及时准确了解林区的植被动态变化是林业科学研究的基础，结合光学遥感和激光雷达数据获取植被冠层的三维结构和纹理信息：地面激光雷达和影像用于精细地提供单株树木的垂直面，机载激光雷达和影像用于大范围森林的蓄积量和生物量等生态参数的反演，星载激光雷达和影像还可以进行全球植被覆盖及其生态参数制图。

（三）城市三维形态分析

城市形态分析对城市规划设计与管理具有重要意义，传统手段难以监测城市形态的垂直结构及其演化，实景三维地理信息技术可以快速获取城市三维形态，为更精细的城市形态分析提供基础，满足基于城市形态的各种应用需求，如基础设施管理，太阳能潜力估计等。

（四）道路高精度地图生成

高精度地图是实现自动化驾驶的关键因素，车载三维激光扫描系统可以高效、快速地获取道路以及周边高精度、高密度的三维几何信息和纹理信息，为高精度地图的自动化生成提供了高质量的数据支撑（见图7）。

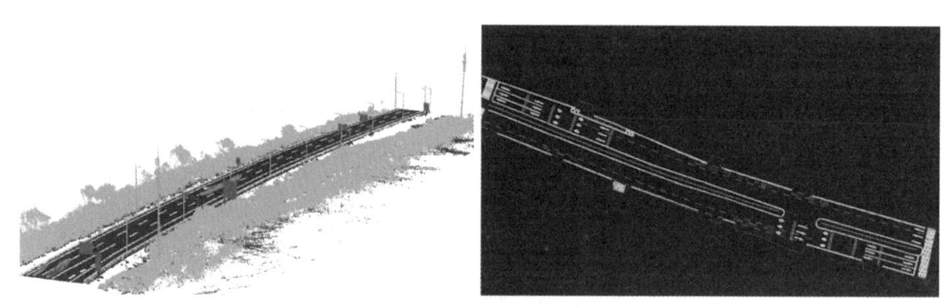

图7　道路高精度地图生成

（五）高压输电线路安全巡检

我国电力资源分布与经济建设中心不一致，高压输电线路区域地理环境复杂，传统的人工巡检手段难以适应。机载三维激光扫描和影像数据可以直接获取电力线及其附属设备的几何形态和纹理参数，为电力巡检提供了新的手段。

（六）海岛礁测绘

精确的海岛礁基础地理空间信息是海洋管理、经济开发、海防安全的重要依据，传统测绘手段作业周期长、成本高，实景三维地理信息技术可以直接观测目标的三维空间信息，直接生产数字测绘产品，是我国岛礁高精度测图的重要手段（见图8）。

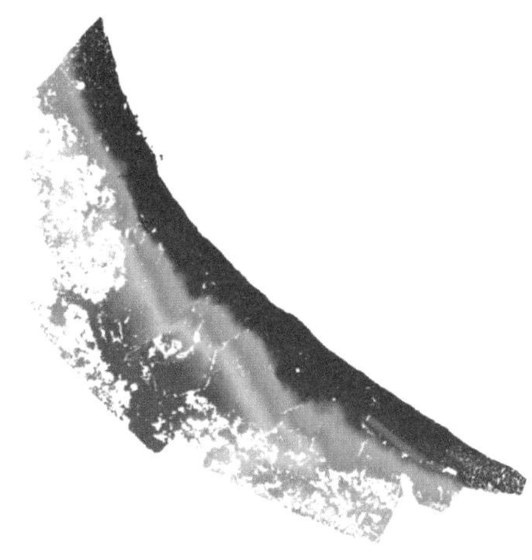

图 8　海岛礁测绘

（七）文化遗产保护

文化遗产保护是人类共同的历史责任，实景三维地理信息技术可以快速绘制物质文化遗产的结构图和精细化的三维模型，大幅提高文化遗产保护的工作效率，丰富文化遗产成果表现形式（见图 9）。

图 9　文化遗产保护

（八）地下管线综合规划

实景三维地理信息技术在地下管线综合规划、建设项目、过程监督、现状等全生命数据库建设，以及项目规划管理全过程“落图”工作，可实现地上、地下一体化测绘，如图 10 所示。

图 10　上海南京路地上、地下一体化模型重建

此外，实景三维地理信息技术还将在 5G 信号仿真和优化选址、城市精细化管理、可视域分析、污染扩散、战场态势评估、BIM 应用等领域发挥积极作用。

五　总结和展望

飞速发展的科技水平和各行各业对实景三维产业的实际需求，促使同类项目“遍地开花”。但是，由于缺少完善的行业标准体系和全国范围内的顶层设计，整个行业仍处于不规范的无序生长状态。制定完善的行业标准体系是推动实景三维产业良性发展的重要前提，也是推动国家级项目落地的基础。尽管 2018 年 7 月 1 日起正式实施的国家标准《GB/T 35628-2017 实景地图数

据产品》在一定程度上填补了国家地理信息标准在实景地图数据产品方面的空白，但与建立完善的实景三维标准体系还有较大差距。现阶段推进实景三维中国建设符合国家、市场、人民等多方需求，符合国际行业发展和5G时代整体趋势，希望能够尽快组织专家论证，制定标准和规划，尽早立项落地。在相关部门制定基本战略方向、法律法规的基础上，建设实景三维中国可以充分利用众包力量，吸收社会资本，充分调动具有专业能力的民营企业积极性，再由国家适当给予资金和技术支持。在项目推进路径上，可以分地区、分行业、分步骤进行，不必急于求成，更要杜绝“一哄而上”，盲目上马。不同地区、不同产业对实景三维模型的需求优先级和精度标准要求不同，各地方可以根据实际需要和经费情况进行整体上层规划，按照不同标准统筹安排实景三维建设进程：在资金不足时可先满足重要应用部门和主要街区、干道需求，按照从二维到三维、先城市后乡村、从室外到室内、从地上到地下的顺序，逐步推进。

目前，实景三维产业在国内尚处于起步阶段，仍然存在如下问题亟须解决。（1）缺少行业和国家标准，实景三维相关技术和产业的发展缺少正确的指引。应尽快组织专家论证，制定标准和规划，尽早立项落地。（2）传统的测绘数据采集手段在数据采集效率、完整度和现势性等方面均无法满足实景三维的要求。急需高精度、高效率的“空－天－地－地下”立体化、组合式、全空间高效观测手段和装备。（3）数据处理的自动化水平普遍不高，产品生产效率和更新周期难以得到保障，需要借助深度学习、强化学习、迁移学习等人工智能技术以及5G网络、云计算、区块链、计算机视觉等技术提高海量实景三维数据处理能力和智能化水平。（4）当前实景三维相关产品应用领域受限，亟须开拓实景三维产品在无人驾驶高清地图、5G基站优化选址和信号仿真、城市精细化管理、城市空间安全、战场态势评估等领域的应用，服务于自然资源、交通运输、环境保护、城乡建设、公共安全等。（5）当前阶段的实景三维局限于静态空间数据，缺少与动态信息的融合。亟须发展城市精准空间数据（如：建筑、交通、水系、植被、基础设施等城市地理实体的空间位置和属性特征）和物联网动态传感数据流（如：视频监控数据、车辆轨迹数据、公交刷卡数据、停车场数据、道路卡口数据、地下管网数据、空气质量数据、水质水文数据、气象数据、水电气表数据等）的汇聚与融合，实现地上下、室内外、动静态空间信息全覆盖的数字孪生技术。（6）按照自然资源管理和智慧城市智能化管理的新需求，以及地理信息核心要素“集约共享”的原则，在产品模式、数据内容、采集手段、分类编码、服务手段等方面开展新型基础测绘体系的探索。

推行实景三维地理信息技术，建设实景三维数字中国是5G/6G时代历史赋予我们的光荣任务和使命！

参考文献

［1］杨必胜、梁福逊、黄荣刚:《三维激光扫描点云数据处理研究进展、挑战与趋势》,《测绘学报》2017年第46（10）期，第1509~1516页。

［2］刘先林:《为社会进步服务的测绘高新技术》,《测绘科学》2019年第44(6）期，第1~15页。

［3］Yang B., Dong Z., Liang F., et al., Automatic Registration of Large-scale Urban Scene Point Clouds Based on Semantic Feature Points. *ISPRS Journal of Photogrammetry and Remote Sensing*, 2016, 113: 43-58.

［4］Yang B., Dong Z., Zhao G., Dai W., Hierarchical Extraction of Urban Objects from Mobile Laser Scanning Data. *ISPRS Journal of Photogrammetry and Remote Sensing*, 2015, 99: 45-57.

［5］Yang B. S., Dong Z., Liu Y., et al., Computing Multiple Aggregation Levels and Contextual Features for Road Facilities Recognition Using Mobile Laser Scanning Data. *ISPRS Journal of Photogrammetry and Remote Sensing*, 2017a, 126: 180-194.

［6］李德仁、王密、沈欣等:《从对地观测卫星到对地观测脑》,《武汉大学学报》（信息科学版）2017年第42（2）期，第143~149页。

[7] 李德仁、马军、邵振峰:《论地理国情普查和监测的创新》,《武汉大学学报》(信息科学版),2018。

[8] 李德仁、余涵若、李熙:《基于夜光遥感影像的“一带一路”沿线国家城市发展时空格局分析》,《武汉大学学报》(信息科学版)2017 年第 42 期,第 720 页。

[9] 李德仁:《从测绘学到地球空间信息智能服务科学》,《测绘学报》2017 年第 10 期,第 9~14 页。

[10] 张振鑫:《基于多层次点集特征的 ALS 点云分类的方法与技术》,北京:北京师范大学,博士学位论文,2016。

[11] 李德仁、刘立坤、邵振峰:《集成倾斜航空摄影测量和地面移动测量技术的城市环境监测》,《武汉大学学报》(信息科学版)2015 年第 40(4)期,第 427~435 页。

[12] 于永涛:《大场景车载激光点云三维目标检测算法研究》,厦门:厦门大学,博士学位论文,2015。

[13] 王晏民、胡春梅:《一种地面激光雷达点云与纹理影像稳健配准方法》,《测绘学报》2012 年第 41(2)期,第 266~272 页。

[14] Yang B., Zang Y., Dong Z., et al., An Automated Method to Register Airborne and Terrestrial Laser Scanning Point Clouds. *Isprs Journal of Photogrammetry and Remote Sensing*, 2015, 109: 62-76.

[15] Yang B., Dong Z., Dai W., et al., Automatic Registration of Multi-view Terrestrial Laser Scanning Point Clouds in Complex Urban Environments. Proceedings 2015 Second Ieee International Conference on Spatial Data Mining and Geographical Knowledge Services, 2015: 141-146.

[16] 陈良良、隋立春、蒋涛等:《地面三维激光扫描数据配准方法》,《测绘通报》2014 年第 5 期,第 80~82 页。

[17] Yang B., Dong Z., Liang F., et al., Automatic Registration of Large-scale Urban Scene Point Clouds Based on Semantic Feature Points. Isprs Journal of Photogrammetry and Remote Sensing, 2016, 113: 43-58.

[18] Yang B., Zang Y., Automated Registration of Dense Terrestrial Laser-scanning Point Clouds Using Curves. *Isprs Journal of Photogrammetry and Remote Sensing*, 2014, 95: 109-121.

[19] Yang B., Huang R., Li J., et al., Automated Reconstruction of Building LoDs from Airborne LiDAR Point Clouds Using an Improved Morphological Scale Space. *Remote Sensing*, 2017, 9(1):14.

[20] Fang L., Yang B., Chen C., et al., Extraction 3D Road Boundaries from Mobile Laser Scanning Point Clouds. Proceedings 2015 Second Ieee International Conference on Spatial Data Mining and Geographical Knowledge Services, 2015: 162-165.

[21] Yang B., Dong Z., Liu Y., et al., Computing multiple Aggregation Levels and Contextual Features for Road Facilities Recognition Using Mobile Laser Scanning Data. Isprs Journal of Photogrammetry and Remote Sensing, 2017, 126: 180-194.

[22] Yang B., Xu W., Yao W., Extracting Buildings from Airborne Laser Scanning Point Clouds Using a Marked Point Process. *Giscience & Remote Sensing*, 2014, 51(5): 555-574.

[23] LeCUN C., Bengio Y., Hinton G., Deep learning[J]. *Nature*, 2015, 521(7553): 436-444.

[24] Biljecki F., Ledoux H., Stoter J., et al., Formalisation of the Level of Detail in 3D City Modelling. *Computers, Environment and Urban Systems*, 2014, 48: 1-15.

[25] Biljecki F., Ledoux H., Stoter J., An Improved LOD Specification for 3D Building Models[J]. Computers, Environment and Urban Systems, 2016, 59: 25-37.

[26] Verdie Y., Lafarge F., Alliez P. LOD Generation for Urban Scenes. *ACM TRANSACTIONS ON GRAPHICS*, 2015, 34(3):1-14.

[27] Bolch T., Sorensen L., Simonsen S., et al., Mass Loss of Greenland's Glaciers and Ice Caps 2003-2008 Revealed from ICESat Laser Altimetry Data. *Geophysical Research Letters*, 2013, 40(5): 875-881.

[28] Radic V., Hock R., Glaciers in the Earth's Hydrological Cycle: Assessments of Glacier Mass and Runoff Changes on Global and Regional Scales. *Surveys In*

Geophysics, 2014, 35(3): 813-837.

[29] Tang H., Dubayah R., Brolly M., et al., Large-scale Retrieval of Leaf Area Index and Vertical Foliage Profile from the Spaceborne Waveform Lidar (GLAS/ICESat). *Remote Sensing of Environment*, 2014, 154: 8-18.

[30] Wang Y., Li G., Ding J., et al., A combined GLAS and MODIS Estimation of the Global Distribution of Mean Forest Canopy Height. *Remote Sensing of Environment*, 2016, 174: 24-43.

[31] Biljecki F., Stoter J., Ledoux H., et al., Applications of 3D City Models: State of the Art Review. *ISPRS International Journal of Geo-Information*, 2015, 4(4): 2842-2889.

[32] Yu B., Liu H., Wu J., et al., Automated Derivation of Urban Building Density Information Using Airborne LiDAR data and Object-based Method. *Landscape And Urban Planning*, 2010, 98(3-4): 210-219.

[33] Matikainen L., Lehtomäki M., Ahokas E., et al., Remote Sensing Methods for Power Line Corridor Surveys. *ISPRS Journal of Photogrammetry and Remote Sensing*, 2016, 119: 10-31.

[34] 陈驰、麦晓明、宋爽等:《机载激光点云数据中电力线自动提取方法》,《武汉大学学报》(信息科学版) 2015 年第 40 (12) 期, 第 1600~1605 页。

[35] Rodriguez G., Fernandez B., Munoz A., et al., Mobile LiDAR System: New Possibilities for the Documentation and Dissemination of Large Cultural Heritage Sites. *Remote Sensing*, 2017, 9(3):1-17.

[36] Cheng L., Wang Y., Chen Y., et al., Using LiDAR for Digital Documentation of Ancient City Walls[J]. *Journal of Cultural Heritage*, 2016, 17: 188-193.

B.10

认识·方法·实践

——基于城市空间地理信息大数据的城市体检

温宗勇　邢晓娟*

摘　要："城市体检"是利用大数据来寻找"城市病"的病因并提出解决方案的一种方法。基于对城市和大数据的再认知，我们提出了这一方法，并从北京市、区（乡镇）、街道和专题等层次和角度进行一些实践探索。以需求为导向，"城市体检"将会经历一个长期实践和不断升级的过程，并在未来成为一项大数据服务产品，成为连接政府和公众的服务平台。

关键词：测绘地理信息　北京　城市体检　大数据

一　认识

（一）认识的起点

对城市的再认知。城市，像人体一样，是一个复杂的有机体。从城市成长进程来看，往往会经历产生、发展、衰败的过程。雄安新区、北京城市副中心，坚持世界眼光、国际标准、中国特色、高点定位的要求，体现蓝绿交织、清新明亮、水城共融、多组团集约紧凑发展的生态格局，呈

---

* 温宗勇，北京城市学院副校长，博士，教授级高工，注册规划师，享受国务院政府特殊津贴，主要研究城市规划与地理信息空间大数据的理论与应用；邢晓娟，硕士，北京市测绘设计研究院，工程师。

现了新城的勃勃生机；北上广深等国内一线城市经历了高速发展，也由此难以避免大城市病的生产；也有的城市经历过一个时代的繁荣，走向了衰败，曾经风光无限的汽车城底特律就是这样的代表，这座城市曾于2013年12月宣布“破产”，尽管后来脱离破产状态，但依然毒品泛滥、犯罪猖獗、问题重重。

梁思成先生在20世纪50年代说过：“城市是一门科学，它像人体一样有经络、脉搏、肌理，如果你不科学地对待它，它会生病的。早晚有一天你们会看到北京的交通、工业污染、人口等等会有很大的问题。”半个多世纪后，梁先生的预言不幸应验。随着北京城市的不断建设和发展，人口拥挤、环境恶化、交通拥堵、房价高企等大城市病日益凸显，亟待探索一套理论方法，提升精细化管理水平，支持城市的健康运行。

对大数据的再认知。大数据、云计算、物联网技术的发展，使我们把人的活动、需求与城市紧密联系在了一起，人是城市的主体，不断满足人民群众日益增长的合理需求是城市发展的动力。在缺乏大数据的时代，我们对城市的判断往往是模糊的、感性的、经验主义的。有了大数据等先进工具，为客观评价城市提供了有效的方法，使城市评价由定性到定量，由隐性到显性，由含糊到确定，为我们之前理论推测与判断找到有力的论据。这一变化，我们称之为“城市体检”，这套创新的方法将成为城市健康运行的保障和支撑，而“大数据”则是“城市体检”的重要基础。

（二）认识的深入

2015年1月，我们就提出了“城市体检”的概念，所谓“城市体检”就是基于城市空间地理信息大数据，针对大城市病进行定量检测、分析与评估，以摸准其病情和病因，实现对特大城市的精细化管理。同年，国务院第一次全国地理国情普查领导小组发文同意将北京市“城市体检”列为全国地理国情普查综合统计分析试点。2016年底，试点完成后向原国家测绘局领导进行了汇报并召开了专家验收会，以郭仁忠院士为组长的专家组认为：“‘城市体检’工作是地理国情普查在城市尺度的重要应用，可为城市转型发展、智慧城市建设和政府管理决策提供重要的数据支撑和技术方法示范。该项研究打通了地理信息服务的‘最后一公里’。”

2017年，《北京城市总体规划（2016-2035年）》经中共中央、国务院批复，确立了“一年一体检、五年一评估”的城乡规划实施评估机制，城市体检成为总规实施的监督考核问责手段。在北京市规划和自然资源委的指导下，北京市测绘设计研究院完成了《智慧城市建设背景下的城市体检评估研究》专题研究，为北京新《总规》的实施提供了基础支撑。

在国普试点和《总规》专题的研究过程中，我们利用测绘地理信息大数据、先进的理念和技术方法，初步构建了一套“基于城市空间地理信息大数据的城市体检”的框架体系。

二　方法

（一）标准的制定

1. 城市体检“四部曲”

根据城市功能以及“城市病”的表现形式，确立“城市体检”的指标体系以及健康参考值，才能对城市进行全方位的“体检”，找到“城市病”根源。通过城市体检“四部曲”即：①确定体检指标，②制定健康指数，③测出体检报告，④诊出城市病因，来判断城市是否健康运行，保持城市健康可持续发展。

2. 制定指标

城市不同层面的体检指标并不相同，指标体系的制定是针对不同体检对象持续优化的过程。

在城市层面，对接北京新《总规》提出的“建设国际一流和谐宜居之都”的目标，按照分级、分层、分类的原则，确定了117项“城市体检”指标（见表1）。

表1 针对建设国际一流和谐宜居之都的117项城市体检指标

目标（2020年）	分目标（2020年）	子目标（2020年）	指标数	
			总	一、二级
建设国际一流的和谐宜居之都取得重大进展，率先全面建成小康社会，疏解非首都功能取得明显成效，“大城市病”等突出问题得到缓解，首都功能明显增强，初步形成京津冀协同发展、互利共赢的新局面	中央政务、国际交往环境及配套服务水平得到全面提升	开放发展，国际交往环境得到全面提升 中央政务服务水平得到全面提升 有序疏解非首都功能，优化提升首都功能	17	14
	初步建成具有全球影响力的科技创新中心	坚持创新发展，提高发展质量 提高发展效率	9	8
	全国文化中心地位进一步增强，市民素质和城市文明程度显著提高	塑造传统文化与现代文明交相辉映的城市风貌景观格局 市民素质和城市文明程度显著提高	10	10
	人民生活水平和质量普遍提高，公共服务体系更加健全，基本公共服务均等化水平稳步提升	人民生活水平和质量普遍提高 构建覆盖城乡、优质均衡的公共服务体系 完善购租并举的住房体系，实现住有所居 提升城市安全保障能力	25	20
	生态环境质量总体改善，生产方式和生活方式的绿色低碳水平进一步提升	严守城市开发边界，遏制城市摊大饼式发展 缓解城市交通拥堵 全面改善生态环境 提升基础设施运行保障能力	58	32

在区层面，通过国情普查丰台“城市体检”的试点，根据北京市丰台区的特点和要求，制定了包括住房和土地、交通、公共设施、城市安全、城市环境、历史文化、人口、经济和城市热点“8+1”专题指标。而北京市石景山区的实际情况与丰台区略有不同，我们根据该区特点，制定了人口、土地、住宅、交通、公共设施、城市环境和城市安全共7项专题指标，提出了符合该区区情的城市体检指标体系。

在街道层面，以北京市西城区月坛街道“城市体检”为例，我们则从居民的生活与感受出发，体检指标体系包括了人口、房屋、交通、公共设施、城市环境、城市安全、经济发展、历史文化资源和城市特点（如疏解整治促提升专项行动和西城区安全隐患大排查、大清理、大整治专项）等精细化要素，聚焦居民关注的问题，了解民生民意，解决居民生活的实际难题。

可以看出，从整个城市层面、各区层面、街道层面，体检指标的制定标准并非完全相同，这是采用一个开放式的研究模式，研究成果也仅仅是“城市体检”指标体系建设的一个初步尝试。

3. 制定健康值

城市体检指标体系建立后，研究确定“健康值”是“城市体检”工作的一个重要环节，世界宜居城市的相关指标和国内生态城市、绿色城市等建设指标是“健康值”的重要参考依据。

东京、纽约、伦敦、巴黎这四大世界级城市也同样存在城市向外无序蔓延、土地浪费、交通拥挤、能源消耗、资源浪费、城市中心衰落等问题。各国为了解决自身城市问题，提出了明确的城市发展愿景，并且运用指标体系深化引导城市各方面的发展方向。如东京在《东京都长期展望 2020》中提出要建设世界上最好的城市；纽约的《2008-2030 年城市总体规划》中针对六大范畴，设定若干实施指标，包含了几十项策略和 100 多项行动工程；伦敦的《伦敦总体规划发展 2020》为伦敦未来 20~25 年发展制定了一个集合经济、环境、交通和社会机构的伦敦总体战略规划，其发展愿景考虑了六大方面、24 个关键绩效指标（KPI）进行审查。这样一些与北京地理纬度和气候基本相当、规模相近的发达国家首都城市或特大城市，为我们在城市健康值制定方面提供了有效经验，以这些城市为研究范本，可以结合实际制定出较为合理的、可参照的健康指数。除上述城市以外，新加坡作为全球宜居和智慧城市指数排名唯一进前十的亚洲城市，其城市运行的很多指标也成为我们研究城市发展的样本。

在健康值的研究过程中，我们也学习并考证了一些世界组织和国家生态城市建设的相关指标，如世界卫生组织 WHO 整理、公布的健康城市 10 项具体标准及内容，主要涉及政治、经济、社会、生态环境、生物化学和物理因

素、社会生活、个人行为等领域；国内的《国家生态园林生态城市建设标准》《绿色城市评价标准》《海绵城市建设评价标准》等都为“城市体检”各项指标健康值的确定提供了参考依据。

（二）技术的发展

“城市体检”的应运而生得益于人类已经进入了一个技术飞速发展的时代，科技的进步让大数据、云计算、物联网等先进技术逐渐渗入城市运行的各个方面，也为城市建设和管理从人工走向人工智能提供了有力的技术支持。

1. 智能评估系统的建设

建立一个智能评估系统是“城市体检”的基础，包括数据采集软件（微信小程序在线采集工具），基础空间数据库和具有在任意范围，二、三维数据管理，数据分析及可视化，自动生成体检报告的功能实现平台（见图1）。

图1　城市体检智能评估系统

2. 从人工操作向人工智能的转换

大数据作为“城市体检”的分析基础，取决于数据的快速获取能力和处理效率，关键在于由高效高质的人工智能取代低质低效的人力，这需要一系列关键技术的研发与支撑。我们将数据集成和融合、地理信息系统，包括实时监测和数据更新的遥感技术、分布式计算以及数据爬虫、行为感知、可达范围在线实时计算、自然语言处理等互联网相关技术在“城市体检”中加以应用，取得了预期的效果。

3. 二、三维联动

“城市体检”成果的展示和表达也十分重要，为此，我们努力推进二维化城市管理转向三维，使城市的每一个“细胞”和每一条“毛细血管”都更加直观和透明，并为今后智慧城市建设和 BIM（建筑信息模型）、CIM（城市信息模型）等建设预留了接口。

例如，北京市西城区月坛街道的“城市体检”，在全真数字三维模型建筑单体化的基础上，完全可以实现街道级城市的精细化管理和运维，包括安全保卫、城市管理、辅助控规编制等功能（见图 2）。

图 2　北京市西城区月坛街道二、三维一体化管理平台

（三）机制的创新

在建立“城市体检”的机制上应明确以下两个方面。

1. “城市体检”的主体是城市

与针对规划图纸和文件所做的规划评估工作不同，“城市体检”的评估对象是现状“城市”人口、空间及各项机能的实际运行状态，其范围既可以是全市域这个整体，也可以是城市分区、行政区、街区或者局部地块，只要有必要，可以按需为城市进行各种有针对性的专门“体检”。

2. 评估方是规划以外的第三方

“城市体检”工作应以客观公正、实事求是为第一原则，该项工作的评估方应该是规划制定和管理部门以外的第三方，即能够使用大数据评估城市实

体运行情况的、信誉良好的、相对独立的评估单位，其评价手段应是科学的，数据应是精准的，和政府的边界应是清晰的。

三　实践

从2015年开展“城市体检”以来，通过不断提升认识和研究技术方法，我们在市级、区级、街道级等不同城市层面以及专题领域展开了一系列的实践，也积累了一些初步经验。

（一）市级实践

市级层面“城市体检”的重点是针对“人口、住房、交通、环境”等大城市病进行集中评测。

以城市交通为例，通过统计居民出行至地铁站的选择方式、常住人口出行分布比例以及居民乘坐公交抵达地铁站用时，诊断出目前北京市的“步行+公交+地铁”的绿色出行方式的状态尚未形成（见图3）。病因之一是超过50%的地铁站周边无公共自行车租赁点且共享单车数量明显不足；病因之二是部

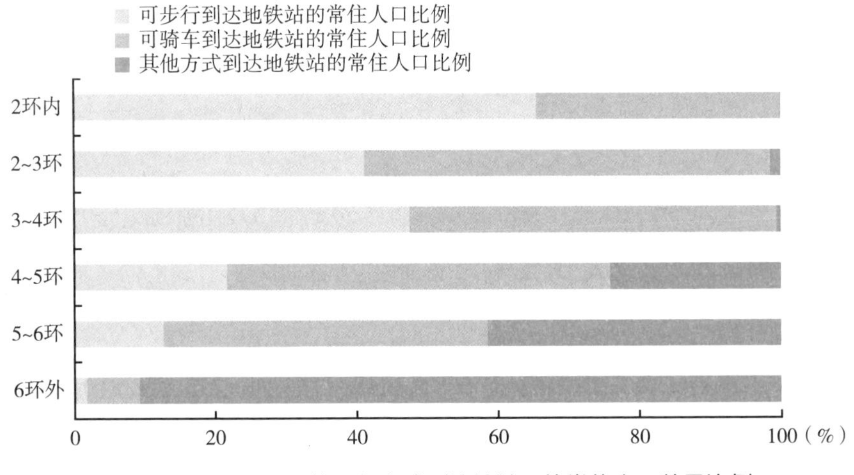

图3　各圈层采用可能通行方式到达地铁口的常住人口数量比例

分地铁公交换乘站点便捷度较低；病因之三是部分地铁站周边公交线路不配套（见图4）。在体检报告中，我们根据大数据得出的诊断提出了十分具体的改进建议。

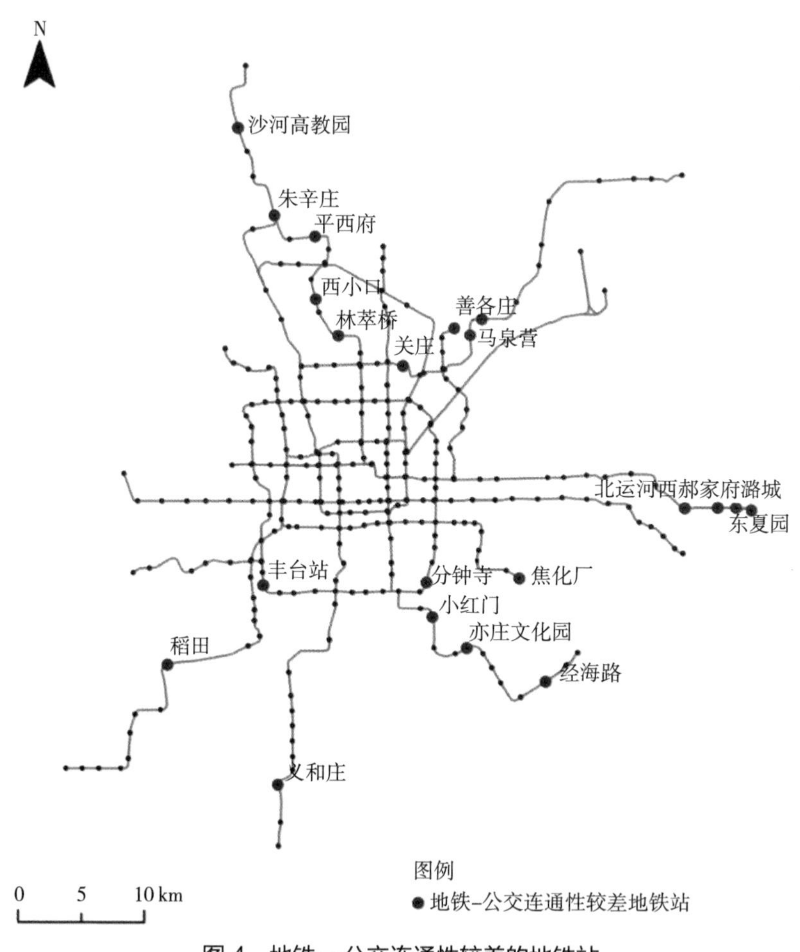

图4　地铁－公交连通性较差的地铁站

此外还进行了以下诸多尝试：一是利用互联网抓取技术获取的北京市实时交通流量数据进行OD（交通起止点调查）分析，模拟一天内各个时段交通情况建立模型，探究城市交通拥堵的根源，为城市交通管理和居民出行提出建议（见图5）；二是获取了世界约100个城市的城市建设用地数据以及城市的常住人口密度和就业人口密度，以此来对比和分析北京市的人口密度与世界大都市的人口密度对比情况；三是利用地理信息大数据分析了城市用地热点的分布特征，通过三维模型模拟了城市建设用地的扩展情况（见图6）；等等。

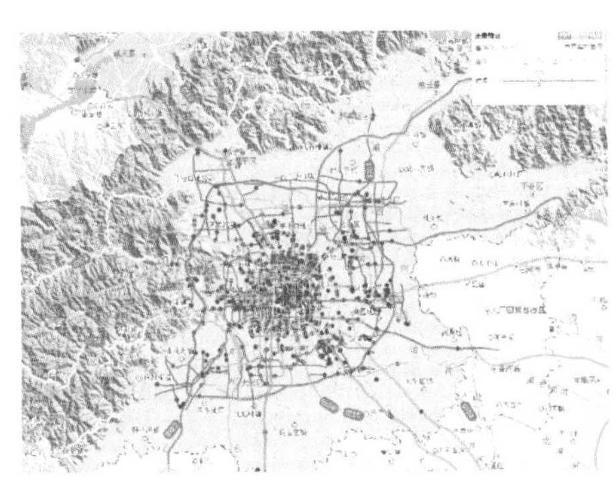

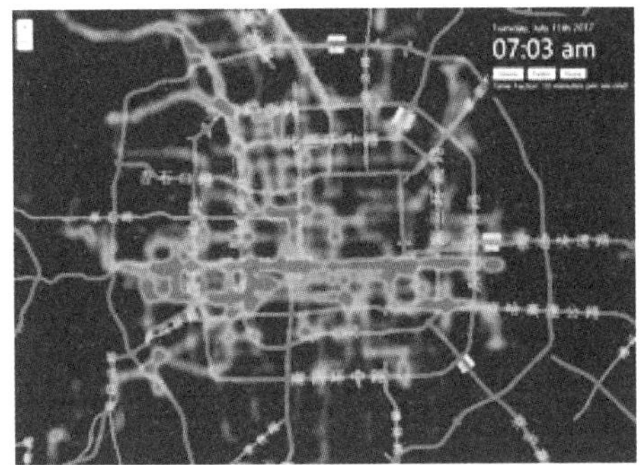

图5　北京市实时交通流量数据

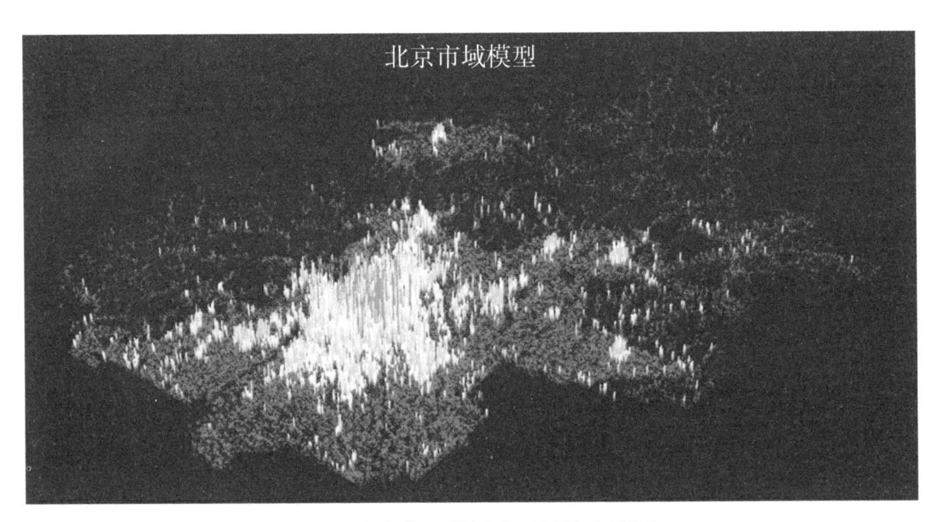

图6　北京市三维城市用地热点模型

（二）区乡街道级实践

区乡街道的活动往往渗入城市运行更加微观的层面，重视居民的生活感受尤为重要，这成为这一级别“城市体检”的出发点和落脚点。

在石景山区服务配套设施专项体检中，我们对菜市场、停车位、商业设施、医疗卫生设施、养老设施等五个方面分别进行了细致检测。比如，关于石景山区停车问题，该区现状停车位约 9.4 万个，远远少于该区 16 万辆机动车保有量的潜在需求。通过提出对该区违法建设腾退利用空间规划停车场建设、修建立体停车场和共享停车平台等措施使该问题得以圆满解决。

在西城区月坛街道的菜市场专项体检中，根据千人指标的菜市场规模，利用大数据平台和微信数据采集小程序，迅速摸清了该街道菜市场面积缺口和可以变更为菜市场的用地和建筑，轻松破解了月坛街道“买菜难”难题。其成果为街道精细化管理提供了示范，得到了北京市委书记蔡奇同志的肯定并批示:“月坛街道利用大数据开展城市评估提升精细化管理水平值得借鉴，东西城都要注重运用大数据提升精细化管理水平，其中生活服务设施可做合理布局。”

（三）专题研究

“城市体检”还可以根据“问题线索”顺藤摸瓜，由现象触及本质，从而找到问题根源，然后再汇聚各方力量探究综合解决方案。

1. 小学周边假期与平日交通流量分析

我们观察发现，北京市重点小学周边的交通存在十分明显的“平日堵”“假期通”的特点，而且堵塞点和峰值期均较为固定和集中。我们于是通过现场调研、问卷调查和大数据分析，对全市重点小学和大中型居住区的分布进行了数据处理和叠加（见图 7），掌握适龄儿童的分布特征，得出意想不到的结论：尽管生源与学校空间分布不匹配使家长驾车接送孩子在上下学时刻高度集中，是造成学校附近交通拥堵的直接原因，然而，保守的教育

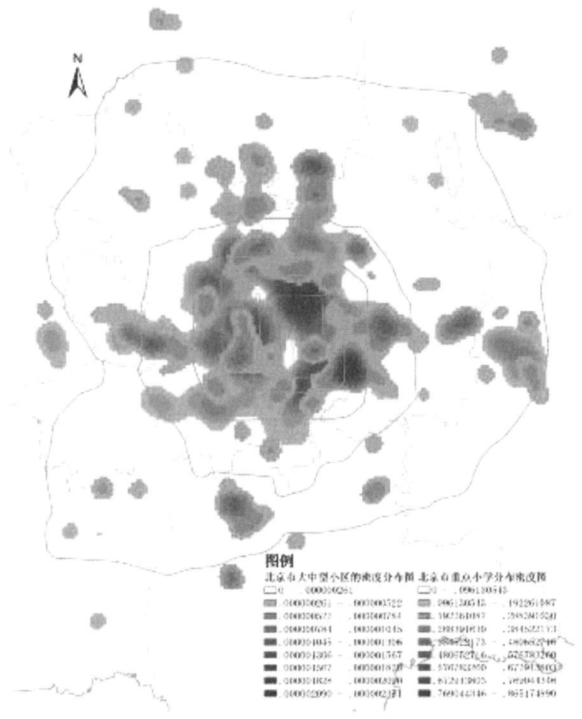

图 7　大中型小区与重点小学空间叠加

观念和教育政策才是其真正的病因。为此，通过多方会诊，提出了改进建议（见图 8）。

2. 北京市城中村调查

“城中村”是城市快速发展的产物，时至今日，北京市五、六环之间仍存在大量的“城中村”。它们既是低收入群体赖以生存的空间，也成为私搭乱建、藏污纳垢的场所；既存在社会治安的严重隐患，也对市容市貌和城市发展造成不良影响（见图 9）。按照北京市“疏解整治促提升”的需求，我们基于大数据对“城中村”的历史变化情况进行了分析，判断“城中村”的产生时间和原因（见图 10），确定房屋和用地类型，划分了“城中村”类别并明确其分布情况，评判其违法建设及翻建量。结果表明，北京的“城中村”大多具有外来人口比例高、建筑层数低、建筑密度大、环境脏乱差、产业形态

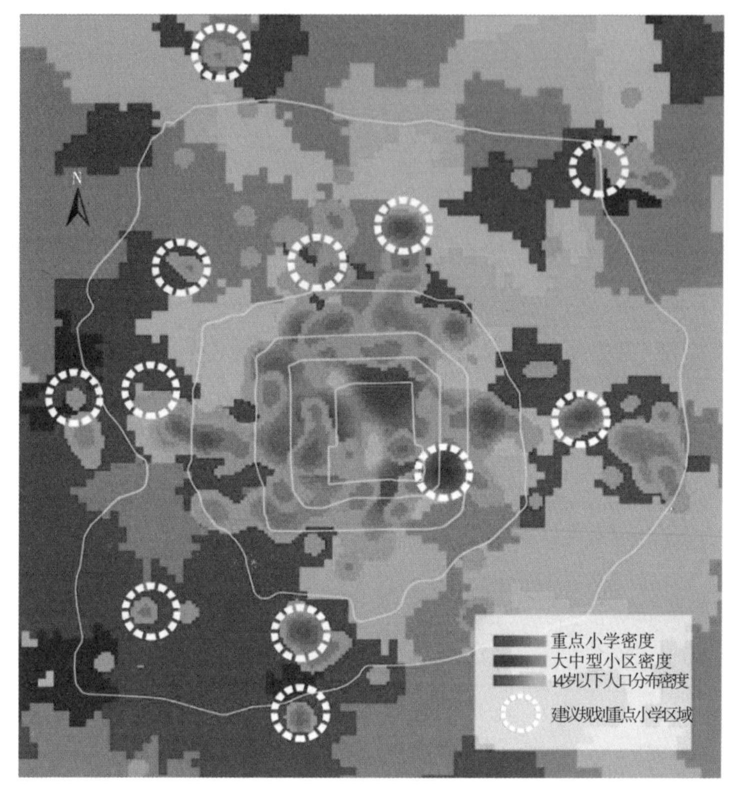

图 8　基于重点小学、大中型居住区、适龄儿童分布情况对规划重点小学区域的建议分布

单一、基础设施薄弱等特点。

在大数据分析的同时，我们也进行了实地调研。目前北京市“城中村”改造有很大进展，既有政府促进的拆旧建新、原址改造等，也有村民自主改造以及利用市场化模式改造等模式。

通过对数据对比研判和入场调研，我们针对“城中村”现状问题提出改进建议：一是理顺政府、村集体、村民、开发商之间的关系，在利益平衡上多下功夫；二是在改造前期掌握准确的人、地、房数据，做到精细化管理；三是注重“城中村”改造时生态建设的要求；四是针对“城中村”特点进行有针对性的综合治理。

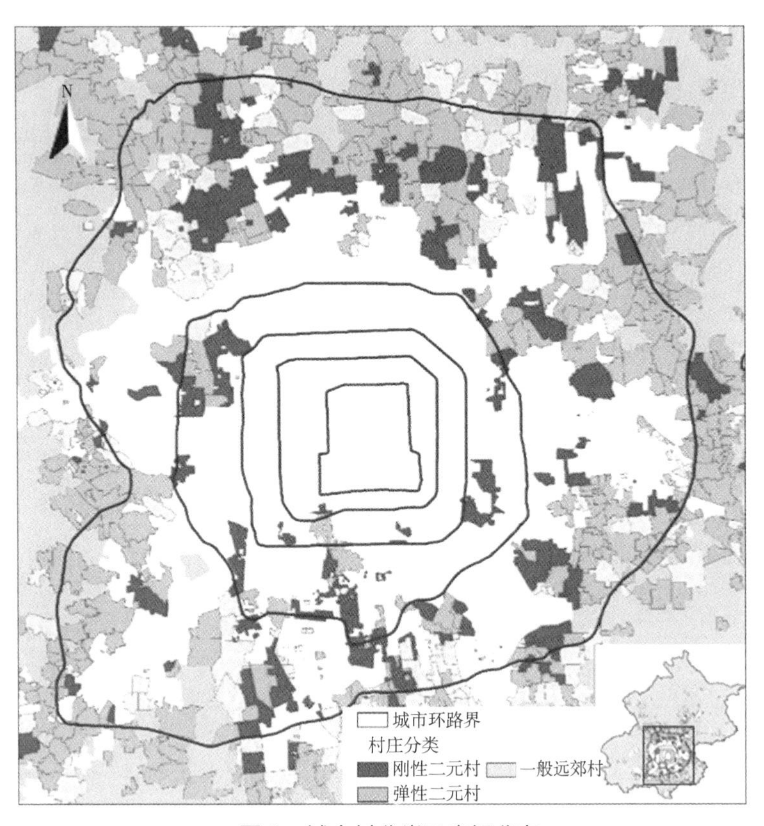

图 9　城中村分类及空间分布

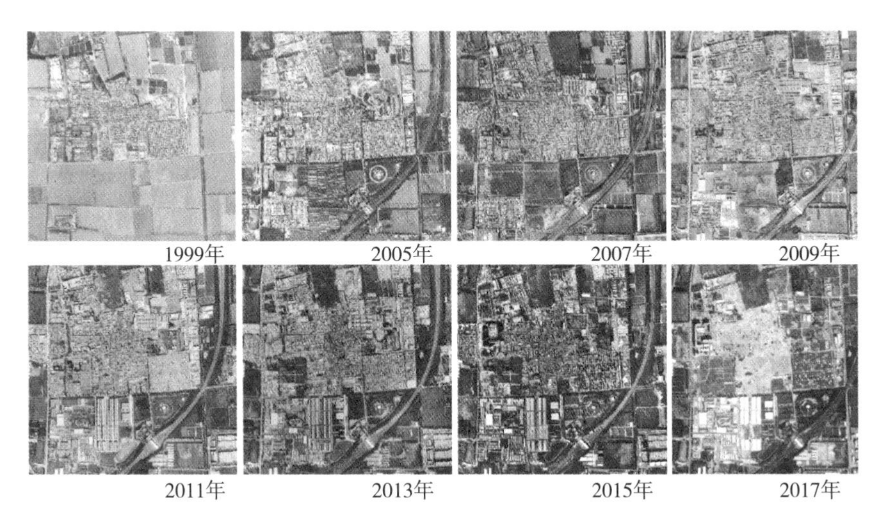

图 10　利用多年遥感影像图分析“城中村”产生时间和原因

3. 北京市居住区步行指数分析

城市的宜居性与日常生活设施布局的合理性息息相关，步行指数（WalkScore）是国际上一种量化测度步行性的方法，是基于日常服务设施来测度城市步行性的指标。基于 POI 数据、路网数据、房屋数据，以丰台区太平桥街道为实验对象，确定总体技术路线（见图 11），并通过计算获取该区域的步行指数得分（见图 12），得分呈北高南低的趋势。其中最高分 58 分，最小值为 41 分，宜居性较差，居民生活较不便利。

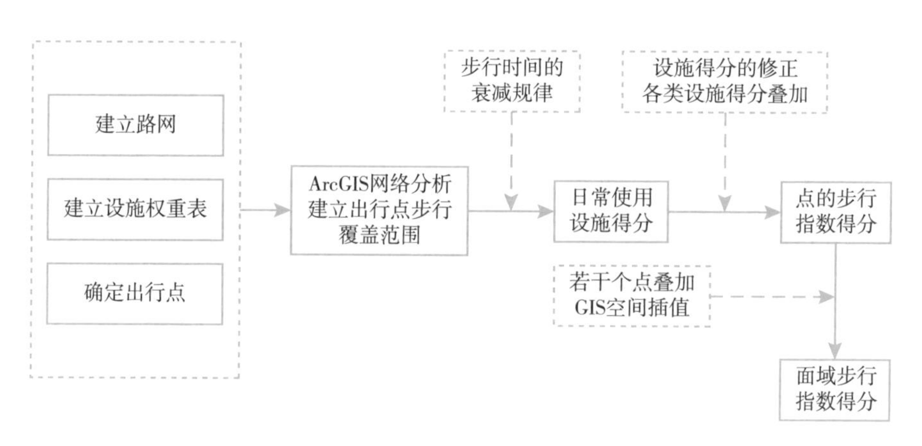

图 11　居住区步行指数分析技术路线

以实验成果为基础，我们进而获取了城六区的步行指数（见图 13）。该结果为各区各类公共基础设施布局提供了基础数据支持。

四　结语

“实践、认识，再实践、再认识，这样形式，循环往复以至无穷。而实践和认识之每一循环的内容，都比较地进到了高一级的程度”，这是毛泽东同志在《实践论》中的精辟论断，深刻揭示了实践与认识的辩证关系和客观发展规律。

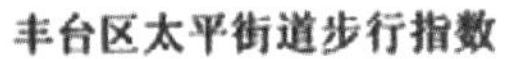

图 12　北京市丰台区太平桥街道步行指数

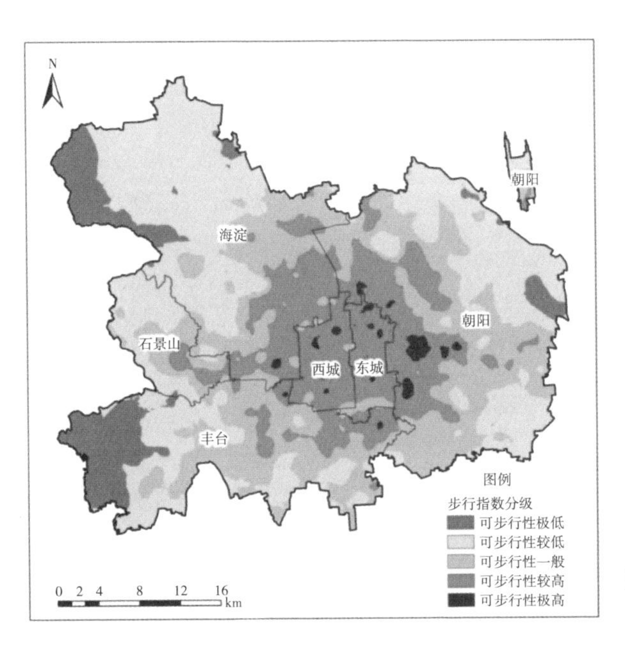

图 13　北京市城六区步行指数分级

4年多来，“城市体检”的探索过程正是从实践到认识不断循环往复持续发展的过程。

“城市体检”是一个体系。其体检对象以城市为主体，可以针对城市的不同层面分别进行体检。就北京而言，可以划分为市级、区乡镇街级等不同层面，也可以根据需求对城市空间进行更加细化的分解，不过，无论怎样划分，都务必建立一个完整的城市体检体系。

“城市体检”是一套方法。针对不同层级和类别的“城市体检”，其方法都是按照“四部曲”进行的，这是一个有效的体检流程，任何形式和层面的“城市体检”均可以按照这一流程进行。

“城市体检”是一个机制。它处于政府和公众之间，辅助政府进行城市管理、监督和实施，用来解决群众所关心的实际问题，同时也对公众意见进行反馈，作为政府决策的基础和依据。

“城市体检”是一种思维方式。它促使政府关注民生问题，关注城市的运行与维护，通过精细化管理和公众参与，对城市进行及时修补，使城市维持持续健康的状态。

当然，“城市体检”也具有一定的局限性，我们不能盲目地扩大数据的作用。数据并不是万能的。在进行城市体检时，定量和定性、理性和感性要有机结合，要充分处理好数据支持和以往规划管理经验的关系。

“城市体检”在大数据时代应运而生，恰逢其时，并在北京市、区、乡、街各级层面落地生根，形成生动实践，这并非偶然。只要城市问题存在，对“城市体检”的需求就会存在。需求既来自政府，也来自公众。我们认为，未来，“城市体检”将会成为一项大数据服务产品，以需求为导向，经历一个长期实践和不断升级的过程，成为连接政府和公众的平台，成为“以人民为中心”的发展思想在智慧城市建设中的体现。

参考文献

[1] 梁思成:《大拙至美：梁思成最美的文字建筑》，北京：中国青年出版社，2013 年 8 月。

[2] 叶宇、魏宗财、王海军:《大数据时代的城市规划响应》,《规划师》2014 年第 30（8）期，第 5~11 页。

[3] 温宗勇:《规划的炼成——传统与现代在博弈中平衡》，北京：中国建筑工业出版社，2014 年 12 月。

[4] 温宗勇:《走向大数据》，北京：中国测绘出版社，2015 年 1 月。

[5] 党安荣、袁牧、沈振江、王鹏:《基于智慧城市和大数据的理性规划与城乡治理思考》,《建设科技》2015 年第 5 期，第 64~66 页。

[6] 温宗勇:《北京“城市体检”的实践与探索》,《北京规划建设》2016 年第 2 期，第 70~73 页。

[7] 湛东升、张晓平:《世界宜居城市建设经验及其对北京的启示》,《国际城市规划》2016 年第 31（5）期，第 7~13 页。

[8] 秦萧、甄峰:《论多源大数据与城市总体规划编制问题》,《城市与区域规划研究》2017 年第 9（4）期，第 136~155 页。

[9] 席广亮、甄峰:《基于大数据的城市规划评估思路与方法探讨》,《城市规划学刊》2017 年第 1 期，第 56~62 页。

[10] 黄荣、戴俭:《以发展目标为导向的首都城市评价体系构建研究》,《北京规划建设》2017 年第 1 期，第 91~96 页。

[11] 施卫良:《专访施卫良：城市规划转型中的大数据规划实践》,《建筑创作》2018 年第 5 期，第 8~11 页。

[12] 陈小俊:《智慧城市规划中的大数据应用与技术分析》,《智能城市》2019 年第 5（5）期，第 69~70 页。

[13] 裴莲莲、唐建智、毕小硕:《多源空间大数据的获取及在城市规划中的应用》,《地理信息世界》2019 年第 26（1）期，第 13~17 页。

B.11

我国自然资源陆地遥感卫星体系发展与展望

唐新明　李国元　胡 芬*

摘　要："统一行使全民所有自然资源资产所有者职责，统一行使所有国土空间用途管制和生态保护修复职责"的"两统一"职责以及新技术发展对自然资源卫星体系提出了新挑战，本文对目前陆地自然资源卫星体系发展现状进行了梳理，提出了发展我国自然资源卫星体系的设想。

关键词：自然资源卫星　"两统一"职责　卫星星座　新型卫星载荷

一　引言

按照自然资源治理体系和治理能力现代化总体要求，国务院授权新组建的自然资源部"统一行使全民所有自然资源资产所有者职责，统一行使所有国土空间用途管制和生态保护修复职责"。自然资源部成立之后，部党组高度重视卫星遥感工作，通过推进机构整合，成立了国土卫星遥感应用中心，实现了系统内卫星资源的集约和高效利用。目前有数十颗卫星已被纳入《国家民用空间基础设施中长期发展规划2015—2025年》，为建设全球、全天候、全天时、全要素、全尺度的自然资源卫星观测体系奠定了良好的基础。同时应该清醒地认识到，"两统一"职责和飞速发展的新技术、新载荷对如何为自然资源管理提供全方位、高时间分辨率、高空间分辨率、高精度的卫星数据和技术保障提出了新挑战。

---

* 唐新明，自然资源部国土卫星遥感应用中心总工程师，研究员；李国元、胡芬，自然资源部国土卫星遥感应用中心，副研究员。

（一）“两统一”职责对我国自然资源卫星提出了新需求

根据自然资源部“两统一”职责要求，将全国国土调查、年度变更调查、地质矿产资源调查、境外地质矿产资源环境遥感调查、全国自然资源遥感调查、全国自然资源宏观监测（年度监测）、常规监测（季度监测）、精细监测（月度监测）、应急监测（即时监测）、全国土地质量与生态条件监测、全国土地整治项目监测、矿山开发调查与监测、地质灾害环境遥感监测、国土空间遥感综合监测、土地矿山卫片执法监察、自然资源与生态环境保护状况全天候遥感监测及统一监管服务、地质灾害监测预警、海洋防灾减灾、海洋权益维护、海洋执法监察、海洋环境监测、海洋环境预报、海洋资源开发、海洋应急保障、基础测绘、地理国情监测、应急测绘保障、全球地理信息资源获取、地理信息产业发展等 29 项主体业务逐步纳入部门经常性工作。这些调查与监测业务工作对我国自然资源卫星提出了新挑战，特别是对各类卫星的统一空间基准、高精度快速无缝化融合、海量数据专题要素自动提取与变化监测等提出了新要求。

（二）新技术发展对我国自然资源卫星带来新的机遇

目前国际卫星对地观测领域新技术、新载荷层出不穷，美国民用最高分辨率卫星影像分辨率已经达到 0.31 米，几何定位精度优于 3.5 米（CE90）；新一代的激光测高卫星 ICESat-2 实现了 6 个波束、每秒发射 10000 激光脉冲的高精度光子计数测高，对极地冰盖变化和全球森林垂直结构进行高精度测量；德国的 TanDEM-X 公布了覆盖全球的高精度数字高程模型 WorldDEM，格网大小和高程精度分别达到 12 米和 2 米；美国借助激光干涉测距新技术的新型重力卫星 Grace Follow-On 将在五年时间里收集全球重力异常图，其精度是此前 GRACE 任务的十倍。

此外，卫星星座发展也非常迅猛，除各类微纳小卫星星座外，未来几年，美国计划建设 WorldView-150、WorldView-Scout、WorldView-Legion 系列星座，法国也将在 Pléiades 的基础上建设 Pléiades Neo 星座，预计将实现全球任意地点 28 分钟级别、优于 0.5 米分辨率的快速重复观测。更高分辨率影像、更密集观测数据、更加多样化的载荷，带来了对海量数据及时处理和信息高效挖掘的新挑战。目前自然资源部国土卫星遥感应用中心每天要处理的数据超过 40T，而且要求“当日观测、当日处理、当日质检、当日发送”。不远的将来每天需要处理的数据将超过 100T，数据和信息产品的种类和数量将大幅增加。我国还将发射精度更好、水平更高的卫星，而大数据、云计算、人工智能等新技术突飞猛进，各种新型卫星以及新技术将给自然资源的管理带来新的挑战和机遇。

二　我国自然资源陆地卫星在轨运行及应用现状

在卫星数量及种类方面，在国家高分辨率对地观测系统重大专项、国家民用空间基础设施建设的支撑下，已基本形成包括资源系列、高分系列卫星在内的陆地遥感卫星观测体系，现阶段由自然资源部牵头或作为主用户的在轨陆地遥感卫星有 13 颗，如表 1 所示。其中，资源一号 02D 卫星和高分七号卫星于 2019 年相继成功发射，进入在轨测试阶段。

表 1　目前在轨的自然资源陆地遥感卫星基本参数

序号	卫星名称	发射时间	主要载荷	主要性能指标
1	资源一号 02C 卫星	2011.1	1 台 P/MS 相机 2 台 HR 高分辨率相机	● 轨道：太阳同步轨道，约 780 千米； ● 谱段：全色 HR 相机 0.5 ~ 0.8μm；P/MS 相机全色 0.51 ~ 0.85μm，多光谱 0.52 ~ 0.59μm、0.63 ~ 0.69μm、0.77 ~ 0.89μm； ● 空间分辨率：全色 HR 相机≤ 2.36 米，P/MS 相机全色≤ 10 米； ● 幅宽：≥ 54 千米； ● 卫星设计寿命：3 年。
2	资源三号 01 卫星	2012.1	3 台全色相机 1 台多光谱相机	● 轨道：太阳同步轨道，约 500 千米； ● 谱段：全色 0.45 ~ 0.8μm，多光谱 0.45 ~ 0.52μm、0.52 ~ 0.59μm、0.63 ~ 0.69μm、0.77 ~ 0.89μm； ● 空间分辨率：正视全色≤ 2.1 米，前、后视全色≤ 3.5 米，多光谱≤ 5.8 米； ● 幅宽：≥ 50 千米； ● 卫星设计寿命：5 年。

续表

序号	卫星名称	发射时间	主要载荷	主要性能指标
3	高分一号卫星	2013.4	2 台 2 米分辨率全色 /8 米分辨率多光谱相机，4 台 16 米分辨率多光谱相机	● 轨道：太阳同步轨道，约 645 千米； ● 谱段：2 米分辨率全色 0.45 ~ 0.90，8/16 米分辨率多光谱相机，多光谱 0.45 ~ 0.52μm,、0.52 ~ 0.59μm、0.63 ~ 0.69μm、0.77 ~ 0.89μm； ● 空间分辨率：全色≤ 2 米，多光谱≤ 8 米； ● 幅宽：2 台相机组合≥ 60 千米；4 台相机组合≥ 800 千米； ● 卫星设计寿命：5~8 年。
4	高分二号卫星	2014.8	2 台 0.8 米多分辨率全色 /3.2 米分辨率多光谱相机	● 轨道：太阳同步轨道，约 631 千米； ● 谱段：全色 0.45 ~ 0.9μm，多光谱 0.45 ~ 0.52μm、0.52 ~ 0.59μm、0.63 ~ 0.69μm、0.77 ~ 0.89μm； ● 空间分辨率：全色≤ 0.8 米，多光谱≤ 3.2 米； ● 幅宽：2 台相机组合≥ 45 千米； ● 卫星设计寿命：5~8 年。
5	资源三号 02 卫星	2016.5	3 台全色相机 1 台多光谱相机和激光测高仪	● 轨道：太阳同步轨道，约 500 千米； ● 谱段：全色 0.45 ~ 0.8μm，多光谱 0.45 ~ 0.52μm、0.52 ~ 0.59μm、0.63 ~ 0.69μm、0.77 ~ 0.89μm； ● 空间分辨率：正视全色≤ 2.1 米，前、后视全色≤ 2.7 米，多光谱≤ 5.8 米； ● 幅宽：≥ 50 千米； ● 卫星设计寿命：5 年。
6	高分三号	2016.8	C 波段 SAR 载荷	● 轨道：太阳同步轨道，约 755 千米； ● 空间分辨率：1 ~ 500 米； ● 幅宽：10 ~ 650 千米； ● 具备条带、聚束、扫描等 12 种成像模式； ● 卫星设计寿命：8 年。
7	高分五号	2018.5	包括可见短波红外高光谱相机、全谱段光谱成像仪等 6 种载荷	● 轨道：太阳同步轨道，约 708 千米； ● 空间分辨率：可见短波红外高光谱相机 30 米（330 个谱段）；全谱段光谱成像仪 20 ~ 40 米（12 个谱段，含 4 个热红外通道）； ● 幅宽：60 千米； ● 回归周期：≤ 60 天； ● 卫星设计寿命：8 年。

续表

序号	卫星名称	发射时间	主要载荷	主要性能指标
8	高分六号	2018.6	全色多光谱相机和多光谱中分辨率宽幅相机	● 轨道：太阳同步轨道，约645千米； ● 空间分辨率：全色多光谱相机2米/8米，多光谱中分辨率宽幅相机16米； ● 幅宽：全色多光谱相机≥90千米，多光谱中分辨率宽幅相机≥800千米； ● 重访周期：单星4天，与高分一号组网2天； ● 卫星设计寿命：8年。
9	高分一号B/C/D卫星（3颗）	2018.3	全色、多光谱相机	● 轨道：太阳同步轨道，约644千米； ● 谱段：全色0.45～0.90μm，多光谱0.45～0.52μm,、0.52～0.59μm、0.63～0.69μm、0.77～0.89μm； ● 空间分辨率：全色≤2米，多光谱≤8米； ● 幅宽：≥60千米； ● 卫星设计寿命：6年。
10	资源一号02D卫星	2019.8	可见近红外相机和高光谱相机	● 轨道：太阳同步轨道，约770千米； ● 谱段：1个全色，8个多光谱，166个高光谱谱段（0.4～2.5μm）； ● 空间分辨率：全色2.5米，多光谱10米，高光谱30米； ● 幅宽：≥115千米； ● 卫星设计寿命：8年。
11	高分七号	2019.11	双线阵相机和两波束激光测高仪	● 轨道：太阳同步轨道，约500千米； ● 激光测距精度：≤0.3米（坡度小于15度）； ● 空间分辨率：全色前视≤0.8米，后视≤0.65米；多光谱≤2.6米； ● 幅宽：≥20千米； ● 回归周期：≤60天； ● 卫星设计寿命：8年； ● 平面精度：无控≤20米（1σ），有控≤5米（1σ）； ● 高程精度：有控≤1.5米（1σ）。

资源三号两颗卫星构成星座，高分一号B/C/D三颗光学卫星构成星座。与过去相比，2米分辨率的光学卫星影像的有效获取能力提高了70%以上，对陆地国土的有效覆盖从年度覆盖变成了季度覆盖，我国北方地区甚至实现

了月度覆盖。总体而言，国产陆地卫星米级、亚米级分辨率数据逐步实现对国外同类卫星数据的替代，其中 1 米分辨率数据（包括国内商业卫星）对国外同类卫星数据替代率达 50% 以上，2 米左右分辨率数据对国外同类卫星数据的替代率达 80% 以上，16 米分辨率数据完全替代。卫星的各种数据产品已经全面应用于土地资源调查与监测、资源矿藏勘察、国家基础地理信息更新、全球地理信息资源建设等方面，应用成效显著。

在卫星应用技术研发方面，基本形成了业务服务能力。一是构建了天地一体化的卫星测绘业务技术体系，建立了光学测绘卫星辐射几何一体化仿真软件和国产高分辨率光学遥感卫星几何检校技术体系，自主研发了大规模遥感影像集群处理系统。二是研发了国产成像光谱卫星数据处理与信息提取技术，初步具备了国产成像光谱卫星数据流程化、批量化处理基础。三是建立了全国 / 全球广义高程控制数据库以及全国影像控制点数据库，开展了资源三号 02 星激光测高数据与光学立体影像复合测绘应用，为无地面控制点条件下提升国产卫星高程测量精度提供了重要支撑。四是制作了高分三号全国雷达遥感正射影像图，达到了 1：25 万国家正射影像图的精度要求，为国产雷达卫星深度应用提供了基础数据产品。五是突破了国产遥感卫星数据土地业务应用关键技术，提高了国产卫星数据土地遥感应用的精度、效率。六是在高光谱土地质量、InSAR 区域滑坡监测等新地质矿产调查与监测应用领域取得技术突破。

在产品种类上，体系基本形成。具备基础影像产品（辐射校正影像、传感器校正影像、系统几何纠正影像），高级影像产品（精纠正影像、正射纠正影像），基础专题产品（数字正射影像、数字表面模型、数字高程模型、陆地观测要素）和高级专题及服务产品（如控制点数据库、专题数据库、影像机顶盒、综合变化信息检测产品等）的全链路处理和业务化生产能力及产品体系。初步构建了面向土地资源调查监测、矿产资源遥感勘察、矿山开发遥感监测、地质灾害调查与监测、生态地质环境遥感调查监测、地表覆盖本底构建、地表立体模型构建等主体业务的业务化应用专题产品体系。

在应用推广方面，成效比较明显。一是积极服务国家重大战略实施，提供自然资源卫星应用解决方案。利用包括国产高分卫星数据在内的各种遥感资料，获取了“一带一路”经济走廊沿线重点区的城镇、交通、水系、地质构造、地层岩性、矿业活动区、林地、耕地、荒漠化、湿地等自然资源信息，服务企业“走出去”；开展了京津冀地区自然资源本底调查，为京津冀协同发展宏观决策和规划编制提供了重要支撑服务；快速摸清了长江经济带湖泊湿地、滑坡崩塌泥石流、土地利用现状等自然资源因子的空间分布，提出了长江经济带重要湖泊湿地保护建议，为国土空间开发与生态修复提供了服务；查明了雄安新区耕地、林地、地表水等因子的面积和分布情况，并开展变化监测，支撑雄安新区规划建设；编制了“粤港澳大湾区自然资源与环境图集”，直观展示了城市建设以及自然资源现状，为粤港澳大湾区规划与建设提供了重要基础数据。这些成果充分展现了自然资源陆地卫星应用快速全面服务于国家重大战略实施的能力。二是着力加强主体业务规模化应用，推动自然资源卫星数据进入管理主流程。卫星数据和应用已完全融入第三次全国国土调查、土地利用变更调查监测与核查、土地资源全天候遥感监测、全国矿产资源开发环境遥感监测、土地矿产卫片执法、地质灾害调查监测、地理国情监测、全国1∶5万基础地理信息更新、全球地理信息资源建设等自然资源管理主体业务和重大任务的工作流程，已经形成规模化、业务化应用格局，为客观、真实、准确、实时掌握自然资源基本情况和变化情况提供了重要技术保障，发挥了不可替代的基础数据支撑和核心保障作用，大部分主体业务国产卫星数据自给率可达到80%以上。三是积极开展专项监测，支撑国家重大改革任务实施。利用高分卫星数据开展了京津冀大棚房遥感监测、国家级自然保护区遥感监测、长江经济带沿江非法码头整治遥感监测、内蒙古湖泊变化遥感监测等专项监测，快速获取并掌握了我国现有钢铁厂数量、分布、用地及其总体产能规模、京津冀地区大棚现状及变化状况、国家级自然保护区自然资源与生态环境现状及变化情况、长江经济带沿江非法码头的数量与分布情况、内蒙古湖泊演变情况，有力支撑了国家重大改革任务实施。四是充分发挥国产高分卫星优势，及时响应灾害应急监测。成功地开展了雅鲁藏布江、金沙江滑坡堵江、“桑吉”轮海上溢油等灾害应急响应工作，为自然资源部工作组赴地方开展地质灾害防治指导工作提供遥感数据支撑，良好地支撑了应急管理部指挥决策及外交部门重大事件应急处理。五是大力推进自然资源卫星数据省级应用，发挥卫星数据的溢出效应。各省（区、市）积极推进卫星遥感数据在土地利用变更调查、土地资源全天候遥感监测、矿产资源开发环境遥感监测、地质灾害遥感调查与监测、自然资源执法监管、地理国情监测等主体业务中的应用，同时又根据自身条件和优势开展特色应用，取得了显著成效。六是积极推进保障服务体系建设，依托互联网、云计算、分布式数据库等技术，建成了自然资源卫星影像云服务平台，统一高效服务，提升保障水平。可面向规模化、业务化需求提供一个虚拟的高分辨率卫星影像统筹中心、管理中心和服务中心，通过持续化数据获取、流程化产品生产、自动化影像分发、智能化信息分析和定制化应用服务，实现了云环境下卫星数据产品全自动的“T+1”天、“7 × 24”小时持续稳定推送服务和深度应用。目前，云服务平台部省、市、县各级节点，行业节点和国际节点总数达 200 多个，国内外多层次、立体化云平台服务网络日趋完善，并逐渐从影像数据服务向数据、信息、监测、技术综合服务转变，在服务自然资源主体业务和其他行业应用方面发挥了重要保障作用。

三 面向主体任务需求的自然资源陆地卫星体系设计

在常态化开展在轨自然资源卫星业务化应用的同时，资源三号 03/04 星、高分七号业务星、高分辨率多模综合成像卫星、L- 分布式差分干涉 SAR 卫星、陆地生态系统碳监测卫星、双天线 X 波段干涉 SAR 卫星等后续十多颗卫星的研制和立项论证工作也在积极推进之中。当前，自然资源管理“两统一”职责对提升卫星遥感综合能力水平提出了更高要求，自然资源卫星观测体系建设要以全球、全天候、全天时、全要素、全尺度为目标。全球是为了服务“一带一路”建设等战略；全天候是为了能够在各种气候条件下获取卫星影像，服务于应急管理和防灾减灾；全天时是实现对国土的即时监控；全要素是为了满足自然资源管理从数量向数量、质量和生态并重转变的需要；全尺度是为了获取精度更高的影像，提升自然资源管理的精细化水平。

为此，在卫星体系设计及后续发展方面，应充分考虑遥感卫星在监测周期、监测类型、监测范围和监测精度等方面的转型升级要求：在监测周期上，要实现由年度监测扩展到季度、月度和即时监测；在监测类型上，要实现从平面监测到立体监测、从地表覆盖变化监测到人类活动和规划实施监测转变；在监测范围上，要实现从近海拓展到大洋、从陆地拓展到极地；在监测精度上，雷达测高精度要从米级提高到厘米级，光学立体测量要从 1：5 万比例尺拓展到 1：2000 比例尺；在监测要素上，要实现从国土资源拓展到自然资源全要素调查，从以位置、边界、权属等为主的数量监测拓展为“数量 - 质量 - 生态”三位一体综合监测，最终支撑全要素调查、全天候监测、全流程监管、自然资源灾害动态监测与预警、测绘地理信息保障等主体业务。表 2 对自然资源陆地卫星的主体任务需求进行了分析，按照载荷类型及需求划分，包括光学卫星、雷达卫星、高光谱卫星、激光测高卫星以及重力卫星。

表 2　自然资源陆地卫星主体任务需求

载荷种类	分辨率或核心指标	主体任务需求	观测周期	观测范围
光学	超高分 0.2~0.5 米	1：5000~1：2000 比例尺城市测绘；国土调查、自然资源精细调查监测、全球重点区域高精度测图等。	年度	全国重点区域 200 万平方千米；全球重点地区 100 万平方千米
			季 / 月度	全国重点区域 100 万平方千米
			日	重点目标区域
	高分 0.5~2 米	1：10000~1：5000 比例尺国土调查、1：10000 比例尺立体测绘、自然资源年度变更调查和常规监测、应急监测及防灾减灾等。	年度	国内 800 万平方千米；国外 200 万平方千米
			季 / 月度	国内 600 万平方千米；国外少量
			日	国内 200 万平方千米
	中高分 2~5 米	1：50000~1：10000 比例尺专项调查、1：50000 比例尺立体测绘、自然资源宏观监测等。	年度	全国范围；全球陆地范围
			季度	全国范围
			月度	全国重点区域
	中分 5~30 米	水资源宏观调控、水资源调查和确权登记；水体、地质矿产、植被等综合观测；含水量、温度反演、产能监测等。	年度	全国范围；全球陆地范围
			季 / 月度	全国重点区域

续表

载荷种类	分辨率或核心指标	主体任务需求	观测周期	观测范围
雷达	超高分 0.2~0.5 米	大中比例尺地形测图、地表沉降监测、多云多雨地区自然资源精细调查监测、应急监测及防灾减灾等。	年度	全国及全球局部 100 万平方千米
			季 / 月度	全国重点区域多云雨地区 60 万平方千米
			日	热点应急地区
	高分 0.5~2 米	大中比例尺地形测图、多云多雨地区自然资源年度变更调查和监测、应急监测及防灾减灾等。	年度	全国及全球局部
			季 / 月度	全国重点区域多云雨地区 100 万 ~200 万平方千米
			年度	全国重点城市多云雨地区 50 万平方千米
	中高分 2~5 米	地表沉降监测、中比例尺地形测图、多云多雨地区自然资源宏规监测、应急监测及防灾减灾等。	年度	全国及全球局部多云雨地区 300 万平方千米
			季 / 月度	全国及全球局部多云雨地区 200 万平方千米
			日	全国及全球局部多云雨地区 100 万平方千米
	中分 5~30 米	宏观资源调查监测、大区域自然资源变化监测、大区域自然资源质量与生态监测等。	年度	全国及全球局部
			季 / 月度	全国
			日	重点区域 300 万 ~400 万平方千米
高光谱	中高分 5~30 米	自然资源类型精细化调查监测、自然资源质量和生态监测，提升地物定量化精细分类的能力；水资源宏观调控、水资源调查和确权登记等。	年度	全国范围；全球局部范围
			季度	全国重点地区 300 万 ~400 万平方千米
			月度	热点应急地区 100 万 ~200 万平方千米
	低分 30~500 米	大区域自然资源类型精细化监测、大区域自然资源质量和生态监测；水体、植被等综合观测等。	年度	全国范围；全球局部范围
			月度	全国范围
			日	全国范围

续表

载荷种类	分辨率或核心指标	主体任务需求	观测周期	观测范围
激光	多波束	辅助 1：2000 高精度城市测绘；全球高程控制点数据库建设、全球无控制测图、高程变化监测；冰川、岸线、海岛、海面监测等。	年度	陆地高程控制点、森林树高、三极冰盖及海冰厚度、海洋浅/次表层剖面测量等
重力	梯度	重力基准测量、重力场变化监测等。	年度	全国范围；全球范围

从表 2 中的主体任务需求可以看出，新形势下，快速增长的应用需求对深化和拓展卫星能力提出了更高要求。总体上看，现有的卫星对地观测能力还存在短板，无法完全适应自然资源全要素、定量化、多尺度、高频次监测的需求，主要表现为以下几个方面。

一是在轨遥感卫星载荷类型不够丰富。现有的卫星尽管在轨数量有所增加，但总体上仍然以中高分辨率光学载荷为主，型谱不完整，缺乏甚高分辨率光学、干涉雷达、高光谱、激光、重力等其他类型载荷，与“五全”对地观测体系的建设要求以及“两统一”职责的业务需求还有一定差距；考虑到新时期自然资源业务应用与技术发展的迫切需求，卫星对地观测体系的顶层设计也需要进一步优化，特别是在面向大比例尺测绘的高分辨率光学卫星、精细化定量测量的高光谱卫星、高精度的干涉雷达卫星、多波束高精度的激光测高卫星、精密重力测量卫星以及全球观测的新型水资源卫星等方面有待继续努力并应积极争取纳入后续空基规划，填补相关领域空白。

二是对地观测的系统性与整体性不足。卫星系统的体系化论证与发展程度不够，卫星应用效能有待提高。单星过顶有效获取数据时间短，各类卫星过顶时间较为集中，数据采集能力有待进一步提升；多星协同工作不能满足需求；在城市边界、海岸线等动态监测方面，卫星成像模式和对地观测的灵活性还需要进一步优化。

三是对新型卫星遥感数据的处理和应用还较为薄弱。智能信息提取、大数据挖掘决策等应用核心技术还停留在试验阶段，从遥感数据向遥感信息转化的精度和效率亟须进一步提高。被纳入业务系统的遥感应用关键技术成果不多，难以适应国家自然资源管理业务发展的新形势。

四 总结与展望

为全面落实自然资源管理“两统一”职责，提升自然资源卫星遥感能力，必须以需求为牵引、以问题为导向，瞄准国际领先水平，不断优化和完善卫星发展布局，打造新一代自然资源陆地遥感卫星体系。一是在卫星指标论证方面，切实做到以需求为第一指引，针对现有规划中卫星立项研制存在延迟和滞后的情况，加紧落实现有规划中的后续自然资源陆地遥感卫星；同时积极关注陆地水资源卫星等现有规划中其他卫星的立项指标论证，推动多类型卫星协同应用。二是推动将城市测绘卫星、陆海激光高程测量卫星等技术逐步成熟、需求极为迫切的新型遥感卫星纳入后续规划，在保持基础性、普适性遥感系统稳定连续的同时，加强新型载荷、新体制卫星预研和关键技术先期攻关，推进系统升级换代，从全链路出发提高遥感系统品质，在局部领域实现超越发展。三是开展卫星系统应用效能评估，推动卫星、测控、地面、应用等技术协同发展，提高数据获取效率和应用效能。四是面向“十四五”及中长期发展需求，持续开展自然资源陆地遥感载荷及卫星应用技术预测，围绕新一代空间基础设施建设，向科工局、科技部等部门适时提出亟须启动先期攻关的重大技术建议。

根据有效载荷及卫星应用技术的发展需求和趋势，我国将逐步健全不同分辨率、种类丰富的自然资源陆地卫星监测网络，针对山水林田湖草等自然资源观测要素的不同特点，整装建设光学、高光谱、雷达、激光测高、重力等多种观测手段并存的高、中分辨率卫星观测平台，形成全覆盖、全天候、全要素、全方位的遥感信息获取能力，实现从周期性调查到动态化监测的转型升级；同时，卫星遥感应用与云计算、大数据、人工智能等前沿技术的交叉融合将进一步加强，逐渐向自动化、规模化、定量化、智能化方向转型；此外，卫星应用领域将不断拓展，围绕自然资源调查、监测、评价、决策的

全过程，瞄准业务工程和决策管理需求，支持山水林田湖草全方位、多层次监管应用，满足国家对全国及全球自然资源遥感调查监测任务的要求，借助自然资源卫星影像云服务平台，未来将形成辐射全球，服务各有关部委和行业，贯通省、市、县、乡的全方位、全要素的立体化应用服务格局。我们有充分的理由坚信，我国的自然资源卫星必将在“美丽中国”以及构建人类命运共同体等方面发挥更大的作用。

B.12
海洋测绘发展研究

周兴华　付延光　舒　苏*

摘　要：海洋测绘是获取和描绘海洋、江河、湖泊等水体和包围水体各对象的基础地理要素及其几何和物理属性信息的理论和技术，是测绘科学与技术的一个重要分支，是海洋科学研究及开发和利用活动的基础。本文从海洋大地测量、海底地形地貌测量、遥感与地理信息系统、技术和设备等四个方面总结分析了我国海洋测绘现状、主要成果和发展趋势。

关键字：海洋大地测量　海底地形地貌测量　垂直基准

一　海洋大地测量

（一）垂直基准构建与转换

海洋无缝垂直基准是在统一的坐标系中表达海洋深度基准和陆地高程基准，并提供垂直基准面之间的转换关系及精度表达。利用多源数据构建现代化的海洋无缝垂直基准可为我国海洋基础测绘、海岸线测量和岛礁识别制图等提供科学依据。海洋无缝垂直基准面指的是具有连续性和平滑性，且不随时间变化的参考面，同时具有垂向空间信息表达一致的几何或物理意义。海洋无缝垂直基准构建的关键是陆海垂直基准转换模型的构建，实现陆海不同

* 周兴华，博士，博士生导师，自然资源部第一海洋研究所工程技术带头人，山东科技大学海洋科学与工程学院院长，主要从事海洋测绘研究；付延光，博士，自然资源部第一海洋研究所，主要从事海洋垂直基准研究；舒苏，硕士，自然资源部第一海洋研究所，主要从事极地海冰遥感研究。

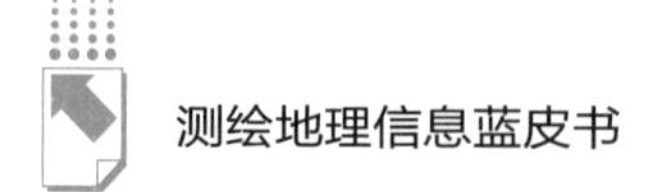

垂直基准面间的相互转换。

国内近20年对海洋垂直基准构建与转换方法进行了较深入的研究。《海道测量规范》明确规定我国海洋深度基准采用理论最低潮面，基于中短期潮位资料得到调和常数的不稳定性，我国研究人员在深入研究了该基准的计算方法和算法改进，论证了对调和常数附加历元的必要性。探讨了选取平均海平面、理论最低潮面和CGCS2000椭球面等具有不同意义的基准面作为我国海洋垂直基准的利弊，提出了通过偏差模型构建海洋垂直基准的理论与方法，研究了海洋垂直基准统一与转换的表达精度。

近10年来，我国正逐步实现垂直基准转换的工程化。我国目前拥有100多个长期验潮站，大量具备验潮功能的浮标及我国自主海洋卫星，对构建精密潮汐模型、平均海面高模型和深度基准面模型，对1985国家高程基准转换发挥了重大作用。山东、浙江等沿海城市及长江口局部海域进行的垂直基准转换模型构建标志着我国在海洋垂直基准统一与转换理论的成熟及具备达到国际先进水平的能力。当然，我国海洋无缝垂直基准的体系构建、动态实现、维持方法和模型精度仍需进一步研究和提高。

目前，世界主要沿海国家在海洋无缝垂直基准方面取得了部分研究成果，海洋垂直基准的转换与统一工作仍在全国沿海或局部海域范围内进行，其中加拿大、澳大利亚、美国等沿海主要国家已经建立了国家统一的无缝垂直基准面，但是没有任何一个国家完成对全球海域的海洋垂直基准构建。

（二）精密潮汐模型构建

潮汐模型是一种以网格形式表达分潮调和常数（振幅和迟角）的数据集，是构建深度基准面、进行水位改正的基础数据。潮汐模型的精度直接决定了水位改正、深度基准面模型等的精度。我国在构建高分辨率、高精度的精密潮汐模型方面不断努力，近年来，构建了中国近海精密潮汐模型。

随着卫星测高数据、验潮站数据等多源数据的不断积累，通过卫星测高数据的沿迹调和分析和响应分析，获取了海域空间分布较为合理的潮汐参数，同化于潮波流体动力学方程，构建了中国近海主要分潮潮汐模型，模型的最

高分辨率达到 1.2′ × 1.2′，与验潮站潮汐调和常数的外部检核表明多分潮综合精度达到 ±12.5 厘米。另外，针对长周期分潮本身包含逆气压效应的现实，通过改进卫星测高数据编辑方法，提取了长周期分潮成分，利用拟合技术，构建了中国近海长周期分潮模型，完善了海洋垂直基准确定所需的分潮频谱。

（三）海洋重力与磁力测量

以拟合方差最小为准则，通过点质量法拟合船载重力测量数据，得到点质量大小、埋深等参数。回避点质量法数值求解的不稳定性问题，借鉴移去－恢复技术的思路，利用该参数计算船载重力测量点上的重力异常，并将其在测线上的重力异常扣除，计算出船载重力残差值。以点质量大小、埋深等参数计算卫星测高重力格网点上重力异常，同样得到测高重力残差值。采用加权最小曲率格网化方法，将船载重力残差值与测高重力残差值格网化，进而恢复由点质量大小、埋深等参数计算格网点处的重力异，实现卫星测高与船载重力测量数据融合。经国际船载重力测量数据检核，融合后的模型较国际船载重力测量数据的平均偏差在 1~2mGal，标准差约为 4mGal。

针对传统测线网平差法在测区检查线数据缺失或测线网不规则布设时，测线系统差难以调整的问题，研究了基于小波多尺度分析的海洋磁力测量资料调差方法，利用小波多分辨率分析的功能，从低频真实磁异常信息中分离出相对高频的测线系统差，并讨论了小波分解阶数的选择对调差效果的影响。仿真分析表明，当二维小波分解阶数为 1，一维分解阶数为 4 时，调差效果最好，分离出的测线系统差与仿真误差差值的均方差仅为 0.29nT，均值仅为 -0.35nT，验证了小波多尺度分析法用于海洋磁力测量数据调差的可行性。

二　海底地形地貌测量

随着测量装备技术的发展和数据处理技术的突破，海底地形地貌测量正朝着立体、动态、实时、高效、高精度的方向发展。天基和空基技术是浅水区高效的探测技术，重力反演技术是获取全球深水地形地貌的主要方法，潜

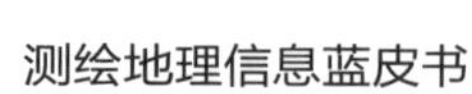

基主要用在重点勘测水域和工程，船载一体化测量技术是当前海底地形地貌测量的主要手段。

（一）天基、空基、潜基测量技术

利用高分一号等卫星，对其进行图像几何校正、大气校正和耀斑校正预处理的基础上，应用常用的双波段线性和对数比值模型开展中国沿海浅海水深反演，并利用实测数据进行对比，在 30 米以内的水深获取了近 1.5 米的精度，达到了目前浅海水深卫星遥感反演的精度水平。天基测量技术有大范围、低成本和重复观测的优势，适用于浅海和难以到达海域水下地形的探测和动态监测，在相当程度上弥补了现场测量的不足。

机载激光测深技术是海底地形测量的研究热点，具有效率高、灵活性强、自主性强等优势，可有效弥补以舰船为载体的传统声学测深方法在近海浅水区作业存在的技术缺陷，也为相关工程问题的解决提供了新的技术手段。国内组织相关单位在常规飞机平台上加载 CZMIL 激光测深系统，开展了岛礁地形及周边 50 米以浅水深测量任务，完成了测量作业实施、数据处理与成果图件绘制等工作，有效验证了空基海底地形测量技术的可行性和高效性。随着 LDAR 数据处理技术的不断深入研究和测量精度的不断提高，其在近海领域的应用会越来越广泛。

以 AUV、ROV 等为平台，利用搭载的超短基线定位系统、惯性导航系统、压力及姿态传感器等设备获取平台的绝对位姿信息，同时利用多波束测深系统与侧扫声纳系统获取海底地形地貌，实现测量数据的有线或无线传输，进而综合计算获得海底地形地貌。潜基海底地形测量技术具有灵活高效、方便快捷等优势，已在一些重点勘测水域和工程中得到了应用。

（二）反演技术

开展了基于高分辨率卫星多光谱立体像对的双介质浅水水深测量方法研究，在水面平静、底质纹理丰富的浅海岛礁水深反演中取得优于 20%的相对测深精度。通过反演技术获得的海底地形地貌信息虽有经济、快速、尺度大

等优点，但与直接测量方式相比，反演技术有待深化，反演模型有待优化，反演精度有待提高。重力异常在反演海底地形方面发挥了重要作用，在深水区采用卫星测高重力异常和少许船测水深数据，利用重力地质法，反演了大面积的海底地形（南海），解决了单波束和多波束等效率低下的问题，可以快速获得全球高精度的地形地貌，为后续研究提供帮助。

（三）船载一体化测量技术

船载一体化测量技术是当前海底地形地貌测量的主要手段，集单波束、多波束测深技术、侧扫声纳技术、GNSS RTK、PK、PPP 高精度定位技术、POS 技术和声速测量技术等于一体，在航实现多源数据采集与融合，最大限度地削弱波浪、声速等各项误差对测量成果的影响，提高海底地形地貌测量精度和效率。探测数据处理技术主要集中在声速剖面简化、数据滤波和残余误差综合影响削弱等方面，显著提高了探测数据处理精度和效率。国内多波束、侧扫声纳等数据处理软件研发突破了技术壁垒，国产软件得到了一定程度的推广应用。

船载测量系统通常采用惯性导航系统获取瞬时姿态信息，利用 GNSS 获取位置信息。多波束正常测深环境下，要求测船匀速直线航行，但船载系统工作时面向岛礁、海岸带等特殊环境，测量过程中测船经常会拐弯、变速，甚至发生侧滑，这使惯性导航系统不可避免地产生长周期误差。如在 1 分钟内船速从 5kn 增加到 10kn，将产生一个 0.25° 的峰值纵摇误差；船以 10kn 的速度做一个半径为 100 米的转弯时，将产生一个 1.46° 的峰值横摇误差。GNSS 和惯性导航系统进行组合，可以克服其各自缺点，使得组合后的导航系统性能优于两个系统独立工作的性能。

三　遥感与地理信息系统

海洋地理信息系统（MGIS，Marine Geographic Information System）是以海底、海面、水体、海岸带及海上大气等自然环境与人类活动为研究对象的

海洋领域研究的工具和工作平台，是海岸带资源与环境综合管理的方便有效的技术手段，主要用于海洋环境的管理和保护，海洋资源的开发管理与保护、评价与预报，海洋防务数据的管理，海岸带和海洋功能区的管理和规划等方面。海洋环境的复杂多样要求海洋地理信息系统具有数据覆盖全面和实时更新的特点。

海洋遥感因其覆盖范围大、实时同步和可以全天时、全天候工作等优势，能够实时高效地对海洋变化进行探测，以保障海洋地理信息系统数据库的升级与更新。一直以来，我国十分重视海洋卫星及其探测技术的发展，目前已建立了具有优势互补的海洋遥感卫星观测体系，包括对海洋水深、海洋资源勘察、海洋灾害和极地变化等方面的监测，并发挥了显著的社会和经济效益。

（一）海洋水深探测

目前的水深反演主要是通过分析不同波段的遥感数据与实测数据的相关性来确定波段与水深的数量关系，据此根据波段信息来实现对水深的估算。目前的研究结果显示，在反演精度上：0~5 米水深范围内的水体情况较复杂，反演误差较高；5~10 米水深范围内平均相对误差最小，15 米以浅的水深精度在 1 米以内。20 米以浅水深反演均方根误差为 1.8 米，30 米以内的水深值误差达到 1.2 米以下。

在反演精度的影响因素中，除了海水本身对估算产生的影响以外，更多的是不同遥感方式及其传感器的影响。在浅海 0~15 米范围内的水深探测中，主动光学遥感的水深探测精度最高，其中机载激光雷达的反演误差在厘米级；多源、多时相遥感的反演精度次之，但相对于单源、单时相遥感提高约 10%；虽然被动光学遥感中的高光谱遥感具有较好、较全面的探测能力，但是数据精度受外界影响因素较大，因此水深反演结果的平均相对误差较低（15%）。

目前的遥感技术只能对一定深度内的浅海水深进行反演，因此未来需要充分利用各种遥感技术的优势，对遥感探测技术进行融合，以高效地挖掘多源、多时相的水深数据信息，提高水深遥感的反演精度。

（二）海洋油气资源勘察

与陆上油气遥感直接勘探技术相同，海洋油气资源的遥感探测机理仍是以油气藏普遍存在的烃类渗漏理论为依据。海洋油气藏的烃类渗漏可以在海面形成渗漏油膜，依据油膜的特性及其对海洋表面环境产生的影响，可运用各种不同的遥感探测技术，对海面油膜进行有效探测。但由于海上油气藏烃类渗漏受其上方海洋水体的影响，在海面形成的烃类渗漏标志有所不同，应用的具体遥感技术手段也有所不同。

由于海面油膜对雷达信号的后向散射存在阻尼作用，因此在图像中会呈现明显的低散射值，但雷达高度计的低分辨率使海面油膜的影像标志并不是非常明显，因此对油膜检测的效果并不明显。通过对图像的信息增强，可见光和红外波段可应用于检测较厚的海面油膜；海面油膜的辐射温度较低，在温度相同的情况下，热红外图像中油膜的像元值比周围的海水低，可应用与对厚度小于 0.3 毫米的油膜检测；紫外图像探测利用油膜在紫外、蓝和红外波段的反射值高于海水的特点，可有效地对厚度小于 0.15 毫米的后模进行检测，该方法也是目前最有效的油膜检测遥感方法。

由于地底油气资源的油膜渗漏标志受海水温跃层、海流、潮汐、海况及气象条件的影响较大，因此使用遥感技术对油膜进行探测的难度较大，且对光谱曲线的判断技术更为复杂。

（三）海洋灾害监测

海洋灾害的主要灾种包括海浪、赤潮、绿潮和溢油等。其中海浪对航运、造船、港口以及海上石油平台的建设等具有重要影响，观测海浪主要是利用微波遥感对海洋表面的波动进行观测。

赤潮和绿潮是在特定的环境条件下，海水中某些大型绿藻爆发性增殖或高度聚集而引起水体变色的一种有害生态现象。近海地区赤潮和绿潮的发生比较频繁，严重地破坏了海洋渔业资源的发展，恶化海洋环境，给海洋经济造成巨大的损失，已成为主要的海洋灾害之一。根据引发赤潮的生物种类和数量的不同，海水有时呈现黄、绿、褐色等不同颜色，绿潮则主要呈现绿色或者淡绿色。因此基于赤潮和绿潮水体的光谱特征和水温特性，利用星载光学卫星数据即可对赤潮和绿潮进行监测。

由石油开发操作失误和运输轮船碰撞等意外事故造成的油品流向海滩或者海面形成油膜的现象被称为溢油。溢油事故对海洋生态环境具有巨大的破坏作用，使用遥感技术对溢油进行快速检测对海洋环境保护具有重要的意义。溢油的遥感监测方式与油气资源的探测方法相似，均是根据油膜的光谱和反射特性来对溢油进行监测。遥感技术不仅可以及时、大范围地获取溢油信息，其实时监测能力还可连续地对溢油的扩散进行监测，有利于快速对溢油事故进行处理。

（四）极地变化监测

南北极海冰和冰川的融化不仅促使海平面上升，更对全球气候产生重要的影响。以人工的方式对南北极进行监测不仅耗时耗力，而且监测的可持续性和实时性较低，无法及时准确地反映南北极的变化。而遥感技术则可以提供大范围、实时的南北极监测数据。由于极地气候较为恶劣，光学卫星无法全天候监测南北极地表。雷达高度计具有在恶劣气候下穿云透雾的能力，可实时监测南北极。

南北极的地表参数包括海冰密集度、海冰面积、海冰外缘线、海冰厚度、海冰体积、积雪厚度、冰川高程和冰川流速等。目前的研究中，海冰面积和外缘线主要是依据海冰密集度估算而来，而海冰密集度则依靠被动微波数据，使用 NASA Team 等方法反演得到。海冰厚度主要根据流体静力学平衡模型进行反演，海冰干舷高度和积雪厚度是反演模型的两个关键。其中海冰干舷高度主要使用 SAR 影像和雷达高度计等监测数据，根据信号传播的时间差估算而得。积雪厚度则根据被动微波不同波段的差异反演得到。根据遥感影像像元内的海冰面积和厚度，通过累加即可获得海冰体积。目前的研究已经获得了完整的海冰和冰川观测结果。

遥感技术极大地推动了极地研究的发展，不仅弥补了传统测量方式无法

获取的数据空白，还可以实时大范围地对极地进行监测。但由于受到遥感影像分辨率的影响，目前还不能完全确保极地海冰和冰川数据集的精度。未来需要对高分辨率传感器和反演技术进行进一步研究。

四　技术和装备

近年来，我国在海洋测量装备自主研发方面取得了实际成效，装备国产化进程取得重要进展。

（一）船载一体化测量系统集成

船载一体化测量系统近年来受到国内外同行热切关注和研究，不少商家开发了相应的采集软件，实现激光扫描和多波束测深数据同步采集，如EMC、Kongsberg Maritime、Teledyne Reson等公司开发出QINSy、SIS、EIVA或PDS2000等软件，但目前国内外的软硬件只是实现了激光扫描仪和多波束测深仪数据同步采集，未提供一体化检校和近海面水层低掠射波束利用方案，不能保证无缝测量要求，环境适应性较差。船载一体化测量技术的核心是需要保证水上（激光扫描仪）与水下（多波束测深仪）直接地理参考（坐标基准）的一致性，实现陆海无缝成图。

（二）海底地形地貌测量装备

我国已具备独立自主研发和生产用于海底地形地貌测量的单波束、多波束、侧扫声纳等测量系统的能力，国产装备在海洋测量工程中的使用率同国外设备基本持平。北京联合声信公司研发的DSS3065双频侧扫声纳采用全频谱Chip调频技术，300kHz和600kHz同时工作，垂直航迹分辨率达2.5厘米，缩短了与国外同类产品的差距。此外，将多波束测深系统与合成孔径声纳三维成像技术相结合，研制了多波束合成孔径声纳系统，可以获得与目标作用距离及发射信号频率无关的航迹向高分辨力，实现海底地形地貌的全覆盖探测，且可以对目标进行三维成像，精确测量目标深度信息。

（三）海洋重力、磁力测量装备

目前已完成多种重力仪、磁力仪的实验验证，实现了数据的自动采集和规范处理，性能指标接近国外同类产品。在海空重力仪研制方面，逐步缩短了与国外领先水平的差距，并呈现出领跑国际的趋势，在海洋重力场信息的获取中发挥了重要作用。

参考文献

[1] 刘敏、黄谟涛、邓凯亮、欧阳永忠、翟国君、吴太旗:《顾及地形效应的地面重力向上延拓模型分析与检验》,《武汉大学学报》(信息科学版) 2018 年第 43（01）期，第 112~119 页。

[2] Bing Han, Carsten Eden. The Energetics of Internal Tides at the Luzon Ridge. *Ocean Dynamics*, 2019, Vol.69(9), 1009-1022.

[3] 黄谟涛、刘敏、吴太旗、陆秀平、邓凯亮、翟国君、欧阳永忠、陈欣:《海空重力测量关键技术指标体系论证与评估》,《测绘学报》2018 年第 47（11）期，第 1537~1548 页。

[4] 修睿、郭刚、薛正兵、李东明、李海兵:《海空重力仪的技术现状及新应用》,《导航与控制》2019 年第 18（01）期，第 35~43 页。

[5] 刘强、边刚、殷晓冬、占祥生:《海洋磁力测量垂直空间归算中曲面延拓迭代方法的改进》,《武汉大学学报》(信息科学版) 2019 年第 44（01）期，第 112~117 页。

[6] 姚俊杰、韩政、占祥生、朱小辰:《海洋磁力测量仪器抖动度限差分析》,《海洋测绘》2019 年第 39（02）期，第 58~61 页。

[7] 柯灏、吴敬文、李斐、王泽民、张胜凯、赵建虎:《基于潮波运动三维数值模拟的海洋连续深度基准面建立方法研究》,《地球物理学报》2018 年第 61（06）期，第 2220~2226 页。

[8] 许军、王冬、于彩霞:《深度基准面的最低潮意义不一致性问题分析》,《海洋测绘》2018 年第 38（03）期，第 9~11、16 页。

[9] 柯宝贵、张利明、章传银、党亚民:《卫星测高与船载重力测量数据融合的点质量拟合法》,《测绘学报》2018 年第 47（07）期，第 924~929 页。

[10] 申家双、葛忠孝、陈长林:《我国海洋测绘研究进展》,《海洋测绘》2018 年第 38（04）期，第 1~10、21 页。

[11] 吴太旗、徐修明、任来平、陆秀平:《无人机海洋航磁测量技术进展与展望》,《海洋测绘》2017 年第 37（06）期，第 17~20 页。

[12] 李嘉华、姜伯楠:《原子干涉重力测量技术研究进展及发展趋势》,《导航与控制》2019 年第 18（03）期，第 1~6、81 页。

[13] 柯宝贵、许军、张利明、冯义楷:《增加近岸船载重力测量数据覆盖的推估方法研究》,《海洋测绘》2018 年第 38（06）期，第 14~16、24 页。

[14] 王崇倡、张畅、刘宝付:《舟山统一垂直基准面确定及转换模型研究》,《测绘与空间地理信息》2018 年第 41（09）期，第 135~138 页。

[15] 程源:《Bragg 衍射型原子干涉重力测量的实验研究》，华中科技大学，硕士学位论文，2018。

[16] Deyong Sun, Yu Huan, Shengqiang Wang, Zhongfeng Qiu, Zunbin Ling, Zhihua Mao, Yijun He. Remote Sensing of Spatial and Temporal Patterns of Phytoplankton Assemblages in the Bohai Sea, Yellow Sea, and East China Sea. *Water Research*, 2019, 157.

[17] Jiaoqi Fu,Chao Chen,Yanli Chu. Spatial - temporal Variations of Oceanographic Parameters in the Zhoushan Sea Area of the East *China Sea Based* on Remote Sensing Datasets. *Regional Studies in Marine Science*, 2019, 28.

[18] 蒋兴伟、林明森、张有广、马毅:《海洋遥感卫星及应用发展历程与趋势展望》,《卫星应用》2018 年第 5 期，第 10~18 页。

[19] 刘畅、白强、唐高、绍辉、白勇:《中国海洋遥感技术进展》,《船舶与海洋工程》2018 年第 34（01）期，第 1~6 页。

[20] 夏伟、吕晓琪、王月明、张信雪:《多维时序海洋遥感数据的交互式可视化技

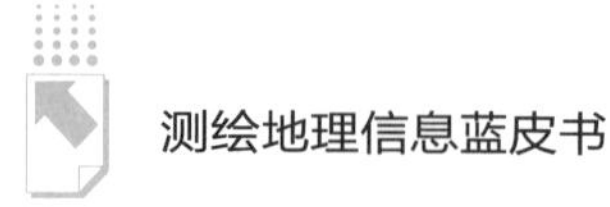

术》,《现代电子技术》2018 年第 41(04)期，第 176~179 页。

[21] 张庆君、赵良波:《我国海洋卫星发展综述》,《卫星应用》2018 年第 5 期，第 28~31 页。

[22] 陈鹏、王少朋、李玉婷、陈坤、刘逸洁:《浅谈大数据背景下海洋地理信息系统的发展》,《海洋信息》2019 年第 34(02)期，第 14~18 页。

[23] 张宇、吴文周、王琦、苏奋振、宋德瑞:《面向服务架构的南海地理信息决策模拟系统功能设计与实现》,《海洋环境科学》2018 年第 37(01)期，第 137~142 页。

[24] 任岳森、罗美雪、孙芹芹、张加晋:《基于 WebGIS 的海洋信息共享发布系统平台》,《海洋开发与管理》2018 年第 35(10)期，第 22~25 页。

[25] Shuchi Mala,Mahesh Kumar Jat. Geographic Information System Based Spatio-temporal Dengue Fever Cluster Analysis and Mapping. The Egyptian Journal of Remote Sensing and Space Sciences, 2019.

[26] Kwang Bae Kim, Hong Sik Yun. Satellite-derived Bathymetry Prediction in Shallow Waters Using the Gravity-Geologic Method: A Case Study in the West Sea of Korea. *KSCE Journal of Civil Engineering*. 2018, 22 (7): 2560-2568.

[27] Honegger, David A., Haller, Merrick C., Holman, Robert A.High-resolution Bathymetry estimates via X-band Marine Radar: 1. beaches. *Coastal Engineering*. 2019: 39-48.

[28] Niroumand-Jadidi, Milad, Vitti, Alfonso, Lyzenga, David R..Multiple Optimal Depth Predictors Analysis (MODPA) for River Bathymetry: Findings from Spectroradiometry, Simulations, and Satellite Imagery. *Remote Sensing of Environment*. 2018: 132-147.

[29] R. M. N. Captain Najhan Md Said, Mohd Razali Mahmud and Rozaimi Che Hasan.Evaluating Satellite-derived Bathymetry Accuracy from Sentinel-2A High-resolution Multispectral Imageries for Shallow Water Hydrographic Mapping. IOP Conference Series: Earth and Environmental Science.2018,Vol.169(No.1): 012069.

[30] L. Hakim, W. Lazuardi, I. S. Astuty, A. Al Hadi, R. Hermayani, D. Noviandias

and A. C. Dewi.Assessing World View-2 Satellite Imagery Accuracy for Bathymetry Mapping in Pahawang Island, Lampung, Indonesia. *IOP Conference Series: Earth and Environmental Science*. 2018, Vol.165(No.1)：012027.

[31] Lu An，Eric Rignot，Romain Millan，Kirsty Tinto，Josh Willis.Bathymetry of Northwest Greenland Using "Ocean Melting Greenland"(OMG) High-Resolution Airborne Gravity and Other Data. *Remote Sensing*. 2019, Vol.11(No.2)：131.

[32] 程益锋、黄文骞、吴迪:《多光谱遥感水深反演的数据匹配方法研究》,《海洋测绘》2019 年第 39（04）期，第 53~56 页。

[33] 申家双、葛忠孝、陈长林:《我国海洋测绘研究进展》,《海洋测绘》2018 年第 38（04）期，第 1~10、21 页。

[34] 范雕、李姗姗、孟书宇、邢志斌、冯进凯、张驰:《联合多源重力数据反演菲律宾海域海底地形》,《测绘学报》2018 年第 47（10）期，第 1307~1315 页。

[35] 马毅、张杰、张靖宇、张震、王锦锦:《浅海水深光学遥感研究进展》,《海洋科学进展》2018 年第 36（03）期，第 331~351 页。

[36] 范雕、李姗姗、孟书宇、邢志斌、冯进凯:《利用重力异常反演马里亚纳海沟海底地形》,《吉林大学学报》（地球科学版）2018 年第 48（05）期，第 1483~1492 页。

[37] 陈琛、马毅、张靖宇:《GF-1 WFV 图像经验模分解的光谱保真性与水深遥感探测》,《海洋学报》2018 年第 40（04）期，第 51~60 页。

[38] Xiaodong Shang，Jianhu Zhao，Hongmei Zhang.Obtaining High-Resolution Seabed Topography and Surface Details by Co-Registration of Side-Scan Sonar and Multibeam Echo Sounder Images. Remote Sensing，2019.

[39] Li Tie，Zhou Fengnian，Zhao Jianhu. Overall Calibration Method of Multibeam Echo Sounder Installation Biases Based on Terrain Feature Matching. Acta Geodaetica et Cartographica Sinica，2019.

[40] Novaczek, Emilie，Devillers, Rodolphe，Edinger, Evan.Generating Higher Resolution Regional Seafloor Maps from Crowd-sourced Bathymetry. PLoS ONE，2019.

B.13
倾斜摄影技术创新应用与发展

黄 杨 李德江*

摘 要：倾斜摄影技术因其能够实现对客观世界彩色、三维立体的全要素精准还原表达，以及对地物侧面纹理信息的丰富展现能力，受到了业界广泛的关注和重视。同时，也因为受原始影像分辨率限制，以及地物相互遮挡等原因造成的实景三维模型局部模糊，甚至空洞等缺陷备受质疑。近年来，经过业界同人的努力，一些技术难点和痛点得到了有效解决，倾斜摄影技术有了长足的进步。本文着重分析了无人机倾斜摄影技术、实景三维数据处理等技术进展，并结合国土空间规划，开展面向国土空间规划的实景三维技术应用探索，探讨了倾斜摄影技术面临的挑战和未来的技术应用与发展方向。

关键词：倾斜摄影 无人机 创新应用 国土空间规划

一 引言

近年来，倾斜摄影测量技术作为国际测绘地理信息领域的新兴技术已经逐渐成熟，并因其独特的技术特性获得了业界普遍的关注，同时也得到了长足的发展，被广泛应用到很多行业，取得了很好的成效。

---

* 黄杨，自然资源部经济管理科学研究所（黑龙江省测绘科学研究所）所长，高级工程师，研究方向为国土空间规划和倾斜摄影技术；李德江，自然资源部经济管理科学研究所（黑龙江省测绘科学研究所）高级工程师，研究方向为数字城市、智慧城市建设相关系统平台和应用软件系统研发，空间规划和倾斜摄影技术研发。

随着云技术、图像传感器技术、无人机技术、计算机视觉等技术的快速发展，倾斜摄影技术凭借其高精度的地形地貌全要素还原表达，广泛应用在规划、地籍、文物保护等行业。相关测绘卫星、无人机航测、激光雷达、移动测量系统和自动化采集汽车等“空、天、地”三维数字采集技术方法也日臻完善。国内已有武汉、上海、南京、广州、深圳、重庆等几百个城市和地区在规划、公安等不同应用场景中引入三维模型或实景三维，根据国内外不同应用需求，形成了基于卫星影像，高空航摄，旋翼和固定翼无人机低空、超低空航摄，影像 RTK，手机多角度拍摄等多种倾斜摄影解决方案。实景三维中国建设条件逐步成熟，倾斜摄影实景三维建模技术必将发挥巨大的推动作用。

当前，用于大型倾斜摄影平台的单一过亿像素相机登场，无人机航摄平台的相机分辨率也逐步从单一相机 2400 万像素向 4200 万像素甚至更高像素提升，并设计出单镜头、二镜头、五镜头等多种固定翼、旋翼无人机航摄平台，同时消费级无人机也加入倾斜摄影技术领域，国产实景三维数据处理软件和数据优化软件不断革新，实景三维模型的建模精度和纹理质量得到大幅度提升，模型对客观地形地貌的表达更加精准，模型逐步在国土空间规划、自然资源监测、用途管制等新领域开展深度应用。

二　倾斜摄影技术进展

随着科技的发展以及人们生活水平和质量的提高，人们对于倾斜摄影实景三维建模的精度和视觉效果要求越来越高，倾斜摄影测量技术在近年来取得了突飞猛进的进步，基本满足了各有关行业的需求。倾斜摄影测量与计算机视觉等相关高新技术融合将会推动数字地表建模向自动化、精细化、低成本的方向发展。

随着航摄相机分辨率的提高，大型航摄仪的像素分辨率由早期 RCD30 单镜头分辨率为 6000 万像素，逐步提高到目前单镜头 1 亿像素，使得大型运输机航摄在原有飞行环境条件下航片地面分辨率由 6 厘米提升到优于 4 厘米，如图 1 所示。借助直升机航摄平台能够获取优于 3 厘米分辨率的航片，模型效果更加精细，城市部件、城市雕塑、商业街区底商模型纹理表现更加清晰，更能满足城市管理精细化和智能化需求。无人机航摄相机分辨率也在大幅度提高，可进一步满足地形图、地籍等高精度模型采集要求。实现一次倾斜航摄，便捷的数据加工处理，就可形成全系列的测绘地理信息服务产品，如地形图、真正射影像、鸟瞰图、数字地表模型、数字地形模型和点云等产品。

倾斜摄影测量技术已经作为数字城市、智慧城市建设顶层设计时必须充分考虑的关键技术而受到重视，倾斜摄影的一系列成果在规划、城管、公安、应急、测绘、旅游、环保等行业得到了应用验证，受到越来越多的专家学者的认可和好评，其应用范围还在进一步扩大，社会经济效益更为彰显，具有广阔的应用前景和推广价值。

图 1　哈尔滨市大型航摄仪实景三维模型

三　无人机倾斜摄影技术快速发展

（一）测绘行业无人机倾斜摄影发展

随着倾斜摄影技术在全国范围内的广泛应用，测绘行业无人机应用异军突起，由于其机动灵活，受天气和空域管制影响小，无人机倾斜摄影测量已经成为一种重要手段，被广泛用于中小倾斜摄影项目。

测绘行业无人机航摄性能快速发展主要表现：一是无人机航摄相机性能提升，由早期单一相机 2400 万像素，提高到目前主流的 4200 万像素，最短拍照时间间隔也已经达到了 0.6 秒，如图 2 所示；二是航摄平台飞行能力在不断提升，以旋翼无人机为例，从原来单架次飞行时间约半个小时，提升至目前单架次飞行 1 个小时甚至更长时间，而纯电动的固定翼无人机，更是达到了单架次飞行 4 个小时；三是航摄云台逐渐向更加精小、轻质方向发展，4200 万像素 5 镜头相机目前做到了 1 千克以内。

图 2　单相机 4200 万像素与 2400 万模型效果对比

测绘行业无人机经过几年的发展，现在已经广泛应用在农村地籍测量项目中。以往由于设备技术条件的制约，倾斜摄影对于较大落差场景的地籍测量还是应对乏力，这主要是因为小型相机镜头的焦距、像幅、畸变、相机同步性达不到要求。经过多年倾斜摄影经验表明，若地籍测量或地形图测量的精度误差要求在 5 厘米以内，那么照片的分辨率必须要保证在 2 厘米以内，同时还要保证模型的质量效果非常好才能够实现。农村地籍测量项目，无人机的飞行高度一般在 70~100 米。但按照这个飞行高度根本没有办法完成接近或高于同等高度范围的高层楼房的倾斜摄影。在勉强飞行的情况下，也无法保证楼顶的重叠度，导致模型质量非常差，且飞行高度太低会带来极大的安全风险。无人机飞行航摄性能的提升，实现了无人机倾斜摄影在城市高层地区地籍测量和地形图测量应用中的突破，根据实际案例，基于 4200 万像素小型倾斜相机，最小曝光间隔 0.6 秒，无人机按 160 米高度作业。航向重叠度为 85%，旁向重叠度为 80%、无人机按 9.8m/s 的速度飞行，可保证照片分辨率在 2 厘米以内，满足 1：500 测量规范精度要求。

（二）消费级无人机进入倾斜航摄领域

无人机倾斜摄影的另一个趋势主要表现在非专业、平民化的消费级无人机进入倾斜航摄领域，这里所说消费级是相对于工业级无人机而言，以往一套倾斜摄影无人机设备价格在 20 万 ~30 万元，并且需要通过专业飞行培训的技术人员才能上岗飞行。而消费级无人机航测系统通常价格在几万元，操作简单，只需简单培训即可上岗，当然其单架次飞行时间为半个小时，性能上还无法与工业级无人机相比，但是通过集群式航摄可弥补其缺陷。目前以大疆精灵系列产品为代表的消费级无人机航摄方案在测绘、水利等行业广泛应用。消费级无人机普遍具有重量轻、易操作、灵活机动、受各类环境干扰小等特点，成为出色的测绘单兵作业设备。以对一个化工厂进行三维建模为例，化工厂面积约 0.2 平方千米，测区地物最高约 50 米，使用 1 台消费级无人机进行数据采集，航向重叠 80%，旁向重叠 70%，飞行高度为 73 米，地面分辨率为 2 厘米，通过 4 个架次飞行，获取航片 2032 张，飞行时间 1 小时 45 分钟，耗时 8 小时 13 分钟完成数据生产，项目总计 10 个小时完成。如图 3 所示。

图 3　化工厂模型

黑龙江省广播电视塔（龙塔）塔高336米，塔尖天线部分设在220.5~336米，220米以上塔尖天线的直径从6.3米逐步缩短至1.6米，采用大型航摄仪和旋翼无人机正常航摄下，均无法获取顶部实景三维模型，采用消费级无人机对龙塔进行倾斜航摄，历经15架次航摄，实现龙塔336米塔身实景三维模型真实还原，如图4所示。

图4　黑龙江龙塔模型

一直以来，倾斜摄影三维建模近地面，尤其是底商模型受到相互遮挡或拍摄死角造成影像缺失等主要因素影响，还原效果不好，会出现模糊、拉花等现象，这是倾斜航空摄影三维建模技术的主要难点和痛点，针对底商高精度三维建模目前主要采用通过三维激光扫描或者全景相机等近景摄影方式进行数据采集，通过单体化建模，构建高精度三维模型，这种建模方法尽管提高了底商纹理的清晰度，弥补了倾斜摄影的不足，但同时近地面流动的人群和车辆增加了额外的不必要信息，若想获得较高精细的模型，需要投入大量的人员进行数据加工处理。如今可借助消费级无人机、影像RTK和旋翼无人机多种方式组合航摄，充分借助消费级无人机的机动灵活性和超低空性能，对建筑底商进行补拍，通过手动控制拍摄角度，过滤掉地面车辆和行人对照片采集的影响，聚焦建筑底部表面纹理采集。通过空地一体化建模工艺，有效提升近地面底商模型效果。如图5所示。

四　实景三维数据处理技术发展

多年来，倾斜摄影自动建模软件仅有为数不多的几家国外厂商提供，目

图5　哈尔滨市中央大街空地一体模型

前一些国内科技企业已发布了一系列实景三维数据处理软件，在数据处理效率和模型效果方面取得了显著进步，随着倾斜航摄分辨率的不断提高、实景三维数据在各行业应用日益广泛，国内建模软件在空三、模型优化等方面，以及在处理能力、处理效率和成果质量方面有望实现弯道超车。

（一）空三数据处理技术提升

空三数据处理是实景三维建模数据处理过程中关键并且重要的环节。随着无人机倾斜航空摄影技术推广，诸如无人机硬件设计不严谨，镜头参数未检校所导致的外方位元素失效等情况，在空三数据处理中暴露出的问题尤为突出；高质量的空三成果，首先依赖于高质量的原始影像，必须在同一拍摄区域尽量统一影像时相，即尽量在同一太阳高度角和光照条件下摄影，但大面积范围的倾斜航摄，受到天气和空域的限制，往往很难做到，这导致不同天气、光照的影像相互穿插，致使空三数据处理环节无法完成，甚至在某些空三结果中出现镜头有分层或者丢片等现象；当项目中存在多种数据源需要融合处理时，如倾斜航摄仪、无人机倾斜摄影系统、消费级无人机、地面 RTK 相机等，由于相机幅面、镜头分辨率、焦距等参数各不相同。融合过程中易出现丢失某一设备影像或融合错误的现象。针对以上情况，过去是通过人工增加连接点或外业重新拍摄加以解决，不但加大内业处理工作量和处理难度，并且成功率较低。借助国内优化软件则可以极大地提升实景三维数据处理的效率和成功率。以某一个项目为例，其比较结果见表 1。

表 1　数据空三加密测试

序号	软件	单分区可处理影像数量（张）	2 万张影像空三加密时间（h）	空三次数	问题数据兼容性	丢片率	硬件需求
1	AirBus	< 50000	需干预，> 50	干预	中	10%	定制 8 组 GPU
2	Bentley	< 30000	> 72	> 2	差	5%~30%	5 台
3	M3D	< 80000	< 48	1	好	1%	5 台
硬件参考		64G PC4 内存、至强银牌 CPU、GTX1080 显卡					
影像参考		分辨率不小于 10000 × 9000，有 POS					

（二）实景三维模型优化技术提升

倾斜摄影实景三维建模技术具有诸多优势，但仍然存在航摄和数据处理的局限性，在实际的生产应用中也会存在一些问题。受到航摄盲区造成的死角影响，三维模型会存在无三角网的空洞区域，水面和金属、玻璃镜面造成同名点匹配困难；空三阶段，匹配误差以及点位不足等情况，导致三维模型的空洞；三维场景中会出现景物缺失和悬浮的物体等情况，这些问题都需要进行修补优化，才能满足精细化三维建模的需求。

通过对实景三维数据转换为 OBJ 格式，并重建立体像对工程，在垂直影像上获取顶部结构，在多视倾斜影像上获取房屋立面结构信息，对其进行几何结构编辑，并完成纹理自动映射贴图，此种方法可以在一定程度上提高实景三维模型几何精度和纹理质量，缺点是优化效率较低，需要投入大量具备较高专业水平的技术人员才能实现。另一种方式不需要进行数据转换与操作，能在模型成果上直接进行模型几何结构编辑和模型纹理优化操作，一步获得最终成果，实现地形压平、悬浮物删除、约束删除并修补漏洞、纹理编辑以及立面编辑等后期优化工作，此种方法的优点是对作业人员专业技能要求不高，对实景三维模型纹理和地面压平等数据处理效率高，缺点是对地物模型的立面纹理修复效率和效果还有待提高。

五　面向国土空间规划的实景三维技术探索

长期以来，我国的各类规划基本是建立在二维空间数据的基础上，二维的空间数据在数据结构、储存、管理、分析、查询等方面的功能已较为成熟，但在空间信息的表达以及空间分析方面功能明显不足，随着国土空间规划全面启动，业界开始探索以实景三维技术为基础，开展国土空间规划实施、自然资源监测、用途管制等一系列工作。

实景三维技术为规划提供了更加精细、翔实的自然地貌，让国土空间规划表达不再局限于二维地理空间，而是扩展到低空空域、地表、地下竖向空间规划的一体化表达，为资源环境承载能力评价和国土开发适宜性评价（简称双评价）提供了三维表达空间，借助实景三维数据，我们可以在全要素精确还原的实景三维模型中实现实时浏览，实时编辑，空间分析，二、三维同步交互浏览与查询等，我们可以清晰地对基于理论计算的双评价结果与现实空间进行融合表达，检查理论计算双评价结果与实际自然地理之间存在的差异性。实现对各类资源环境评价的精准修订。如图 6 所示，基于实景三维数据对双评价中生态保护重要区进行合理性校正，实现对各类资源环境评价的精准修订。

实景三维数据特别是城镇空间高精度的三维模型数据，可以更加有效地构建以人为本的国土空间规划，将城市空间布局或一张蓝图与实景三维数据融合，解决了传统二维地理信息无法对沿街建筑规划进行表达，借助实景三维数据，将沿街商业用地、居住用地采用竖向空间三维立体表达，结合人口大数据，更加科学有效地分析城市用地、城市交通以及其他基础设施规划对城市未来人口的服务供给能力，全面深入落实以人为本的科学发展观。自然

图 6　生态保护重要区实景三维表达与精准修订

资源部经济管理科学研究所在宁夏回族自治区和富锦市国土空间规划中，基于实景三维，实现了双评价和国土空间规划编制成果的三维表达。如图 7 所示，自然资源部经济管理科学研究所以国土空间规划指标中用地性质为例，基于三维空间，将建筑物底层商业用地性质和上层居住用地性质分层表达，同理推而广之到整个城市空间，用地指标核算得以更加精准，提高了规划科学性，将“用地性质”的概念扩展到了“空间用地性质”。

图 7　富锦市国土空间规划用地性质分层表达

六 倾斜航空摄影技术挑战

智慧城市建设、实景三维中国建设等给倾斜摄影技术带来新的机遇与挑战，实景三维数据成果成为智慧城市建设、行业信息化建设中首选的地理信息数据成果，随着实景三维数据成果广泛应用于各行业，对实景三维数据的成果质量和模型效果要求越来越高，对飞行质量和模型标准的要求越来越严格，特别是大中型城市在航摄时间、航摄空域上的难度远远高于传统的航空摄影。

以采用单镜头1亿像素航摄仪为例，设计分辨率优于3.5厘米倾斜航摄，其所生产的实景三维成果每一个点由其周边12条航线250张航片参与模型解算，因此对航摄时间提出了较高的要求，相邻航线时间跨度不能过大，避免因航摄天气、阴影朝向、航摄季节不同带来多时相、多天气影响，这种影响将会降低模型空三匹配的精度，造成模型整体颜色不统一，建筑立面、路面视觉效果较差等模型效果。在倾斜航空摄影采集时应根据空域批准的飞行窗口，更加精细、科学地进行航摄规划。

目前还未出台相应的实景三维模型成果验收标准，以往三维模型标准主要依据CJJ/T 157-2010《城市三维建模技术规范》和CH/T 9024-2014《三维地理信息模型数据产品质量检查与验收》，实景三维数据又有别于常规的三维建模，主要表现在其采用计算机自动化处理，同时受不同角度照片影响，模型整体的一致性弱于手工单体模型，给模型成果检查验收带来极大挑战。

当然，作为实景三维建模的一种有效的技术方式，倾斜摄影测量技术尽管具有很多的优势，但不应该把自身限制在比较狭窄的现有的技术范围内，需要与SLAM技术、雷达技术等一系列优秀的三维建模技术整合起来，形成室内室外、地上地下三维建模的一整套系统的三维建模总体解决方案，倾斜摄影测量与3DGIS等技术的集成应用将有力支撑数字中国建设。

七 结束语

倾斜摄影技术为全面实现对自然资源的感知提供了新的地理空间平台，随着5G/6G、云计算、物联网技术的不断发展，我们需要更加清晰、多维度、透彻地了解客观世界。借助自然资源调查与监测、国土空间用途管制和生态保护修复、国土空间规划、实景三维中国建设等一系列举措，全面摸清自然资源家底，应用基于卫星影像，高空航摄，无人机低空、超低空航摄，影像RTK等多种倾斜摄影解决方案，实现对自然资源全方位感知与资源合理开发利用；随着消费级无人机进入倾斜航空摄影领域，数据处理技术日趋智能化，倾斜摄影的门槛将进一步降低，大众参与将使实景三维数据成果应用快速推广。互联网时代，借助5G技术，如何基于实景三维数据成果进行创新、创造研发，为公众和社会提供更加个性化的服务，成为大众创业、万众创新的聚焦点、发力点。

总而言之，倾斜摄影测量技术经过近几年的进步和发展，在高效、便捷的基础上，让我们可以借助计算机和实景三维数据把丰富多彩的客观现实世界进行全要素的精确还原和表达，并将此实景三维的精确模型应用到各有关行业中，经过不断的完善，倾斜摄影测量具有的高真实性、高效率、高精度、低成本的特点一定会更加彰显，为自然资源部统一行使全民所有自然资源资产所有者职责，统一行使所有国土空间用途管制和生态保护修复职责，将发挥更大的作用。

B.14

省级国土空间规划信息平台构建探索

卢小平　熊长喜　付治河　王石岩*

摘　要： 为贯彻落实中共中央办公厅和国务院办公厅印发的《省级空间规划试点方案》精神，遵照河南省委办公厅、河南省人民政府办公厅下发的《省级空间规划试点工作实施方案》要求，本文依托河南省电子政务云平台，以全省土地调查数据库、自然资源与地理空间信息数据库为基础，研究各类数据整合处理、涉及各相关部门的标准统一、基准统一的国土空间规划时空大数据库构建方法，建立了基础数据、目标指标、空间坐标、技术规范统一衔接共享的省级国土空间规划信息平台，为全省规划编制与监管评估、项目并联审批、多证合一等提供统一平台，提高行政审批效率。

关键词： 国土空间规划　自然资源　时空大数据　监管评估　多证合一

一　引言

空间规划一词是在1983年欧洲区域规划部长级会议通过的《欧洲区域/空间规划章程》中首次使用。1997年发布的《欧盟空间规划制度概要》指出，空间规划是通过协调不同部门规划的空间影响，形成一个更为合理的土地利用及其关系的地域组织，实现社会和经济发展目标。德国的空间规划包括联

* 卢小平，博士，教授，博士生导师，河南理工大学自然资源部矿山时空信息与生态修复重点实验室副主任；熊长喜，高级工程师，河南省基础地理信息中心主任；付治河，教授级高级工程师，河南省基础地理信息中心副主任；王石岩，高级工程师，河南省基础地理信息中心。

邦、州和地方 3 个层面，联邦层面的规划比较宏观，地方规划则比较具体，空间规划体系与相关法律体系结合紧密，全方位统筹各类数据。荷兰将空间规划分为基础层、网络层、使用层三个层次，基础层是通过国家层面对自然环境进行整体管理与协调，网络层是所有的路网、水路、港口、机场、中转站和数字网络，使用层则是包括景观区、自然保护区和历史文化遗产区等在内的城市与乡村。日本的空间规划从 1962 年开始，完成了 5 个“全国综合开发规划”、2 个“国土形成规划”，2008 年后主要针对国家竞争力降低、高龄化、地域发展不平衡等问题提出集约型都市发展、地域活性化、韧性国土等发展策略。

我国与发达国家的空间规划体系相比尚处于起步阶段，各级政府规划部门使用的业务系统和空间数据目前存在技术规范各异、坐标基准不统一、数据难以共享、规划重叠冲突严重等问题，制约了国土空间的集约、可持续利用及经济、社会与生态环境的协调发展。因此，研究建立省级国土规划信息平台是解决规划衔接协调的有效方法，也是今后各行业开展统一规划的业务基础。对此，中共央央办公厅、国务院办公厅联合印发了《省级空间规划试点方案》，河南省作为全国首批 9 个试点省份之一暨自然资源部指导的唯一试点，要求搭建基础数据、目标指标、空间坐标、技术规范统一衔接共享的空间规划信息管理平台，为规划编制提供辅助决策支持，对规划实施进行数字化监测评估，实现各类投资项目并联审批核准，提高行政审批效率。因此，本文依托河南省电子政务云平台，以全省土地调查数据库、自然资源与地理空间信息数据库为基础，研究各类数据整合处理、涉及各相关部门的标准统一、基准统一的空间规划时空大数据库构建方法，建立基础数据、目标指标、空间坐标、技术规范统一衔接共享的空间规划信息平台。构建省级空间规划时空大数据库，建立信息资源共享和协调管理机制，实现查询统计分析、规划实施智能监测评估、规划项目并联审批、建设项目管理、服务共享交换等，建立多部门协同策划生成项目、协同服务落实项目的工作机制，强化省级空间规划实施管控能力，对河南省加快经济、社会建设、促进全面可持续发展具有重要意义。

二　省级国土空间规划信息平台建设

（一）建设内容

1. 数据整合处理

按照河南省国土空间规划信息平台设计总体要求，开展地理空间信息数据空间化、格式归一化、坐标基准一致化等研究，对规范、标准等非空间性文件进行分析，建立文件管理目录，实现各厅局不同规划类型数据的整合。

2. 空间规划时空大数据库建设

通过收集整理规划资料成果、空间管控数据、空间开发评价成果、三类空间成果、专项规划成果、项目规划审批资料、规划实施信息和基础地理信息成果等，研发集空间规划、专项规划、空间资源、空间管控、社会经济、地理国情监测、规划实施等为一体的国土空间规划时空大数据库及数据库管理系统，为省级国土空间规划信息平台与专题应用服务系统提供基础信息与功能服务。

3. 应用服务系统建设

在空间规划时空大数据库的基础上构建应用服务系统，为各厅局、公众与市县等用户提供数据与功能服务，为规划编制、监管和并联审批等业务提供服务支撑，包括规划编制辅助支撑、空间规划信息服务、规划实施智能监测评估、空间规划公众信息、运行维护管理等 14 个应用服务系统。

4. 标准规范体系建设

为保证数据的一致性、规范性、平台运行稳定性，保障省、市、县三级平台的互联互通和数据共享及规范性，需要研究数据标准、接口标准、技术规程、管理制度等标准规范，指导平台建设与应用服务。

（二）总体构架设计

河南省国土空间规划信息平台从逻辑上分为支撑层、数据层、应用层和用户层，支撑和指引信息平台的功能设计、系统搭建。

1. 系统总体构架

支撑层是指平台运行的软硬件和网络环境，包括河南省电子政务云平台和增配软硬件设备等相关资源。数据层是国土空间规划时空大数据库，涵盖国土空间规划、专项规划、空间资源、空间管控、社会经济、地理国情监测、规划实施等 7 个数据库。应用层是面向厅局、公众、市县的应用服务系统。用户层是提供服务的对象，包括厅局用户、监管机构用户、公众用户、市县信息平台。

（1）系统设计思路

为满足统一坐标基准、统一数据标准与信息共享、统一平台框架及提供应用服务等需求，系统按照省、市、县三级一体化架构设计，研究建立统一数据库、数据共享、服务接口等标准规范，实现市、县级数据向省级平台汇聚，服务省级平台对市、县目标指标分解与规划实施的监测评估。

（2）技术路线

河南省国土空间规划信息平台建设内容，包括标准规范体系制定、规划资料汇总与整理、规划资料分析、规划数据整合处理、规划协调与修编、空间规划时空大数据库构建、空间规划综合应用服务平台建设、平台运行支撑环境建设 7 个部分。

2. 标准规范体系

为保证各类规划数据的一致性、规范性及质量，平台各子系统之间顺利运行，发挥展现空间规划成果，辅助规划项目审批，开展规划监管实施、信息公开等对外数据交换与功能服务共享，数据整合处理、入库等技术流程与规范，制定了河南省国土空间规划信息平台数据标准、国土空间规划信息平台服务接口标准、空间规划数据整合技术规程、空间规划数据库建设和国土空间规划信息平台建设技术规程。

（三）国土空间规划时空大数据库建设

1. 设计原则

采用数据集中方式统一管理维护国土空间规划、专项空间规划、基础空

间资源、空间管控、社会经济、项目规划审批及基础地理信息等数据，并综合考虑土地利用总体规划、城乡发展规划、生态环境保护规划及其他行业规划等数据的整理、质量控制及综合性数据管理需求，构建满足海量、多源、异构数据的集成化管理系统，实现各类型数据的分布存储、统一管理。

数据库管理系统包括数据入库、数据质量控制、坐标转换、数据管理与应用、制图输出及系统配置维护等功能。国土空间规划时空大数据库由基础设施、空间规划时空大数据库、应用系统、数据库建设技术规范等4部分构成。

2. 总体结构设计

省级国土空间规划信息平台时空大数据库的总体结构如下。

（1）空间规划数据库。包括各类专题数据在规划整合基础上形成的成果，如三类空间、资源环境承载力评价等，数据格式统一为ShapeFile格式。

（2）专项空间规划数据库。是指政府、各厅局规划部门形成与空间相关的规划成果，如主体功能区规划、土地利用总体规划、矿产资源规划、水土保持规划、地质灾害防治规划等。

（3）基础空间资源数据库。是表达自然资源空间现状及其开发利用情况、评估评价的数据，包括水文地质、地下水环境、地下水资源、土地利用现状、矿产分布、地质环境分区等自然空间分布数据和自然资源危险性评价、生态脆弱性评价、生态重要性评价等数据。

（4）空间管控数据库。是指为保障国土空间有序、适度开发利用设置的各种“生存线”，由基本农田保护区、自然保护区、湿地保护区、地质公园、世界文化遗产、风景名胜区、地面沉降分布、地质灾害易发区分布图、地震带分布等组成。

（5）社会经济数据库。主要包括河南省人口统计分布，GDP统计分布，各市、县城镇化率等社会经济数据。

（6）基础地理信息数据库。由地表覆盖、地理国情监测要素、遥感影像、地形地势、国情监测等数据组成，是空间规划底图制作、各专题研究及系统平台构建的基础支撑数据。

（7）规划实施数据库。主要包括规划项目的基本信息和审批信息、规划监管信息等。

3. 数据库管理系统

（1）系统架构

采用面向对象方法和 UML 建模语言对数据库进行统一设计，研发了数据入库检查、处理与入库工具软件，可对规划原始数据及成果数据进行批量入库检查、对象化处理、数据入库、关联关系建立等系列处理，实现各种数据一体化无缝建库。同时，采用 C/S 应用模式设计开发数据库管理系统，实现规划成果数据集成管理、查询分析和更新维护等方面的功能。

（2）系统功能模块

为满足各类规划数据的整理、质量控制及综合性管理需求，构建了满足海量、多源、异构数据的集成化空间规划时空大数据库管理系统，实现各类型数据的分布存储、统一管理。系统由数据入库、质量控制、坐标转换、运营维护、应用服务、制图输出及系统配置维护等功能模块组成。

（四）综合应用服务系统

在构建省级国土空间规划时空大数据库的基础上，研发了包括规划编制辅助支撑系统、空间规划信息服务系统、规划实施智能监测评估系统、空间规划公众信息服务系统、运行维护管理系统的空间规划综合应用服务平台，可为各类专题研究、各厅局、公众与市县等用户提供数据与功能服务，为规划编制与监管、并联审批等业务提供服务支撑。

1. 空间规划编制辅助支撑系统

是在规划时空大数据库的基础上，建立规划空间叠加分析、规划指标检测、专题制图等工具，全面支撑空间规划编制。系统采用客户机 / 服务器模式（C/S）开发，可以满足业务异构数据集成、规划编制功能、系统运行性能的需求。

2. 空间规划信息服务系统

该系统作为数据共享交换平台，可向各厅局提供基础地理信息和空间规划数据服务、并联审批功能服务等提供技术支撑，同时具有数据服务发布与展示、专题研究成果管理、建设项目空间化管理等功能。

3. 规划实施智能监测评估系统

具有规划实施监测评估、规划项目监测与追踪等功能，可将规划项目的指标分析结果与省级管控指标、预警阈值进行对比，自动生成分析报告向省级监管部门预警；对不同时期的遥感影像进行动态检测，并结合规划和管控数据为规划监管提供对比信息结果，为省级监管部门的任务下派提供依据。

4. 空间规划公众信息服务系统

该系统拓展了公众了解空间规划建设相关情况的渠道，使公众了解相关信息和参与项目规划、审批、监管过程，满足了公众的知情权和参与权。系统提供可公开的规划数据、项目审批及监管信息，并接受公众反馈，系统管理人员定期更新项目信息、处理公众反馈意见并公示。

5. 运行维护管理系统

系统由运维管理、权限管理、服务注册等模块组成，遵循数据服务逻辑统一、物理分散的运行模式，具有用户登录管理及身份验证、数据服务配置管理、监控服务器运行状态、管理用户操作日志及数据库定期备份等安全功能，保障了省级国土规划信息平台的正常运转。

三　关键技术与创新

（一）关键技术

（1）针对不同数据类型、不同数据格式及不同数据属性，研究确定了适用于河南省全域的坐标转换参数，构建了相应的算法模型及不同来源数据一体化处理的技术体系，实现了地理空间信息与非空间性数据的有机整合，为省级国土空间数据的高效利用、规划时空大数据库的建设提供了基础支撑。

（2）构建了自动化配置的空间冲突语义模型，研发了各类规划空间冲突并行检测工具，实现了多源、异构规划空间数据的自动融合，可对收集到的空间规划与管控、空间开发评价、三类空间成果、专项规划、项目规划审批、规划实施及基础地理信息等数据进行整合，统一了数据格式和空间基准。

（3）为满足用户需求、权限要求的多样性、系统安全性、研发可行性等需求，采用多用户权限设计的技术方案，实现了用户分析配置、分组授权管理、功能与数据资源的双重授权，显著细化了系统的管理粒度，增强了系统的灵活性和安全性。

（二）技术创新

（1）研究制定了数据标准、接口标准、技术规程和管理制度四类标准规范，满足了省级国土空间规划信息平台数据的一致性、规范性、平台运行稳定性及省、市、县三级平台互联互通和数据共享的需求，为规划数据整合、数据库建设、信息管理平台建设与运行管理、信息共享交换等提供技术保障和法律保障。

（2）开发了服务于省、市、县三级政府部门专题研究，公众等用户的规划编制辅助支撑系统，空间规划信息服务系统，规划实施智能监测评估系统，空间规划公众信息系统，运行维护管理系统等应用服务系统，为河南省规划编制、监管和并联审批等业务奠定了坚实的基础支撑。

（3）研究建立了管控一体的信息服务体系，构建了省级国土空间规划信息平台，并结合大数据分析、影像对比、无人机监测等先进技术，实现了对规划及项目的多层次管理、多维度展示、多流程服务、多手段监管。

四　应用效果

构建的河南省省级国土空间规划信息平台，为河南省拟建设的国土空间规划实施监测评估管理系统提供了重要的基础支撑，同时在鹤壁、洛阳、许昌等市级空间规划信息平台建设，河南省沿黄河生态经济带的保护和开发，南太行生态保护修复规划编制等重大工程中发挥了重要作用。

（一）在市级空间规划信息平台建设中的应用

在鹤壁市、洛阳市、许昌市3个试点城市“市县级国土空间规划信息平台”建设过程中，利用“省市县三级管控一体化架构”进行定制开发，实现了市级平台与省级平台的无缝对接和数据共享，采用多源、异构数据一体化处理技术方法和规划数据空间冲突高效检测工具，解决了由于数据种类结构和标准多样、坐标基准不统一、空间重叠等产生的技术难题，快速检测出了城市总体规划和土地利用总体规划等规划之间的冲突矛盾地块，为规划协调提供了可靠的数据支持。

（二）在沿黄河生态经济带保护和开发中的应用

河南省沿黄河生态经济带的保护和开发是其一项重大工程，基于平台提供的统一空间基准，将河南省境内涉及的8个地市、25个县区的三维地形、基础测绘、遥感影像、基本农田、生态红线、土地变更等数据进行空间叠加，为沿黄河生态经济带提供了一体化展示、浏览服务。利用多源异构空间数据一体化处理技术、空间分析及统计模块，为黄河滩区居民迁建、退耕还湿还草、基础设施建设等提供了准确的数据支持。

（三）在南太行生态保护修复及规划编制中的应用

南太行山水林田湖草生态保护修复工程是加快推进美丽河南建设、保障区域生态安全的一项重大工程，省级国土空间规划信息平台为山水林田湖草生态保护修复及其规划编制提供了标准统一的空间底图（涵盖各类规划、影像、DEM、工程建设等数据）、数据整合与处理、空间分析工具及功能服务，快速统计分析出了河南全省林地、草地、湿地、耕地、建设用地、其他用地的数量和分布，为规划编制工作提供了可靠的技术保障。

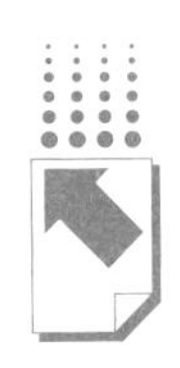

地　方　篇

Local Area

B.15 测绘地理信息工作定位的实践与思考

徐开明*

摘　要：本文结合黑龙江测绘地理信息局近年来在服务生态文明建设中的具体实践，分析了自然资源部成立后，测绘地理信息工作职责的调整，对进一步发挥测绘地理信息专业优势，支撑自然资源“两统一”职责履行，打造自然资源全流程业务平台，以及建立服务生态文明建设跨部门业务协同机制和业务化服务平台提出建议。

关键词：自然资源与地理空间大数据　地理信息公共服务　支撑“两统一”　全流程业务平台

* 徐开明，黑龙江测绘地理信息局党组书记、局长，博士，教授级高级工程师，全国先进工作者，享受国务院政府特殊津贴。

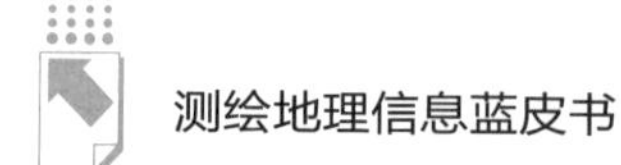

2019 年 7 月 5 日，习近平总书记在深化党和国家机构改革总结会议上发表重要讲话，强调“完成组织架构重建、实现机构职能调整，只是解决了‘面’上的问题，真正要发生‘化学反应’，还有大量工作要做”。党和国家机构改革中，自然资源部的组建赋予了测绘地理信息工作新的使命，研究领会新形势下测绘地理信息工作的新定位，在为经济建设、社会发展提供测绘服务保障的同时，全面融入自然资源管理工作，支撑自然资源“统一行使全民所有自然资源资产所有者职责，统一行使所有国土空间用途管制和生态保护修复职责”（以下简称“两统一”）履行，服务生态文明建设将成为测绘地理信息工作面临的新任务新挑战。近年来，黑龙江测绘地理信息局做了积极探索和认真实践。

一　机构改革后测绘地理信息工作的新职能新定位

地理信息本身是重要的信息，同时具有为其他信息提供载体的功能，测绘地理信息技术是实现对自然资源现状精准调查，变化情况进行动态监测的最有效的手段，地理信息系统的展示、统计、叠加及空间分析功能可以为自然资源管理各项工作提供专业化的业务系统。准确把握测绘地理信息工作在自然资源事业中的新定位，必须认清以下两个问题。

（一）支撑自然资源“两统一”是测绘地理信息工作的新职责

黑龙江测绘地理信息局作为部派出机构，实行由自然资源部与省政府双重领导、以自然资源部为主的管理体制，按新的“三定”方案，在原有测绘相关职能基础上，增加了“自然资源调查监测、国土空间规划实施情况监测”新职责。如何认识理解这两个新职责，建立测绘地理信息工作与部各业务司局、业务单位的有机联系，形成与地方自然资源管理部门的业务协作关系，使新职责落地形成新工作业态，进而建立有效的工作机制，是目前几个仍独立存在的测绘部门需要认真思考的。要准确把握法定职责调整带来的新机遇，进而制定好战略规划。

（1）在部层面，构建“对内支撑，对外服务”业务格局。所谓对内支撑，即作为自然资源部专门从事测绘地理信息工作的派出机构，积极构建以“测绘地形地貌、清查资源家底、监测地表变化、划定空间界线、统一规划底图、搭建公共平台”为业务主线支撑自然资源管理工作的新业务体系；所谓对外服务，即按新《测绘法》要求，继续履行好满足经济建设、社会发展和生态保护需要，完成国家重大测绘工程，向社会和政府各部门提供测绘地理信息技术和成果服务的职责。

（2）在地方层面，既要与省自然资源管理部门一道履行好省自然资源监管工作，成为自然资源管理工作的有机组成部分，探索建立长期稳定的合作机制；还要履行好测绘地理信息行政主管部门的职能，完成好行业管理和基础测绘任务，面对地方经济发展和社会治理需求，充分发挥地理信息在信息化建设中的基础性、公共性作用，提供优质、高效、便捷的测绘地理信息综合保障服务，特别是对生态文明建设各项任务的支持。形成了面向全省“横向辐射至厅局，纵向延伸至市县”的测绘地理信息综合服务体系。

（3）总体布局的原则，可以概括为以下四个方面。①内外兼顾：对自然资源系统内部业务提供数据和技术支撑；对外系统按照测绘法要求提供基础性、公共性服务。②上下协同：履行好部派出机构职能和省行政主管部门职能，加强对地市级的业务指导与监管，将部里重大工作部署和优势资源与地方经济建设和重大战略实施结合起来。③横向互联：建立与各部门的业务合作体系和工作机制。④纵向贯通：利用网络，将分级投入、分布式管理的国家、省、市县级地理信息资源统筹整合、共建共享。

（二）为生态文明制度体系建设提供服务保障是时代赋予测绘地理信息工作的新使命

生态文明体制改革各项任务分布在多个部门，各项任务之间的关系是一个有机链条。与之直接相关的部门有自然资源、生态环境、林草、农业农村、水利等部门，内容包括资源管理、保护地界线划定，开发利用、监督执法、绩效考评等工作，其中摸清自然资源“家底”、管好自然资源“家产”、做好日常监测贯穿生态文明建设各项任务。发挥测绘地理信息技术、装备、队伍、成果的优势，可以有效解决自然资源管理现状不明、责任不清、界线不准、底线不定、考核监管缺乏依据、生态保护与修复效果难以评估等问题。2014 年以来，黑龙江测绘地理信息局围绕十八届三中全会提出的生态文明制度体系建设目标，积极主动为各部门所承担的生态文明建设任务搭建统一的地理信息服务平台，利用航空航天遥感、卫星导航定位和地理信息系统技术查清现状，监测变化，解决好山水林田湖草等资源“有什么”“在哪里”“有多少”“变没变”，以及“如何管”的问题。2016 年以来，黑龙江测绘地理信息局先后与生态环境部东北督察局、国家自然资源督查沈阳局、国家统计局黑龙江调查总队，省发改、生态环境、水利、农业农村、审计、统计等近 20 个部门以及地市签署战略合作协议或建立深度业务合作关系，以生态文明建设各项任务为主线，实现与各个部门业务的衔接。实践证明这个方向是对的，取得的成绩是显著的，为黑龙江测绘地理信息局在机构改革后，快速在自然资源事业中形成新的职能职责定位奠定了坚实基础。

二　担当新使命，积极构建支撑自然资源管理和生态文明建设的新业务体系

新技术的有效使用离不开围绕新技术所建立的新的工作机制、业务流程和评价标准。基于测绘地理信息技术，充分利用以“大智慧云”为代表的通用信息技术的功能，通过构建新业务体系来支撑履行测绘地理信息工作的新职能职责。

（一）打造自然资源系统全流程业务平台

自然资源部组建后，部党组按照“两统一”的原则，重新设计了相关业务司局，陆昊部长指出:“将第一个‘统一’设计为自然资源调查监测、自然资源确权登记、自然资源所有者权益和自然资源开发利用四个关键环节；将第二个‘统一’设计为国土空间规划、国土空间用途管制和国土空间生态修

复三个关键环节。”这些业务司局的工作有明确的上下游关系，都围绕着对自然资源的保护修复与开发利用，其业务都离不开基础地理信息成果、约束性空间界线数据、资源现状调查数据和地表变化监测数据。

在自然资源部门内部构建支撑“两统一”履行的自然资源管理全流程业务平台既是必要的也是可行的。主要思路如下。

1. 建设自然资源与地理空间大数据中心

（1）自然资源与地理空间大数据库，主要数据内容包括以下五类。

①基础性地理信息数据，包括测绘基准、基本比例尺地形图、航空航天遥感影像等；

②约束性空间界线数据，包括生态保护红线、永久基本农田界线、城镇开发边界、重要水源地边界等；

③资源调查数据，包括第三次国土资源调查、林草资源调查、地理国情普查等；

④控制性规划数据，如：国土空间规划、主体功能区规划、城乡建设规划、环境保护规划等；

⑤变化监测数据，如：土地变更、地理国情监测、规划实施情况监测，以及各类专项监测等。

（2）基础公共服务平台，主要由以下四类公共服务组成。

①地理信息公共服务平台（“天地图”）：这是《测绘法》明确要求的、各级政府测绘部门共同建设的、对外提供地理信息公共服务的基础性平台，汇集各级地理信息资源、以统一的标准提供地理信息服务，大量减少基础性、公共性地理信息资源的重复性投入，也是推动政府信息资源整合共享的重要载体。

②高精度导航定位综合服务平台：基于北斗、GPS 等全球卫星导航定位系统，通过卫星连续运行参考站（CORS），结合地理信息公共服务，实现对固定或移动目标的高精度导航定位服务，既为自然资源调查与监测提高精度与效率，也是推动卫星导航技术产业化的基础。

③遥感监测平台：快速获取和处理包括卫星、无人机、地面移动装备在

内的多源航空航天遥感影像，依托基础地理信息数据、多期遥感数据叠加比对，实现自然资源变化快速发现、动态监测、空间分析和分类统计等，是履行自然资源变化监测职能、体现测绘地理信息能力的重要技术支撑，也是未来需求最旺盛、最主要的业务平台。

④测绘地理信息应急保障平台：多装备多技术集成，具备快速获取、动态监测、空间分析、辅助决策功能，主要为防灾减灾、公共突发事件应急提供测绘地理信息技术支撑，是实施应急管理与履行测绘应急保障职能的支撑性平台，需要建立平战结合的运行体系，实现各类技术、装备的协同作战。

自然资源与地理空间大数据中心建设是一项基础性工作，担负测绘地理信息“对内支撑、对外服务”的功能。应着手开展包括建设内容、技术标准、服务功能、更新机制等研究，加强部内信息资源共享，整合各种资源调查数据。

2. 自然资资源管理综合业务运行系统

支撑“两统一”履行的各业务司局使用统一的自然资源与地理空间数据，并依托“四大公共平台”，建立既相对独立又相互关联的业务系统。连同耕地保护、矿产资源、自然资源督查等与地理信息关系密切的业务，共涉及12个业务系统：①自然资源调查监测；②自然资源确权登记；③自然资源所有者权益；④自然资源开发利用；⑤国土空间规划；⑥国土空间用途管制；⑦国土空间生态修复；⑧耕地保护监督；⑨地质勘察管理；⑩矿业权管理；⑪矿产资源保护监督；⑫自然资源督查业务系统。

建议根据现有工作基础和实际需要，本着整体设计、分步实施、统筹兼顾、重点先行的原则开展系统设计与建设，以期实现部内业务司局间资源共享、业务协同、标准一致、运转高效。

（二）建立服务生态文明建设跨部门业务协同机制和业务化服务平台

自然资源是生态环境的载体，自然资源部门是国家生态文明制度体系建设的重要组成部分，按照生态文明体制改革总体设计，自然资源部门的工作与生态环境、农业农村、水利、林草、审计等与生态环境保护相关的部门的工作具有系统性和关联性，必须建立分工明确、协同共管的工作机制才能避免工作重复、交叉或出现漏洞。要完成自然资源部门所承担的生态文明建设任务目标，不仅要做好内部业务，还要发挥自然资源管理在生态文明建设中的基础性、载体性功能，系统考虑自然资源保护与开发利用、生态环境治理、资产评价、绩效考评等生态文明建设大格局下分散在各部门的任务之间的关系，建立业务协作机制和公共服务平台，特别要明确自然资源部发布的测绘基准、基础地理信息、自然资源调查与变化监测、自然资源资产确权登记、各类保护地界和空间界线划定、空间规划等权威数据的法律效力，进一步明晰自然资源部在生态文明制度建设中的法定地位，以统一的数据平台支撑生态文明建设相关部门承担的任务实施。

依托自然资源与地理空间大数据中心，通过政务网络环境，向承担生态文明建设各项任务的部门提供权威的、专业化的服务，旨在通过打造统一一张底图，统一一个平台，分类叠加国土、农业、林业、草原、水资源、矿产、环境等各类自然资源的专业调查成果，梳理处理各专业调查之间的矛盾，实现自然资源与地理空间大数据的汇集、融合、管理、交换、共享和服务，进而完善各部门间工作协同机制，建立业务化服务平台，不仅会提高效率，减少重复，避免浪费，实现科学决策，更有利于加强生态文明制度体系建设的整体性和系统性。

三　增强测绘地理信息支撑服务的技术能力和专业化水平

测绘地理信息工作要做好对自然资源“两统一”的支撑，为生态文明建设提供服务保障，形成“对内支撑，对外服务”的业务格局，还需要加强自身能力建设，建立更加高效、完整的新业务体系。信息化测绘体系建设是实现测绘生产从数字化到信息化蜕变的必由之路，旨在建设以基础地理信息获取立体化、实时化，处理自动化、智能化，服务网络化、社会化为特征，适应信息化测绘需求的生产体制、管理体制与运行机制，实现信息流、业务流、数据流信息化管理，同时这也是提升数据获取、处理、服务能力的具体实现。

（一）加强测绘地理信息生产能力建设

从测绘生产到地理信息服务，以“数据获取—数据处理—提供服务”三个基本环节为主线构建新生产体系，从每个环节入手加强能力建设。

一是数据获取。随着新技术新装备应用，数据获取手段日益丰富，航空航天遥感数据获取平台包括：卫星、载人飞机、无人机、无人船、地面移动测量装备等；数据获取的传感器有：光学影像、合成孔径雷达、激光雷达、多（高）光谱影像、视频、倾斜摄影等。目前，生产对数据源的快速获取、处理的要求越来越高，数据源本身既是后续产品生产的来源，同时又可直接产生快速地理信息产品。因此，必须提升对数据源的快速获取、处理能力，充分利用国内外各种卫星资源以及多平台多传感器获得的数据资源，也要深度挖掘各单位在本地服务时通过承揽项目、工程方式获取的数据资源，建立常态化的向主管部门和地信中心提交成果和入库的机制。

二是数据处理。传统测绘分为外业（控制）、内业（遥感影像处理、采集）两部分，新测绘生产仍将延续内、外业生产的布局。需要重点把握：①控制点影像库。建设控制点影像库，实现影像的控制点自动选择、自动匹配和校准纠正，是影像处理自动化和减少野外工作控制点测量的关键。②变化的自动发现和快速提取。结合人工智能技术等，实现影像的快速变化监测。这是今后一个时期最旺盛的需求，主要解决快速发现“变没变”“变多少”的问题。近年来黑龙江测绘地理信息局服务“大棚房”整治和土地变更调查等主要是做此项工作。③多传感器数据的综合处理。目前，三维数据的获取来源很多，如激光扫描、地面采集、空中的倾斜摄影、立体摄影等，可谓各具特色，数据获取便捷、丰富了，随之而来的就是多传感器数据的统一处理与融合，解决这一关键技术，才能真正提高生产效率，提供成熟的三维地理信息产品。④云环境下的数据计算、存储。5G 普及后，野外数据采集可以调用数据中心的资源，并将采集成果直接回传。不同生产工序可以通过云环境实时

读取、处理数据，网络化作业不仅可以解决存储问题，也能够整合计算资源实现云计算环境下的协同作业。这将为生产组织模式和业务流程带来颠覆性变革。

三是装备能力建设。2019 年 5 月，黑龙江测绘地理信息局为一起矿难救援行动提供了一次卓有成效的测绘应急保障服务，动用了无人机、无人船、探地雷达、激光扫描仪、测绘应急车等装备，涉及现场测绘、正射影像图制作、三维模型建立、水下地形测量、三维平台展示、综合地理分析等多项技术。为空、天、地上、地下、水下全方位立体数据获取，协同处理、综合应用、分析展示做了一次非常好的实战演练，为测绘应急保障体系建设积累了经验，体现了测绘装备能力建设的重要性。

（二）持续打造对外服务“四大平台”

如前文所述，“四大平台”即：地理信息公共服务平台、高精度导航定位综合服务平台、遥感监测平台、测绘地理信息应急保障平台，这是测绘地理信息部门对外服务的基础性平台，汇集了测绘地理信息的各类成果，提供对移动或固定目标的高精度定位服务，监测地表空间各类要素的动态变化，并为应急突发事件提供测绘服务，具备基本的地理信息查询、量测、统计、展示和空间分析功能，同时也是其他各专业应用部门业务系统的载体。

“四大平台”中，地理信息公共服务平台是基础，支撑其他三个平台。目前国家级地理信息公共服务平台（“天地图”）已上线运行多年，汇集了国家、省、地级市三级地理信息资源，已建立了一整套数据维护更新机制。这种系统平台建设的思路是针对我国基础性地理信息资源分级投入、分级管理，且集中在各级政府测绘部门手中的特点而设计的，确保了“横向互联、纵向贯通、分别投入、集中共享”的可持续的系统维护更新，符合目前我国信息化建设的国情。在应用方面，按照新《测绘法》要求，还应加大对地理信息公共服务平台投入力度，增强“四大平台”服务能力，加大推广力度，使之成为测绘地理信息对包括自然资源事业在内的生态文明各项任务实施的有力工具，对经济建设、社会发展的服务保障平台。

（三）不断丰富地理信息公共服务数据资源

近年来，随着服务生态文明建设各项任务所在的部门相继启动各自任务，测绘地理信息部门已经开始汇集和整合来自不同部门的专业化空间数据，我们要总结规律，以此为契机更科学合理地设计地理信息公共服务数据结构，特别是对新增的各类专题性空间数据进行整合，使之成为新的公共数据资源。

公共服务数据应设计为三个层次。

第一个层次是基础服务数据，包括三个级别：一级为基础性测绘成果资源，由国家和省、市测绘地理信息部门提供的标准化测绘产品，包括基本比例尺矢量地图和影像图、三维、地理国情普查成果等；二级为反映时空变化的可以覆盖基本行政单元的遥感影像数据，包括定期获取的各类卫星遥感、航空摄影数据；三级是专项工程所获得的区域性数据成果，如“国土三调”中各个县城的航空摄影数据、农村环境治理获得的乡村影像数据、局部区域的三维数据等。

第二个层次为公共空间界线数据，即被服务对象（部门）所拥有的法定的空间界线数据集，如林草部门拥有的各类自然保护区界线，自然资源部门所管辖的国土调查数据、空间规划数据，水利部门所掌握的各河流湖泊水库流域界线，以及生态环境部门的数据等，统一采集建库，这是一种重要的公共空间数据资源，以往分散到不同部门，因缺乏共享交换机制造成部门间工作的重复冗余或相互矛盾，通过地理信息公共平台促进其整合建库，为生态文明建设各项任务的实施提供公共基础，这也是测绘地理信息与专业数据集成的临界面。

第三个层次为专题数据层，各个部门特有的、与各自业务相关的专业数据，如不动产、污染源、应急、防火、地质灾害、农业信息化等，是各个专题应用系统的基本数据。

这种数据组织方式，是在总结近几年地理信息服务的基础上，针对生态文明建设各行业需求提出的，既为服务生态文明建设探索新的服务模式，也为支撑各部门信息化建设、促进部门间信息资源的有效整合提供了有利工具。

四 结语

综上，发挥测绘地理信息专业优势，为生态文明建设和自然资源工作“两统一”职责履行提供高效的服务保障，是机构改革后测绘地理信息工作新的职能职责。推进自然资源与地理空间大数据中心建设，提高信息化测绘能力，在与多个部门合作的基础上，打造测绘地理信息支撑自然资源管理全流程业务运行系统，建立生态文明建设部门间业务协同机制及业务化服务平台，是履行新形势下测绘地理信息新职能职责，担负新使命的必由之路。

B.16

做好测绘地理信息工作，为建设“强富美高”新江苏提供强有力基础保障

刘　聪*

摘　要：机构改革后，江苏测绘地理信息工作全面融入自然资源管理工作。在新的历史发展时期，测绘地理信息工作要坚持以需求为导向推进供给侧结构性改革，深入推进新型基础测绘体系建设；强化测绘地理信息监督管理，加大公共服务力度，为行使自然资源“两统一”核心职责提供重要的技术支撑，为经济建设、社会发展提供高质量服务，为建设“强富美高”新江苏提供强有力的基础保障。

关键词：“优空间、护资源、促集约”工作主线　技术支撑　服务保障　监督管理　新型基础测绘　建设“强富美高”新江苏

江苏测绘地理信息技术的发展先后经历了模拟、数字和信息化测绘3个阶段，正在和物联网、云计算、大数据等现代信息技术相互渗透集成，与航空航天、应急保障、导航与位置服务、自然资源监测与管理等一系列重要任务结合得越来越紧密。45年来，在国家测绘地理信息主管部门和江苏省委、省政府的有力指导和坚强领导下，全省测绘地理信息系统发扬“艰苦奋斗、无私奉献”的光荣传统，弘扬“乐山、乐水、乐业”的江苏测绘文化，践行“测绘江淮大地、建设美好江苏”的光荣使命，认真履行测绘地理信息管理职能，掌握了先进的技术手段，积累了海量的数据资源，

* 刘聪，博士，教授级高级工程师，江苏省自然资源厅厅长。

培养了大量的专业人才，为江苏经济社会高质量发展提供了有力的测绘保障和地理信息服务。

随着全省新一轮机构改革的逐步到位，测绘地理信息工作全面融入全省自然资源大家庭，步入一个新的历史时期，面临着更大的机遇，也将会发挥更大的作用。在这个大家庭里，测绘地理信息和土地、地质矿产、空间规划、海洋、林业等工作一样，犹如一朵花上的各个花瓣，瓣瓣不同却瓣瓣同心。“山水林田湖草”是一个生命共同体，陆海空全部国土的地理信息同样不可分割，我们一定要管理好、开发好、利用好地理信息这一战略资源。江苏测绘地理信息工作将以习近平新时代中国特色社会主义思想为指导，紧紧围绕江苏自然资源“优空间、护资源、促集约”的工作主线，奋力为自然资源集中统一管理做好服务保障，为经济建设、社会发展做好保障服务的法定职责，为服务保障全省高质量发展走在前列、加快建设“强富美高”新江苏做出新的更大贡献。

一　为行使“两统一”核心职责提供重要技术支撑

（一）围绕统一行使全民所有自然资源资产所有者职责，为自然资源摸清家底提供技术支撑

机构改革将土地、水、森林、草原、湿地等资源调查职责进行了整合，并赋予自然资源管理部门统一开展自然资源调查监测评价的职责。自然资源调查工作的主要任务，是要将各类自然资源调查统一到一个框架下，开展针对这些自然资源独特属性的专项调查，并开展自然资源综合监测试点、湿地界线调查试验等探索性工作。统一调查评价是自然资源监管的重要基础性工作，为解决长期困扰资源管理的政出多门、标准混乱、重复调查、权籍不明等问题夯实了基础，是自然资源集中统一管理的重要标志。

测绘地理信息部门已经开展的地理国情普查和常态化开展的地理国情监测工作，是掌握地表自然、生态以及人类活动基本情况的基础性工作，自然和人文地理要素的现状和空间分布情况，权威、客观、准确的地理国情信

息，是开展调查统计工作的重要数据基础。自然资源的调查监测离不开测绘地理信息成果和测绘技术手段，在测绘地理信息部门地理国情普查和常态化地理国情监测成果、基础测绘成果的基础上，充分整合利用水利、农业、林业等相关部门的专题调查监测数据，开展自然资源调查监测工作。

（二）围绕统一行使所有国土空间用途管制和生态保护修复职责，为国土空间规划编制提供“一张图”基底

生态环境问题，归根到底是自然资源过度开发、粗放利用、奢侈浪费造成的，要从根本上解决这一问题，就必须加强自然资源监管，特别是实施江苏全域国土空间用途管制，以统一、协调、权威的国土空间规划为依据建立空间规划体系，推行“多规合一”并监督实施。

在建立空间规划体系方面，测绘地理信息领域有先天的技术优势。首先，测绘地理信息给国土空间规划提供了一双“慧眼”。现代测绘技术已经被广泛应用于资源环境调查各方面，可以准确查清各类自然资源的空间分布，清晰界定全部国土空间各类自然资源的边界，基于全域覆盖、统一空间坐标基准的影像和矢量地理信息，依托地理信息系统整合各类规划空间数据，建立“多规”信息资源数据库，形成一张蓝图。其次，测绘地理信息给国土空间规划提供了一根“金手指”。测绘地理信息可以将资源环境承载能力基础评价和国土空间开发适宜性评价结果与现状地表分区数据叠加，并通过遥感影像解译、外业核查、地方实际核实等方法，划定生态保护、永久基本农田、城镇开发边界“三条红线”以及城镇、农业、生态三类空间，并将综合空间管控原则落实到三区、三线划定的空间分区单元。再次，测绘地理信息给国土空间规划工作提供了最强“大脑”。测绘地理信息在数据的采集、处理、维护、应用等方面都积累了丰富的经验，形成了一系列的技术规程、工作制度等，可以充分发挥空间地理信息平台建设的经验优势，搭建国土空间规划信息平台，集成整合跨部门、多领域的数据，对“多规”空间信息进行统计、分析和预测，并充分发掘平台应用功能，将其应用到规划的编制和管理、行政审批、监督执法中，从而实现规划编制更加科学，实施监管更加严格，技术手

段更加先进。进一步强化测绘地理信息的服务保障能力，基于统一的地理空间框架和信息化平台建设手段，借助时空基准、基础地理信息数据、空间分析方法、地理信息平台等辅助“多规合一”总体空间规划编制与应用服务中的关键技术，构建统一的国土空间管控底图、底线、底板，建设统筹“山水林田湖草”的自然资源空间基础信息平台，为国土空间规划编制提供“一张图”基底。

（三）为自然资源集中统一管理提供智慧服务

数字化、网络化、智能化已经成为经济社会发展的大趋势，智慧社会是对我国信息社会发展前景的前瞻性概括，管理决策智能化是智慧社会的题中应有之义。管理决策智能化的基础是用数据事实说话，用图形图像表达，做到可视化、动态化、实时化。测绘地理信息要发挥自身的先进技术优势，为自然资源集中统一管理提供越来越好的智慧服务。

信息化体系创新管理方式。一是搭建测绘地理信息大平台，为自然资源信息化管理提供平台支撑。依托现有的信息基础设施资源，搭建互联互通的云环境，为江苏省自然资源系统信息化建设提供技术支撑。二是建设时空地理信息大数据，为自然资源管理提供数据支撑和决策支持。一方面，通过整合基础地理信息数据、自然资源专题数据、智能感知、国土空间规划等时空数据资源，为江苏省自然资源大数据平台提供基础数据内容支撑；另一方面，时空地理信息大数据管理系统具备大数据挖掘与分析能力，能够获得数据背后有效可用的知识规律，为自然资源管理提供决策支持。三是整合信息系统，为自然资源管理提供能力支撑。通过整合现代测绘基准、多源数据实时获取与自动处理、测绘地理信息智能管理交换、测绘地理信息网络服务、测绘地理信息社会应用、测绘业务信息管理等信息系统，为江苏省自然资源系统“互联网 +”服务监管工作、自然资源全域业务信息化体系提供能力支撑。

“慧眼守土”创新监管手段。江苏“慧眼守土”以国土“一张图”为基础，融合视频监控采集、动态数据分析、实时实景监控技术，构筑起“天上

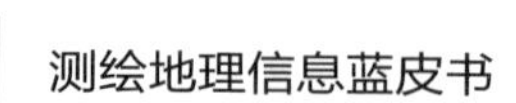

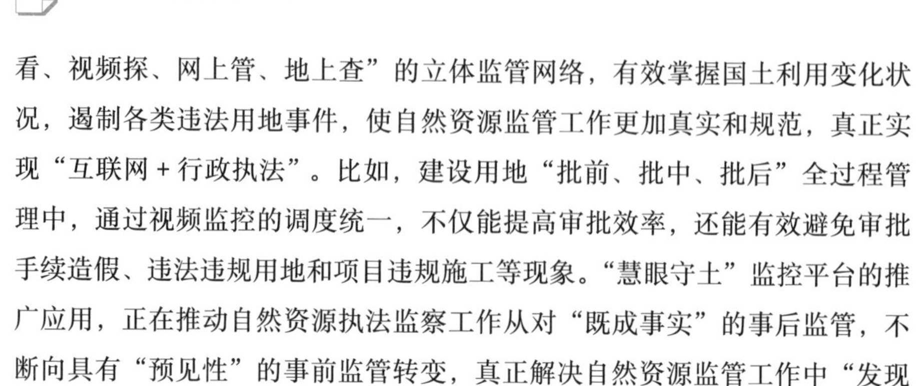

看、视频探、网上管、地上查”的立体监管网络，有效掌握国土利用变化状况，遏制各类违法用地事件，使自然资源监管工作更加真实和规范，真正实现“互联网+行政执法”。比如，建设用地“批前、批中、批后”全过程管理中，通过视频监控的调度统一，不仅能提高审批效率，还能有效避免审批手续造假、违法违规用地和项目违规施工等现象。“慧眼守土”监控平台的推广应用，正在推动自然资源执法监察工作从对“既成事实”的事后监管，不断向具有“预见性”的事前监管转变，真正解决自然资源监管工作中“发现难、制止难、查处难”的问题。

实景三维创新技术水平。实景三维特有的信息丰富、直观、可量、可算、可分析等特点，具备的可视化查询、分析、管理等优势，不仅能够实现自然资源管理方式的升维，创新自然资源统筹管理手段，还可以通过与物联网的拓展关联，实现复杂地理地形环境的层次描述，满足自然资源智能化管理需求，提升自然资源管理的技术能力和服务水平。一是构建测绘三维高精细地形数据库。提供空间精度更高、细节表达更强的三维地形数据，支撑包括流域分析、坡度分析在内的三维分析，实现自然资源管理方式的升维。二是构建覆盖陆地的三维地形景观。提供全域空间的三维底图和地理信息平台，为自然资源的智能化管理、规划、监督、决策提供基础。三是快速构建三维建筑模型。有条件的区域建设精细模型，城区、重点开发区域完成倾斜三维模型数据覆盖，通过“影像+模型”的方式实现对自然资源管理目标的实景可视化查询与分析。

二　为政府决策和社会治理提供高质量服务保障

（一）打造“智慧江苏”时空大数据平台

政府决策和社会治理需要通过大数据平台，提升政府决策和风险防范水平，提高社会治理的精准性和有效性。这个目标的实现首先需要收集、整理、整合、汇聚大量数据，构建时空大数据平台。江苏省 13 个设区市和超过 1/3 的县级市已完成数字城市地理空间框架建设，“智慧城市”时空大数

据平台建设也已全面铺开，市、县级自然资源管理部门的空间基准体系建设已基本完成，全省自然资源系统的空间数据已统一到2000国家大地坐标系。“智慧江苏”时空大数据平台作为国家、省、市、县多级平台建设的中心节点，可以有效整合省、市、县地理信息资源，推进全省地理信息资源的深度应用，支撑服务“一带一路”、长江经济带、长三角区域一体化等国家战略和“1+3”重点功能区、江苏沿海地区发展、苏南现代化建设示范区等省重大战略和重大项目的实施。打造“智慧江苏”时空大数据平台，当前要推进政府部门数据和行业企业数据的整合，中远期要研究和布局物联网，利用各种传感器实现各类数据的实时传送，为政府决策和社会治理的智能化提供重要的数据基础。

（二）打造地理信息公共服务平台

江苏省地理信息公共服务平台已建成1个省级节点、13个设区市节点和21个县级节点，为公安、交通等数十个系统提供服务，建设了260多个典型性示范应用。但是也存在一些不足，比如数据产品不新、不细、不全；宣传推广不到位，知晓度不高；功能单一，用户体验尤其是电子地图交互不够友好；省、市、县级节点资源统一管理不够；与行业资源的整合、共享不充分；面向公众的公益性服务较少，服务政府决策的差异化效应发挥不充分。为打造更加有效、有用的地理信息公共服务平台，这里建议，一是开展国家、省、市、县“天地图”数据集约化建设，丰富林草、土地、地质、矿产、海洋等元素，做到架构统一、风格统一，形成一个门户、一个品牌，发挥好平台向社会提供有效地理信息公共服务的作用，实现地理信息数据的开放共享和开发利用；二是推进基于“天地图”的应急资源“一张图”建设，实现基础地理信息和专业部门风险隐患、防护目标、队伍、物资等数据资源的空间化整合。

（三）打造测绘应急保障平台

江苏在全省布局了9个应急测绘保障基地，已经拥有一支100人组成的

队伍，全省应急测绘保障能力在应对“6.23”龙卷风冰雹特大自然灾害等实践中得到了检验。国家应急测绘保障能力建设江苏省节点将于2020年底基本建成，将形成国家和省级节点的网络和视频终端、无人机应急装备、技术人才、市县联动的工作机制。但测绘应急保障在全省应急保障体系中的角色地位还不够明确，测绘应急活动停留在测绘部门的自发和自觉，与实际应急保障中的作用不相适应；测绘应急保障内容比较单一，应急服务还停留在事前事后地理信息的获取、处理和提供上，系统性谋划、专业性拓展欠缺，缺乏灾害评估、监测、分析和预警等专业化服务。因此，需要加强能力建设，加快提升应急测绘保障综合服务能力，加强顶层设计，理顺工作关系，让主动服务有章可循、有名有分。

三　强化测绘地理信息监督管理，加大测绘地理信息公共服务力度

（一）强化地理信息安全监管

江苏省高度重视地理信息安全工作，深入推进全覆盖排查整治“问题地图”行动，突出涉密测绘成果的安全保密管理，规范测绘资质单位和测绘成果用户单位的涉密管理，不断提升从业人员的保密意识和水平。实践中也遇到一些问题，如对测绘地理信息企事业单位保密监管力度不强、办法不多；现有的非线性数据转换技术主要针对小尺度地理数据解密，对于城市大中比例尺数据的解密因变形过大，无法满足用户对成果空间精度的要求等。为此提出三点建议：一是尽快修订2003年版《测绘管理工作国家秘密范围的规定》，放开空间位置精度限制，按图层、要素和产品模式，明确相应的密级，居民地、道路、水系、地名、植被等要素尽量列入公开范围；生产更多的公开版测绘成果，做到该保的一定保住，该放开的尽量放开，在保守国家秘密的前提下拓展测绘成果的应用。二是推广实践中行之有效的1 ∶ 25万同名点套合纠偏的方法，发挥数字化成果精度受尺度影响较小的优势，既解决安全保密又满足精度要求。三是联合保密部门建立针对测绘地理信息海量数据的

涉密信息系统分级保护专业标准，解决涉密生产网络加载“三合一”或电子文档系统带来的生产效率过低、运行速度过慢的问题。四是会商保密部门，就测绘地理信息企业保密资质申报的通道和归类问题进行研究，为地理信息企业参与有关项目提供准入条件。

（二）促进地理信息广泛应用

江苏省测绘地理信息管理部门先后与18个厅局和部门、11个设区市签订了基础地理信息共建共享协议和项目合作协议，服务省委、省政府大数据建设和政务信息化建设，取得了良好效果。但也存在一些问题，如测绘地理信息成果利用率不高，影响成果使用的广泛性；基础测绘成果的产品形式与社会需求不对称，相反以地理信息核心要素为主要内容、以电子地图为表现方式的地理框架数据需求旺盛。这都迫切需要以供给侧结构性改革为导向，拓展延伸基础测绘产品模式，满足社会各方面对地理信息的需求。享受更精准、更高效、更便捷、更周到的地理信息服务，是人民美好生活需要的重要组成部分，必须紧贴大众需求，及时分析和准确把握人民群众多样化、多层次、个性化的地理信息需要，积极组织生产基础测绘公众版成果，以更多更好的地理信息产品和服务满足人民的期待。

（三）创新地理信息企业集群集聚发展

江苏这几年大力推进“互联网+地理信息”，不断提升地理信息产业发展水平，推动地理信息企业集群集聚发展，在全国首创“一中心四园区六基地”的地理信息产业发展格局。全省测绘资质单位数量1277家，地理信息企业总数达2100余家，从业人员6.8万余人，其中上市公司16家，2018年全省地理信息及相关产业年产值近630亿元，占全国地理信息总产值的11%，同比增长25%。但是，产业发展分布不均衡、多而不大、大而不强、企业同质化现象突出，缺少引领集聚的龙头企业。接下来，必须加强顶层设计，尽快研究制定对非测绘资质的地理信息相关单位切实可行的监管办法。进一步加大引导和扶持力度，有效促进地理信息产业健康发展。积极调动企业创新发展活力，鼓励高校、企业和专业团队强强合作，以科技创新为引领，实现科研、应用、产业孵化的无缝对接。

四　坚持以需求为导向推进供给侧结构性改革，深入推进新型基础测绘体系建设

（一）创新生产新型基础测绘产品

新型基础测绘产品形式应符合以下特点：一是适应新要求的统一数据规范和标准体系；二是适应需求的产品多样化、服务多元化、多样兼容性和内容现势性；三是反映需求特征的整合型数据产品，四是以地理实体为目标单元形成地理目标的“唯一身份证”，改变数据的生产、管理、更新、组织和应用开发。所以要作几个方面的调整和创新：一是在选取与分类方面，分级选取，分类管理，推出政务类、公众类基础地理信息产品；提高产品灵活性，积极开发历史数据、应急测绘保障、三维全景、地下空间及管线、水下地形、近海测绘、室内空间等多类型新产品。二是在尺度划分方面，实现“按需测绘”的要求，基于实体数据库实现满足多种比例尺需求的成果输出；实现核心要素与重点区域实时化、精准化更新。三是在表达形式方面，提供多样性基于多媒体的产品表达模式，特别是实现三维可视化模式；建立面向数据共享的资源管理数据库和数据协同交换平台，实现从“点对点”向“面对多”的平台服务模式转变。四是优化测绘地理信息专业队伍，提高支撑保障效能。自然资源部门组建后，来自土地、地质、测绘、规划等部门的测绘地理信息专业队伍，都归口同一个主管部门，有望按照自然资源工作的新使命、新需求进行优化重组，进一步激发事业单位活力和创造力，全面提升支撑保障的效率效能。从队伍规模上，通过横向整合，强化规模效应，压缩管理层级，壮大专业队伍；从队伍结构上，通过纵向联合，完善从数据获取、处理、分析到自然资源管理各专业应用的协同，实现优势互补；从数据资源上，通过加强统筹协调，优化资源配置，提高融合共享水平，进一步提高测绘地理信息资源的时效性和完整性。

（二）加快实现国家、省和市县级联动更新

国家、省和市县级联动更新的必要性毋庸置疑，“一个地理实体只测一次”是实现全国基础地理信息资源快速更新的重要途径，是新型基础测绘的重要特征，有利于解决经济社会发展对地理信息现势性越来越高的需求与传统基础测绘更新较慢、周期较长的矛盾，最大限度地避免重复测绘的问题。近年来实施的国家、省 1∶5 万与 1∶1 万数据库联动更新试点，以及江苏正在开展的省、市、县基础地理信息联动更新试点项目，从政策机制、技术储备等方面都为联动更新的全面实施积累了经验。江苏的联动更新选取了徐州、镇江、常州三个试点城市，技术方案由省统一制定，农村地区地理信息更新以省为主，城镇地区更新以地市为主，省、市两级财政共同投入。目前已完成试点项目的生产，形成了成熟的技术和机制，搭建了联动更新平台。建议从生产组织模式上，打破目前基础测绘分级管理、分级投入造成的政策壁垒，加大统筹协调力度，建立国家、省、市县分工协作机制，国家制定统一技术标准、流程，建立一盘棋的生产计划和数据维护机制，地方负责变化发现、变化采集和数据更新。经费保障上，以地方财政为主，国家加强补贴。技术保障方面，主要是加强实体编码技术标准、增量更新技术的研究，建立基于实体编码的时空地理信息数据库，建立统一的基础测绘数据协同更新、交换、共享的业务平台。

（三）加强航空摄影监督管理和统筹共享影像资源

从节省财政投入、避免重复测绘的角度，应该加大对航空摄影统筹共享的力度；从航摄影像是具有较高精度地理信息属性的特点来看，应该加大对航空摄影的监管力度；从自然资源和测绘地理信息部门拥有的影像资源数量和数据处理技术优势方面，也具备了有效监管和统一数据服务能力。《江苏省测绘地理信息条例》中明确规定：“使用财政资金购置卫星遥感测绘影像资料、进行基础航空摄影的，由测绘地理信息主管部门统一组织实施并提供成果”，这为江苏省的监管提供了法理依据。为实现有效监管和充分共享，首先

应加强法制建设，实现有法可依，有章可循。其次要筹划建立遥感影像数据管理机构，加强统筹能力，合理划分各级职责权限、强化统一管理。再次要建立遥感影像统筹平台，完善公共服务体系和基础设施，创新产品形式、服务方式，拓宽服务领域，发展基于网络的社会服务新模式，实现覆盖全社会、一站式的成果服务。

B.17
浙江创新测绘地理信息工作的思路与举措

盛乐山*

摘　要：随着地方机构改革的全面推进和顺利完成，测绘地理信息工作面临新形势、新挑战、新机遇。本文从新时代测绘地理信息工作如何更好地服务经济建设社会发展和生态保护的需求出发，分析了浙江省测绘地理信息工作面临的新形势、新挑战，提出了测绘地理信息工作要立足本职、切实增强依法治测的理念，着力加强行业管理、市场监管，切实做好基础测绘、丰富地理信息资源，强化公共服务、更好地服务政府、基层、企业、民生，尤其是要服务好自然资源管理和生态文明建设，切实发挥测绘地理信息基础性、先导性、服务性功能和作用。

关键词：浙江　测绘地理信息　基础测绘　自然资源　共建共享　市场监管

2018年3月17日，国务院机构改革方案在十三届全国人大二次会议获得通过，原国家测绘地理信息局全部职能融入新组建的自然资源部。在国务院机构改革方案出台7个月后，浙江省自然资源厅挂牌成立。根据《浙江省机构改革方案》，浙江省自然资源厅共整合了9个部门的相关职能，包括国土资源、海洋、发改、建设、水利、农业、林业、海港、测绘等。目前，全国省级机构改革已基本到位，此次机构改革，意味着测绘地理信息工作将站在

* 盛乐山，教授级高级工程师，浙江省自然资源厅党组成员、副厅长。

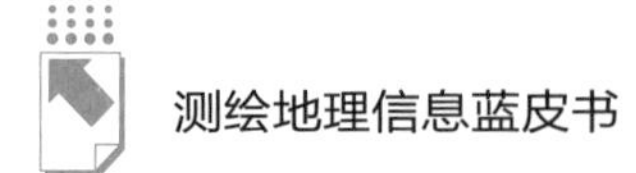

新的起点上，依照全新的定位，重整行装再出发。笔者结合浙江省自然资源厅成立以来测绘地理信息工作的实际，从三个方面谈谈如何做好新时代测绘地理信息工作。

一　测绘地理信息发展面临的新形势

测绘地理信息工作是国民经济和社会发展的基础性、先行性工作，服务经济建设、社会发展和生态保护的需求，这是其根本出发点。此次机构改革，组建自然资源管理部门，旨在系统性解决自然资源管理领域“多头分散、条块分割”的问题，建立健全从源头保护到末端修复治理的“全生命周期”管理体制，从根本上确保生态文明建设、自然资源管理优化协同高效，既改头换面，又脱胎换骨，是一次真正意义上的系统性、重构性改革。测绘地理信息成果和相关技术是自然资源调查、监测、评价，确权、登记、颁证，规划、管理、监督，保护、开发、利用和修复等的重要基础和有效手段。测绘地理信息全面融入自然资源管理，赋予了测绘地理信息工作新的使命，测绘地理信息工作将从原来为社会经济发展提供基础性保障，转变为围绕经济社会发展提供基础性保障，围绕自然资源“两统一”核心职责履行做好精准性支撑的双轮驱动，这是新时代赋予测绘地理信息工作的新使命、新机遇，也是新时代对测绘地理信息工作提出的新命题、新要求。

二　测绘地理信息工作面临的新挑战

近年来，在自然资源部（原国家测绘地理信息局）和浙江省委、省政府的正确领导下，浙江省测绘与地理信息工作紧紧围绕全省经济社会发展大局和省委、省政府中心工作，积极探索构建新型基础测绘体系，着力丰富基础地理信息资源；加快建立现代地理信息公共服务体系，大力提升服务保障能力和水平；不断强化测绘与地理信息统一监管，切实规范测绘与地理信息市场秩序，多项工作走在全国前列。尽管如此，对照新形势、新职能和新使命，我省测绘地理信息事业发展也正面临着前所未有的改变、前所未有的挑战，我们要清醒地看到存在的短板和弱项。

（一）服务自然资源能力不足

浙江省自然资源厅在“不忘初心、牢记使命”主题教育中总结了“五个不适应”，其中测绘地理信息工作也面临着法定职能变化、服务对象变化带来的不适应，改革后测绘地理信息业务整合到了省自然资源厅，但要打破只服务原来测绘地理信息群体的传统做法，亟须提升服务能力和服务水平。测绘地理信息工作既要在服务原有群体上继续作出努力，更要在服务自然资源管理上多下功夫，还要在契合自然资源相关业务的工作需求上练好内功，切实保障自然资源“两统一”职责履行，为统筹山水林田湖草系统治理提供基础和保障。

（二）管理体制机制创新不强

国家对基础测绘实行分级管理，省、市、县（市、区）分级实施不同分辨率基础航空摄影、不同比例尺基础地理信息资源更新等工作。但由于基础测绘工作的自身特性和专业性，决定了实施基础航空摄影时由于市、县（市、区）体量小、级别低，采购单价高、获取计划、成果质量难以保障；同时，省、市、县（市、区）以比例尺为划分，各自开展基础地理信息资源更新工作，对同一地理信息要素不可避免地要进行多次采集，造成资源浪费、效率底下。为此，要以这次自然资源部门系统性、重构性改革为契机，创新构建统筹协同、上下联动工作机制，例如：基础航空摄影、遥感影像获取、数字地面模型、数字高程模型等以省为主，数字线划图等以市县为主，减少财政重复投入，推进省、市、县三级基础地理信息资源协同更新。

（三）测绘成果应用深度不够

地理信息资源具有位置连接功能，通过全省覆盖、持续更新的基础地理信息资源，基于地理信息能高效精准地把全省与空间位置相关的数据进行有效集成、整合，从而更好地推进公共数据资源开放和基础数据资源跨部门、跨区域共享应用。通过结合大数据、云计算、人工智能等信息技术可在城市管理、社会治理、民生保障、公共服务以及市场监管等方面有效提高政府管理能力和社会公共服务水平，实现政府、社会数字化转型。目前，测绘地理信息工作主要还是以传统成果应用为主，成果作用还没有得到充分挖潜，更没有发挥出地理信息资源位置连接优势。

（四）测绘相关技术保障不力

测绘地理信息相关技术创新还不够有力，推进测绘地理信息转型发展的思想认识还有待进一步深化，具体措施还不够到位；科技创新活力不足，重大科研成果不多，企业作为技术创新主体的地位和作用还没有得到充分发挥。测绘地理信息技术发展和创新应用省市之间、地区之间极不平衡，省级及杭州、宁波等部分设区市技术能力强、实施经验丰富、成果质量好、成果应用充分；而大部分市县尤其是县（市、区）缺乏专业技术人员、大项目管理能力及经验，仅仅停留在传统基础测绘数据更新上，在技术保障上的能力严重不足。这导致主动开展基础地理信息资源建设意愿不足、思路不宽、办发不多，服务保障经济社会发展、自然资源管理的作用发挥得还远远不够。

三　创新测绘地理信息发展的新思路

（一）依法治测，全面提升法治建设水平

全面依法治国是坚持和发展中国特色社会主义的本质要求和重要保障，测绘地理信息工作的转型发展要于法有据、依法治测。2019 年 3 月 28 日，新修订的《浙江省测绘地理信息条例》（以下简称新《条例》）经浙江省第十三届人民代表大会常务委员会第十一次会议通过，并于 2019 年 5 月 1 日起施行。新《条例》在“放管服”和“最多跑一次”改革，基础测绘省、市、县（市、区）分级管理和统筹协调，地理国情监测和应用，综合测绘，测绘地理信息

项目招投标管理，地理信息共建共享，地理信息产业促进，地图管理等方面，总结了很多前些年的创新做法，把实践证明是成功的、适合浙江实际的创新做法和经验上升到法律层面，进行了很多制度性改革和创新，具有明显的浙江特色，为促进浙江省下一阶段测绘地理信息事业的发展，保障测绘地理信息事业为经济建设、社会发展和生态环境保护服务，维护地理信息安全提供了法律准绳。

下一步，浙江将以新《条例》全面贯彻实施为重点，营造竞争公平有序的测绘地理信息市场环境，审批事项该放的要坚决放下去、监管工作该严的要切实严起来、成果质量该实的要真正实起来，切实提升依法履职能力，筑牢测绘地理信息事业发展的法治基石；进一步健全测绘地理信息行政管理体制，确保新《条例》确立的各项职能依法履行到位。加强政府规章及规范性文件的“立改废释”工作，确保与新《条例》相适应。同时，要加大普法力度，落实“谁执法谁普法”的普法责任制，坚持系统内普法与社会普法并重，创新普法方式方法，增强法治宣传实效，切实提高干部职工、行业单位和社会公众的依法治测的意识。

（二）省市统筹，夯实地理信息资源基础

2017 年 3 月，浙江省政府办公厅下发《关于开展全省山区 1：2000 测图和地表精细模型建设工作的通知》（浙政办发函〔2017〕7 号），为进一步丰富基础地理信息资源，加快数据强省建设，决定开展全省山区 1：2000 测图和地表精细模型建设工作，航空影像获取、数字正射影像图和数字高程模型制作工作已于 2018 年底完成。为进一步构建 1：2000 比例尺地理信息资源常态化更新机制，2018 年 8 月，浙江省政府办公厅下发《关于开展全省 1：2000 比例尺基础地理信息资源更新工作的通知》（浙政办发函〔2018〕37 号），浙江省打破了原有的基础测绘分级管理体制的模式，按照“省级统筹、市县协同，按需施测，联动更新”的原则，全省统筹组织开展 1：2000 比例尺地理信息资源建设工作。其中，省厅负责航空影像获取、数字正射影像图和数字高程模型更新，各市、县（市、区）局负责数字线划图更新。同时，建立了

1：2000比例尺地理信息资源动态更新机制，从2019年开始，按照城镇、农业2年更新一次，生态空间5年更新一次，每年将完成全省1/3面积以上区域的航空影像获取、正射影像图制作、数字高程模型更新和数字线划图更新工作，加快更新频率，有效保证资源现势性，切实保障了经济社会发展和自然资源管理对高精度地理信息资源的需求。

为提升遥感影像资源获取效率、降低成本、提升质量，浙江省将进一步完善省、市、县（市区）航空航天遥感影像获取统筹机制，加快重点区域数据获取频次。按照“省市统筹，分级投入，资源共享”的原则，实现优于2米和优于1米的地面分辨率航天影像全省每年按需覆盖多次，0.5米地面分辨率航天影像全省每年覆盖1次；优于0.2米地面分辨率真彩色航空影像各设区市重点区域每年覆盖1次，其他区域每两年至少覆盖1次。确保影像资源满足自然资源调查监测，国土空间规划编制，用途管制，生态修复，自然资源开发利用，登记颁证和监督监管，地质灾害调查、防治以及抢险救灾等工作的需要。

（三）需求导向，服务经济社会发展大局

开展基础测绘、做好地理信息资源建设的目的在于应用。一切基础地理信息资源建设工作都要遵循“边实施边应用”的原则，近年来，浙江的基础地理信息资源已广泛应用于自然资源调查、国土空间规划、防灾减灾、应急保障和地方经济社会发展。但目前各行业主要还是将资源作为各类底图使用，成果应用的深度仍不足。

下一步，一要全面服务省委、省政府和自然资源管理工作。要强化基础地理信息资源公益性服务战略定位，充分发挥地理信息公共服务平台的基础性作用，主动契合需求、超前谋划，服务全省重大工程实施。要按照“最多跑一次”改革要求，进一步优化政务地理信息资源采集共享平台，完善工作机制，优化共享内容，提升数据质量，推进成果应用。要围绕乡村振兴战略，充分利用已有各类成果，实施乡村振兴测绘工程，为加快推进农业农村现代化提供坚实支撑。要围绕大湾区、大花园、大通道、大都市区等重大建设，

整合地理信息资源，优化地理信息服务，为“四大”建设提供更加精准的支撑保障。要围绕生态文明建设，为国土空间规划编制、生态保护红线划定、加强生态环境监管、强化领导干部自然资源资产离任审计等重大决策部署提供服务保障。二要持续深化资源共建共享。认真落实浙江省促进大数据发展实施计划和打造“数据强省、云上浙江”的要求，统筹“天地图 · 浙江”、数字城市、智慧城市建设，加快推进省、市、县（市、区）地理信息“一张图”建设，推进空间地理大数据库示范试点。继续深化与大数据管理局等政府部门、单位的业务协作，聚合各类政务地理信息资源，加快推进跨部门、跨层级信息开放共享，辅助实现政府决策科学化、社会治理精准化、公共服务高效化。积极加强与相关部门的协调沟通，统筹推进北斗导航等测绘基础设施共建共用，合作开展基础地理、航空航天遥感、海洋测绘等信息资源的联合获取，互通成果信息，深化共享应用。

（四）围绕大局，开创应急测绘保障新局面

通过《浙江省省级基础测绘现代化技术装备建设规划》实施和国家应急测绘保障杭州基地建设，浙江省的应急测绘已配备了多种型号无人机、大型航摄仪、三维激光扫描车、背负式激光雷达测绘机器人、多波束测深仪等设备，形成了覆盖空、天、地、海的全天候立体协同数据获取能力和海量多源数据高效处理能力。配备了卫星通信车，实现了远程数据传输和视频通信，建设了浙江省突发事件应急地理信息云平台，可以实现应急事件管理、人员车辆跟踪定位、多方实时视频、指令发送、信息汇报等。在地理信息的基础上，融入实时交通、气象等信息，实现远程指挥，可以为应对突发公共事件和自然灾害提供有效的应急测绘保障。

下一步，浙江将继续健全省、市、县（市、区）联动的应急测绘保障机制，完善应急测绘保障预案，构建事前预防、事发应对和灾后重建的应急测绘保障体系。加快配备现代化应急测绘装备，全面提升应急测绘实时化、自动化、智能化、网络化水平，进一步提高应急测绘服务保障能力。同时要助力日常防治工作，为全省地质灾害防治工作提供更直观、更精准的基础地理

信息数据资源，保障有关部门科学高效地开展地质灾害监测预警、综合治理、风险评估、应急处置等工作。

（五）服务民生，推进“最多跑一次”改革

近年来，浙江省扎实推进“最多跑一次”改革，重点推进网上审批工作，以数据资源共享互通为支撑，进一步精简审批事项、优化审批流程、简少审批材料，已全面实现涉及测绘行政事项全网上办理。2018 年 10 月，经省政府同意，原浙江省测绘与地理信息局印发了《关于深化“最多跑一次”改革 加强全省卫星导航定位基准服务系统管理工作的通知》（浙测［2018］67 号），提出按照“统筹规划、分级负责、按需服务、保障安全”的原则，建成全天候、高精度、高并发、大容载的全省卫星导航定位基准系统，为政府、企业和社会公众提供实时亚米级导航定位服务，为专业用户提供实时厘米级、事后毫米级定位基准服务。并从 2019 年 1 月 1 日起，实行全省网上申请注册和免费开放服务。接下来，浙江将进一步加强卫星导航定位基准服务系统的建设、运维和管理，推进北斗卫星导航系统应用深化，提升全省卫星导航定位基准服务能力和水平，真正释放改革红利。

为加快推进建设工程项目审批进度，2018 年 1 月，原浙江省政府审批制度改革领导小组办公室、原省测绘与地理信息局等部门联合下发了《关于全面推进建设工程项目联合测绘改革的实施意见》（浙测［2018］4 号），建设工程行政审批所涉测绘项目实施“综合测绘”，公开竞争、择优选择、成果共享，有效破除垄断，提高建设项目的审批效率和服务质量。后续，将加快推进建筑工程综合测绘改革，在 2019 年底前基本完成工程建设项目综合测绘改革，服务事项全网上办理，服务效率提升 30 个百分点以上，服务收费降低 30%以上。按照浙江省持续深化权力清单制度改革要求，浙江省自然资源系统进一步规范测绘地理信息行政审批办事流程。同时，浙江省将进一步深化涉及测绘地理信息行政审批事项“网上办”“掌上办”，进一步精简审批材料，打破信息孤岛，实现数据共享，加快推进行政审批事项移动端建设，办事更多依靠“网络跑”和“就近跑一次”，实现政务服务标准化、法治化。

（六）注重信用，提升行业市场监管新水平

市场经济的基石是信用，市场经济是信用经济，社会主义市场经济同样也是信用经济。建设社会信用体系是发展社会主义市场经济的必然要求。测绘地理信息行业亦不例外，行业要健康发展，离不开信用体系建设。

下一步，浙江将持续加强事中事后监管，统筹测绘资质、质量、成果、地图管理“双随机一公开”抽查，进一步完善全省测绘与地理信息综合监管服务平台建设。全面落实“红黑名单”制度，不断完善以信用建设为核心的新型市场监管机制。完善测绘与地理信息成果质量管理体系，加强质量监管，加大法定检验力度，依法查处违法违规行为。深入贯彻国务院“放管服”决策部署，加大简政放权力度，转变市场监管模式，引导测绘资质单位向新业态、新服务、新技术领域发展，促进测绘单位优化升级，培育新市场新动能，促进行业持续健康发展。深化全覆盖排查整治“问题地图”专项行动，持续保持高压态势，加大互联网地图监控力度，依法查处存在损害国家主权、泄露国家秘密等严重问题的地图，维护国家安全和利益。

（七）大胆谋划，推进新型基础测绘体系建设

以需求为导向，推进测绘地理信息供给侧改革，积极探索构建新型基础测绘体系，是推进基础测绘转型升级、创新发展的重要抓手。2018 年 10 月，原浙江省测绘与地理信息局下发了《浙江省新型基础测绘体系建设实施方案》（浙测［2018］65 号），明确从测绘基准体系、业务流程体系、测绘产品体系、技术支撑体系、质量控制体系、组织管理体系等方面开展新型基础测绘体系建设。

下一步，浙江省将以提高基础测绘生产效率和服务能力为目标，从业务、技术、产品、服务和质量管理体系等方面开展相关生产试验和课题研究。逐步探索建立基于地理实体的数据采集模式，不断健全基础测绘省、市、县（市、区）分级负责、信息逐级推送的联动更新机制，逐步调整、合理划分基础测绘事权；深化新型基础测绘试点，力争在产品、技术、模式、效率等方面实现新突破。进一步完善全省陆海统一的现代测绘基准体系，整合基准站

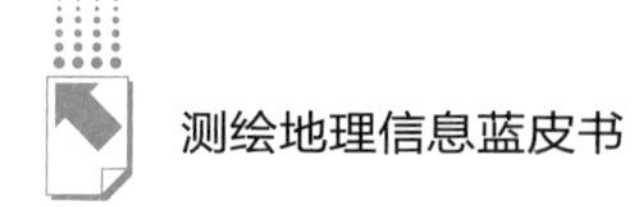

网资源，实现安全升级改造；进一步拓宽遥感影像资源，提升影像快速处理能力，加快成果提供速度，推进成果深化应用。围绕经济社会发展、政府治理、公众服务的新需求，不断扩展基础地理信息内涵，增加政府关注、社会需要、民生关切的要素和属性。创新基础测绘产品形式，实现快速提供多层次、多形式、多元化产品和服务。

（八）科技创新，增创地理信息产业新动能

目前，浙江省地理信息产业普遍存在规模偏小、技术偏弱、人才短缺、创新不足的短板，地理信息企业以传统基础测绘数据采集生产为主、项目以地方政府投资为主。尤其是在县（市、区）的地理信息企业，人才供给不足，规模弱小，企业缺乏核心技术和产品。地理信息产业主要分布在产业链的中上游，生产以数据采集等劳动密集型为主。

浙江省第十四次党代会提出“四个强省”“六个浙江”“两个高水平”宏伟目标。在“四个强省”中就包括创新强省、人才强省。同样，地理信息产业也要按照“四个强省”的工作导向，突出创新强省、人才强省、开发强省，实施创新驱动发展战略，紧紧抓住科技创新这个牛鼻子，把科技创新作为主战场，在理念、机制、模式、方法上全方位、多层次、宽领域进行创新。要积极顺应产业创新格局的新趋势、新变化，以集群为载体，以行业为依托，优化配置科技创新资源，促进“地理信息 +”“大数据 +”“人工智能 +”等产业的有效融合，充分发挥市场机制的作用，使企业真正成为科技创新的主体。

B.18
海南测绘地理信息工作的总结与展望

王冬滨*

摘　要：海南测绘地理信息工作面临机构改革和海南省自贸区（港）建设两大发展新机遇和挑战。如何快速转换角色融入自然资源大家庭，加强服务能力建设，为自贸区（港）建设提供地理空间信息基础设施保障，成为海南测绘地理信息局首要课题。本文主要围绕履行自然资源部“两统一”职责、助力生态文明建设、强化省级服务和落实法制等方面，总结了近几年海南测绘地理信息工作。并对进一步全面融入自然资源改革发展大局，围绕省委、省政府重点工作构建公益性保障服务体系，全面推进测绘地理信息事业快速发展进行了展望。

关键词：测绘地理信息　国土空间规划　空间管控　影像统筹　自贸区

2018 年 3 月，中共中央印发《深化党和国家机构改革方案》，将测绘地理信息行业并入自然资源大家庭，全面服务于自然资源部“统一行使全民所有自然资源资产所有者职责，统一行使所有国土空间用途管制和生态保护修复职责”，这成为测绘地理信息事业布局和统筹发展的方向。2018 年 4 月，在庆祝海南建省办经济特区 30 周年大会上，习近平总书记发表重要讲话强调“党中央决定支持海南全岛建设自由贸易试验区，支持海南逐步探索、稳步推进中国特色自由贸易港建设”。多重的历史机遇，赋予了

*　王冬滨，海南测绘地理信息局局长、党组书记，高级工程师。

海南测绘地理信息在新时代改革中更多的责任与担当。本文主要从海南测绘地理信息局履行自然资源管理职能、助力生态文明建设、强化省级服务和落实行业法制等方面，介绍近些年来海南测绘地理信息的相关工作。

一　立足本职履职能，抓住机遇促改革

2018 年 3 月，《深化党和国家机构改革方案》将测绘地理信息并入自然资源部，“统一行使全民所有自然资源资产所有者职责，统一行使所有国土空间用途管制和生态保护修复职责”成为测绘地理信息事业新的工作目标与发展发向。如何在较短的时间内转变观念、转换工作方式，快速融入自然资源新体系，成为全国测绘地理信息行业面临的重要课题。

在“统一行使所有国土空间用途管制”方面，我局早在 2015 年就进行这方面的工作。2015 年 6 月，中央深改组同意海南省就统筹经济社会发展规划、城乡规划、土地利用规划等开展省域“多规合一”改革试点。海南省委、省政府紧密部署，迅速成立海南省加快推进“多规合一”领导小组，我局作为领导小组成员全程参与了改革试点。整个试点过程，是测绘地理信息与空间规划领域的交融。规划领域借助测绘地理信息提供的空间大数据和空间数据库技术，使工作底图更加精准，内容和层次更为丰富，相较图件文本，使用更为便捷。在规划过程中引入空间统计分析和多样化的计算模型，使规划指标更加量化和精细，也大大提升了整个规划工作效率。试点整合集成了 10 余个厅局 49 类涉及空间信息的规划，数据量达 6TB。梳理并化解了 72.1 万块矛盾图斑，形成了包括规划用地类和规划管控类共 14 个数据图层的总体规划“一张蓝图”成果。为保障总体规划成果在省级层面迅速推广应用，构建了海南省“多规合一”信息综合管理平台，向各厅局和市县提供总体规划成果数据共享服务和功能应用服务，使所有涉及空间规划编制和实施管理在统一的平台上开展工作。2018 年 4 月，习近平总书记听取了平台汇报，对试点改革成果表示了肯定。

通过深入参与“多规合一”改革试点，从规划的角度去重新认知空间地

理信息数据的规划属性，了解规划编制的技术需求和工作流程，对于对接自然资源部确立的“四梁八柱”的国土空间规划体系大有裨益。下一步，要充分发挥前期技术积累的优势，促进“多规合一”技术体系向“国土空间规划”技术体系转化，在全国统一的步调下，继续深化改革，为国土空间规划提供优质的测绘地理信息服务。

在“统一行使全民所有自然资源资产所有者职责”方面，近几年我局与审计行业开展了深入合作，共同开展了领导干部自然资源资产离任审计的探索和试点工作，从领导干部层面核查自然资源资产的管理权益。双方多次组织技术交流会，尝试将现代测绘地理信息技术融入审计过程和审计事项中，促使自然资源审计从传统的纸质化、表格化向数量化、空间化转变，同时在审计过程中借助多时效的地理信息数据，为审计举证提供实例。根据确定的创新思路，双方合作搭建了“一库、一内、一外”三位一体架构格局的海南省领导干部自然资源资产离任审计平台。“一库”集成了海南自然资源数据和审计信息数据，“一内”通过算子策略满足不同需求的审计空间大数据分析，“一外”提供基于政务外网的审计作业平台。平台在森林资源、水资源、矿产资源等方面开展了试点，大大提升了自然资源审计的信息化、智能化水平，节约了大量外业核查成本，已在全省审计系统进行了全面推广使用，并多次向国家审计署领导汇报，得到认可。

“多规合一”和领导干部自然资源离任审计只是我局全面履职和参与改革的一个缩影和出发点，在未来的工作布局中，我们要加快新型基础测绘转型升级、地理信息公共服务平台深化应用、海陆统筹融合发展，以使测绘地理信息更好地服务于社会经济发展。

二　创新科技提能力、空间管控新举措

党的十八大以来陆续出台《关于加快推进生态文明建设的意见》《生态文明体制改革总体方案》等40多项生态文明建设改革方案，生态文明建设成为关系中华民族永续发展的根本大计。中共中央国务院《关于支持海南全面深

化改革开放的指导意见》要求加快生态文明体制改革，提出海南要建设国家生态文明试验区，为推进全国生态文明建设探索新经验。在中共中央国务院发布的《关于建立国土空间规划体系并监督实施的若干意见》中，提出“科学布局生产空间、生活空间、生态空间，是加快形成绿色生产方式和生活方式、推进生态文明建设、建设美丽中国的关键举措”，国土空间规划体系的建设和实施管控成为保障生态文明建设的重要途径。

我局在“多规合一”改革试点后，将全面服务于国土空间管控和生态文明建设作为主要事业方向。创新思路，转变观念，十分重视国家与海南省委、省政府交办的空间规划管控相关任务，包括海南省生态保护红线区专项督察、海南省海岸带保护与开发专项检查和海南省深化生态环境六大专项整治行动计划等，深入思考各类空间管控督察的需求、管控目标、工作机制和整治措施等，提出了基于测绘地理信息的空间规划管控创新体系。

这一创新思路，是形成“变化发现—任务下发—现场核实—整改监测”的督察模式，其中“变化发现”部分充分借助现代遥感技术，通过多时相的遥感影像数据，利用机器学习、目标识别和变化发现等技术手段实现变化目标的自动识别，从而全面提升违规目标的精准性，降低全面外业普查的工作量，有的放矢地开展管控工作。针对整个督察过程，构建了信息化体系，包括科学管理每一个违规图斑的台账系统和野外核查的平板系统，通过信息化装备的提升提高工作效率，使违规案例可督察、可追踪、可回溯。

利用形成的工作模式，在生态保护红线区专项督察工作中，针对生态保护红线区内探矿采矿、小水电建设、规模化种植养殖、基础设施建设、工业及房地产开发、围填海及农林场（农村）居民点建设等情况，利用遥感变化监测技术进行调查摸底，建立生态保护红线区开发建设底账，由各市、县负责在现场核实违规违法信息，并通过移动端回传至信息管理平台。通过此次专项行动，累计发现疑似图斑 4861 个，核实 2282 个，并持续进行整改情况的监测。为配合海南省深化生态环境六大专项整治行动计划，充分利用地理国情普查成果和遥感影像数据查找违法用地和违法建筑，使整个“两违”整治工作有的放矢，大大提高了专项整治行动的效率。

为保障创新的规划管控督察模式顺利实施，我局布局谋划了海南省遥感数据统筹获取体系，基本实现了全岛国产卫星数据季度覆盖、优于1米遥感卫星数据半年覆盖和特殊区域及时获取，提升了遥感数据处理软硬件设备应用水平，利用多节点遥感数据处理系统，基本实现了正射影像产品的实时处理。所形成的正射影像产品无偿向省政府各部门提供。

三　服务地方助发展，自贸区（港）建设献力量

海南测绘地理信息局作为自然资源部派出机构，除履行自然资源部赋予的职能外，更承担着服务地方经济发展的任务。我局在继续深化服务“多规合一”契机之下，积极投入海南“数字岛、智能岛、智慧岛”建设中，为智慧城市大脑建设提供测绘地理信息基础设施。

2016年，海南测绘地理信息局负责承建海南省政务地理空间大数据平台，旨在实现政务空间数据资源权威共建、统一管理、动态更新、一张图展示；构建云服务平台，通过空间化、可视化、分析挖掘、移动终端等全链条的空间信息服务能力；形成“让数据跑路、用数据治理”的服务手段，支撑各级政务部门开展各类政务空间地理大数据专题应用，助力政务地理空间大数据信息挖掘运用，提升政府治理和公共服务水平。

目前，已初步形成《海南省地名地址数据标准》、《海南省政务地理空间基底数据标准》和《海南省政务地理空间数据更新、共享交换及发布标准》等3部标准规范初稿，共享交换标准将争取通过人大立法，成为政务地理空间大数据平台常态化运行的法律支撑。在统一标准的支撑下，初步形成全省统一、权威、标准地名地址时空数据143万个，解决了行业专题数据快速空间化上图问题，具备了“万物关联”的基础；完成了交通、水系、房屋院落、教育机构、医疗机构等13大类、37中类、157小类政务空间基底数据的整合，形成政务地理空间大数据一张图，解决了数据空间位置不准确、自身矛盾、跨部门不一致等问题；完成了国土、交通、林业、农业、水务、气象、教育、民政、环保、旅游、医疗等16类行业专题数据的空间化和标准化。在此基础

上，搭建了集数据管理、数据展示、数据挖掘、数据应用为一体的大数据云服务平台，通过提供拖拽式的分析挖掘模型、可视化构件，实现业务场景快速搭建，从而为深化行业应用提升了多源地理空间数据分析挖掘能力。

海南省政务地理空间信息大数据平台的建设改变了传统被动式、填鸭式的服务，通过深入剖析社会经济发展的实际需求，按照信息化基础设施的概念开展建设，并随着社会化应用的不断深入而完善提升，形成良性的信息服务生态圈。目前，已持续为省综治办、工信厅、扶贫办等22个厅局提供包括影像、电子地图、专题地图等140项数据及功能接口服务，并依托平台开展了“房—企—人”一体化管理、海口市教育资源供给专题服务、“多规合一”建设项目选址规划等数据空间挖掘分析场景，进一步深化了行业应用。

在全省“弘扬特区精神，扛起责任担当”活动中，我局主动作为，率先为中国（海南）自由贸易试验区的集中展示区——海口江东新区，建立了空间信息化度底板，构建了江东新区规划建设基础数据展示系统，提供高分辨率的遥感影像、102千米主要街道街景影像、39处重点区域360度航飞全景图等遥感数据，集成了江东新区目前的自然资源、开发建设、基础设施建设、两违及动迁、生态环境、社会环境、现状规划等信息，全方位展示了新区自然资源地理概况，为海口市江东新区的科学规划和快速发展提供了信息支撑。

四　推动立法保安全，转型升级强事业

立法工作是规范事业发展的根本保障，建立地方性法律法规，有助于引领、推动和保障海南测绘地理信息事业健康、稳定发展。海南省于2006年实施《海南省实施〈中华人民共和国测绘法〉办法》，而上位法《中华人民共和国测绘法》于2017年进行了修订，海南省现行的办法部分内容已与上位法不相符合。同时，海南省自贸区建设的实际需求与自然资源管理对测绘地理信息工作提出了新的要求。为此，我局及时启动了《海南省测绘地理信息条例》的编制工作。

新起草的《海南省测绘地理信息条例》坚持“加强共享、促进应用”“统

筹管理、提升服务”“规范监督、强化责任”“简政放权、放管结合”的基本原则，突出保安全、强改革、促发展、重特色的重点内容，切实维护国家地理信息安全，积极推动测绘地理信息事业转型升级，大力激发地理信息产业活力，充分体现了海南省测绘地理信息工作特色。修订的内容一是确保全面落实上位法内容在海南的施行，废旧立新，保障法律体系内部统一，上下一致；二是确保应对深化行政审批制度改革贯彻“放管服”“不见面审批”改革精神，细化制度调整，深化简政放权；三是确保体现海南特色，将海南省的创新实践经验总结为地方性法规制度，把好立法关，保障海南测绘地理信息地方性法规的可操作性和可执行性。

《海南省测绘地理信息条例》适应新时代、新要求，着眼新使命、新任务，充分贯彻上位法，紧密结合海南省自贸区（港）实际，落实全面深化改革新要求，对航空航天遥感影像统筹获取、卫星导航定位基准站建设、竣工验收联合测绘、地理信息共建共享、测绘地理信息市场信用管理等做出一系列具有针对性和可操作性的规定。同时，顺应“放管服”改革简政放权、服务便民趋势，对招标投标监管、成果质量监督等事中事后监管也提出明确要求。条例于2019年7月29日经海南省六届人大常委会第十三次会议审议并全票通过，并于2019年9月1日起施行，标志着全省测绘地理信息法治建设迈上新台阶。

五　结语

近些年，海南测绘地理信息局在改革的先行区进行了有益的探索，取得了一些成绩，但与全面深化改革的要求，还存在一定的差距。我们要加快推进测绘地理信息事业快速发展，全面做好自然资源要素获取、监测和分析，提升基础履职能力，深入参与自然资源确权登记和用途管控工作，快速融入自然资源管理体系；作为派出机构，继续做好省部合作的桥梁，以省委、省政府重点工作和重大工程需求为指导，加强地理空间信息基础设施的建设和经济社会保障服务能力建设。

B.19
陕西测绘地理信息服务自然资源管理的思考

杨宏山*

摘　要：本文从陕西测绘地理信息局全面融入自然资源管理工作实际出发，深入分析我国自然资源管理的现状与新形势，明确陕西测绘地理信息服务自然资源管理的核心职责，并从基准建设、标准统一、制度支撑、业务服务等方面，总结当前陕西测绘服务自然资源管理的初步实践，最后从提高服务能力、提升服务效能、深化服务内容、提高服务水平、发挥服务优势5个方面阐述未来重点工作内容，为陕西测绘地理信息服务自然资源管理的工作明确了方向和主要任务。

关键词：陕西测绘地理信息局　自然资源管理　“两统一”职责

一　引言

自然资源是在一定的时间和技术条件下，能够产生经济价值、提高人类当前和未来福利的自然环境因素的总称。从资源属性方面看，自然资源为经济社会发展提供物质基础和空间载体，对其进行管理，需注重资源数量、空间分布和生态保护等，这就需要测绘地理信息提供技术支撑。70年多来，测绘地理信息事业从最初的建立国家大地控制网、水准网和重力基本网，获取

* 杨宏山，硕士，陕西测绘地理信息局党组书记、局长，高级工程师，长期从事与摄影测量与遥感相关的业务管理与研究工作。

国家基础航空摄影资料，测制和更新国家基本比例尺地形图，逐步发展到当今的建立三维、动态、地心、几何基准与物理基准统一的现代测绘基准体系，基本建成全国卫星导航定位基准服务系统，建成基础地理信息数据库并不断更新，发射系列高精度立体测绘卫星，开展地理国情监测、全球地理信息资源建设。测绘地理信息事业的蓬勃发展，为我国经济社会的发展提供了坚实的数据保障与支撑。

自然资源部组建后，测绘地理信息工作已成为自然资源管理工作整体布局的重要组成。面对机构改革及职能职责变化新形势，国内众多专家学者纷纷从法律法规、宏观政策、行业应用等方面进行了研究，如周卫等立足地理信息技术发展背景，分析了我国地理信息数据获取、处理及共享应用等一系列政策法规的适应性；乔朝飞探讨了机构改革后测绘地理信息工作的发展方向与主要业务；张志刚等基于3S技术并利用GIS与GNSS相结合的方法进行外业调查、建立并及时更新数据库，揭示了建设自然资源一体化监测调查体系的必要性与可行性；郭一珂等通过分析矿产资源管理中存在的业务运行松散、多头管理等问题，提出了业务指标优化方向。这些研究对理解自然资源部组建、政策制定、机构划分等内容提供了思路，但缺乏具体的践行举措。

基于此，陕西测绘地理信息局（以下简称“陕西测绘局”）紧密围绕自然资源部职责履行，深入分析我国自然资源管理现状与面临的新形势，并立足单位实际，展开陕西测绘地理信息服务自然资源管理的思考，总结当前的初步实践举措，提出未来工作重点，旨在为其他外派机构、各省自然资源相关部门理清服务思路提供指引，也为在自然资源管理中更好地发挥测绘地理信息服务的作用提供有益的参考。

二　形势分析

新中国成立以来，因所处历史时期及任务不同，自然资源分属不同部委管理，政出多门、监管乱等现象突出，进而致使自然资源的开发利用与保护监管存在缺位或冲突问题，自然资源的保护与合理利用受损。其次，自然资源管理主要表现为资源管理而非资产管理，自然资源的资产属性未充分体现，自然资源资产所有者职责没有明确，权利真空造成国有自然资源资产流失。最后，国土空间用途管制处于多、散、乱的“九龙治水”态势，各自为政、依据（标准）不一、权责不清等现象时有发生，致使空间规划在具体落实中大打折扣甚至无法执行。这些问题及现象的产生，除体制机制不健全的因素外，还与全民所有自然资源资产的所有权人不到位、所有权人权益不落实有关。

针对上述问题，党的十八届三中全会通过的《中共中央关于全面深化改革若干重大问题的决定》提出健全国家自然资源资产管理体制要求，按照所有者和管理者分开、一件事由一个部门管理的原则，落实全民所有自然资源资产所有权，建立统一行使全民所有自然资源资产所有权人职责的体制，解决自然资源所有者不到位、空间规划重叠等问题，实现“山水林田湖草”整体保护、系统修复、综合治理。自然资源部的组建，进一步从组织机构方面，为全面解决当前自然资源管理方面的问题、统筹监管“山水林田湖草”提供保障。

新时代造就新形势，新形势形成新常态，新常态促进新发展。当前形势下，自然资源管理对测绘地理信息提出新的任务与要求。

（一）新形势带来新任务

2018 年 3 月，中共中央印发了《深化党和国家机构改革方案》，组建自然资源部，测绘地理信息融入自然资源大格局。将当前的工作队伍、数据成果和技术装备深度融入自然资源管理工作，为履行“两统一”职责提供高水平的测绘地理信息保障与服务，是陕西测绘局在新形势下的新任务。

（二）新常态提出新要求

当前，我国经济社会发展进入新常态，测绘地理信息事业的发展环境也随之变化。认识新常态，适应新常态，服务新常态，贯彻落实中央与自然资

源部的决策部署，是陕西测绘局今后一段时间内工作的大逻辑。同时，全面深化改革、事业转型升级等均对陕西测绘局的工作提出了全方位、系统性、多维度的新要求。新常态下，陕西测绘局需实现从数字化向信息化、智能化迈进，从劳动密集型的规模化方式向技术密集型的耦合化方式发展，从大到强，从特色到优势转变。

（三）新发展催生新技术

改革开放 40 年来，我国科技飞速发展，科技创新在推动事业转型升级中发挥着至关重要的作用。近年来，测绘地理信息与高新科技的融合趋势加速呈现，5G、云计算、物联网、大数据、人工智能等技术的出现与不断升级，催生了测绘地理信息技术的巨大变革，多领域、多学科的技术融合为陕西测绘局的事业发展带来全新的挑战。

三　陕西测绘地理信息服务自然资源管理的核心职责

机构改革前，测绘地理信息部门的职责依据《中华人民共和国测绘法》《全国基础测绘中长期规划纲要（2015-2030 年）》确定。《中华人民共和国测绘法》明确规定测绘地理信息需履行好服务经济建设、国防建设、社会发展和生态保护、维护好国家地理信息安全的职责，《全国基础测绘中长期规划纲要（2015-2030 年）》提出并强调要加快推进新型基础测绘体系建设工作，这是未来一段时间内测绘地理信息的发展方向和行动指南。自然资源部成立后，《自然资源部职能配置、内设机构和人员编制规定》明确规定测绘地理信息的主要职责是“统一行使全民所有自然资源资产所有者职责，统一行使所有国土空间用途管制和生态保护修复职责”的“两统一”职责。自然资源部部长陆昊在 2019 年全国自然资源工作会议上提出，重点做好“提高测绘地理信息管理和服务水平”等 12 项工作。

新时代下测绘地理信息的职责内容已发生改变，由原来的面向全社会的“普适性服务”模式，向围绕自然资源职责重心、兼顾社会化公共服务的模式转变，承担并组织协调全国基础测绘、地理国情监测、自然资源调查监测、国土空间规划实施情况监测等相关工作。在新时代下，紧密围绕自然资源部“两统一”职责，陕西测绘局的核心职责应聚焦以下 5 个方面。

（一）为自然资源管理提供统一空间基准服务

全国统一、陆海一致的大地、高程、深度、重力等基准体系，是确保全国自然资源数据成果整体性、统一性、准确性的先决空间基础。陕西测绘局作为国家基准体系建设与维护的主力部队和大地数据处理的核心单位，应为自然资源管理、国土空间规划等相关工作的开展提供高精度、三维、动态、陆海统一的现代测绘基准服务，打造自然资源信息公共空间基底，确保各类自然资源数据、国土空间规划成果、行业专题数据的空间集成与融合共享。

（二）为自然资源管理提供标准化技术服务

自然资源部组建后，制约当前业务开展的一个紧迫问题就是标准不统一或缺少标准。“两统一”职责的履行，“五统一”（统一调查评价、统一确权登记、统一用途管制、统一监测监管、统一整治修复）职能的实现，均面临优先解决标准统一的问题。陕西测绘局拥有一支专职从事标准化科研、标准制（修）订的专业化队伍，30 多年来，累计牵头完成 147 项国家标准、82 项行业标准、124 项标准科研项目、3 期五年规划、3 期标准体系的制定与维护工作，出版发行 234 期国家公开出版标准期刊。陕西测绘局应充分发挥标准专业队伍的独特优势，为自然资源管理提供更多的标准化技术服务。

（三）为自然资源管理提供基础数据和调查数据服务

陕西测绘局是全国重要的测绘生产、科研基地，拥有规模庞大的测绘外业调查和航测遥感内业处理人才队伍，正加快推进信息化测绘生产体系建设与新型基础测绘体系建立。通过地理国情普查与监测、第三次全国国土调查等项目的组织实施，陕西测绘局积累了强大的综合调查能力，能承担耕地、水域、草原、森林、湿地等自然资源相关信息的“一站式”调查，为常态化自然资源调查和生态安全监测提供坚实可靠的基础数据和调查服务。

（四）为自然资源管理提供统一服务平台

信息化和大数据是推进国家治理体系和治理能力现代化的重要突破口，用数据决策、用数据评价已成为政府部门提高管理质量和效率的基本需求。陕西测绘局拥有成熟的大型数据库建设经验，具备数字城市地理空间框架、智慧城市时空云平台、应急三维指挥系统等大量应用系统的开发运维经验，可为国、省、市（县）三个层级的自然资源用途管制与空间规划提供底层框架支撑。陕西测绘局将通过关键技术的联合攻关，进一步解决不同信息类别属性不一、空间层次不一、大小尺度不一、数据精度不一等问题，打破信息孤岛，为最终构建自然资源管理“一张图”提供统一服务平台，更好地支撑政府决策科学化、资源治理精准化、公共服务高效化。

（五）为自然资源管理提供精准监测分析服务

发现问题，分析问题，进而为解决问题提供科学、客观、准确的信息支撑，是测绘地理信息服务自然资源日常监管的有效途径。陕西测绘局提前谋划，建成国家测绘成果档案存储与服务陕西备份馆，建成地理空间大数据中心基础设施，建设升级全省88座北斗基准站系统，并推进西部省区基准站数据共享。近年来，通过各类项目的组织实施，陕西测绘局储备了大量规划、土地、农业、林业、水利、环境、软件、计算机和大数据等领域的专业人才与关键技术，有能力以遥感影像的获取处理、对比分析为基础，跟踪监测大范围自然资源变化，及时发现问题、预警风险，为严守生态保护红线和自然资源利用上线以及建设现代化自然资源监管体系提供技术支撑。

四 陕西测绘地理信息服务自然资源管理的初步实践

陕西测绘局成立于1957年，实行由自然资源部与所在地省政府双重领导以自然资源部为主的管理体制，是全国重要的测绘地理信息生产、科研基地。陕西测绘局立足自身技术、数据资源及基础环境等诸多积淀，并充分发挥在全国唯一专门从事标准化研究、大地测量数据处理与档案管理等方面的独特优势，贯彻落实习近平生态文明思想和自然资源领域相关论述，转重心，履职责，通过基准建设、标准统一、制度支撑、业务服务等多项实践举措，为自然资源管理“定盘、对标、筑基、构图、铺路”。

（一）基本建成现代测绘基准体系，为自然资源管理“定盘”

测绘基准是自然资源管理和国土空间规划的重要空间基础设施。多年来，陕西测绘局陆续开展了2000国家大地坐标系、2000国家重力基本网、现代测绘基准一期工程、全国2200个GNSS基准站网等项目建设，并负责全国其他坐标系向2000坐标系转换工作。同时，开展了珠峰测量，南极绝对重力基准建立，中尼、中巴、中蒙边界联检测绘等重点工程。现阶段，已建立起全国统一、三维、动态、高精度的平面、高程、重力与天文基准，使我国的测绘基准体系服务水平步入世界先进行列。

（二）启动标准统一框架搭建，为自然资源管理“对标”

面对机构改革后的标准现状，陕西测绘局围绕“山水林田湖命运共同体”建设理念，凭借自身标准制（修）订优势，2018年6月向自然资源部提交《自然资源调查标准现状研究》，完成测绘、土地、地质、森林、湿地、草原、水资源等900余项与自然资源相关的标准分类统计与综合分析，提出“以统筹提效率、以基础促统一、以专业保科学”的标准统一建议；协助完成《自然资源调查与监测标准体系框架》搭建、测绘行业术语准词条分析、自然资源调查名词术语交叉情况汇总等工作，为统一的自然资源标准体系建设奠定基础。同

时，牵头编制国家标准《地理位置网格编码规则》，为三维地理空间环境下自然资源海量数据的集成融合、检索定位、统计分析、监测评估等提供标准支撑。

（三）强化制度与机构建设，为自然资源管理“筑基”

测绘地理信息服务自然资源管理是一项长期的系统工程，陕西测绘局积极贯彻落实国家、自然资源部相关文件精神，从制度支撑层面落实谋划。首先，将规章制度建设作为提升人才培养、科技创新的关键抓手，先后制定了《关于贯彻落实科技体制改革精神提升科技创新效能的实施方案》《职工教育培训管理办法》《科技创新项目管理规定》等系列规章制度，建立以创新质量和贡献为导向的绩效评价体系，营造科技创新良好环境；其次，建立信息化组织领导机构，强化生产资源的优化配置和高效利用，并通过聚焦全局资源优势及“借智引智”协同研究模式，开展联合攻关及复合人才培养、信息化智库建设，以“典”带面打造“一品一奖一项目”的科技创新格局。

（四）长期承担国家基础地理信息获取任务，为自然资源管理“构图”

国家基础地理信息数据库是国家信息化权威、统一的定位基准和空间载体，可以为各类自然资源信息提供最基础的附着，叠加“一张网”“一张图”。陕西测绘局长期承担国家基础地理信息数据库建设与更新任务，完成了国家西部 1∶5 万地形图空白区测图工程约 60 万平方千米测图，上海、浙江、青海、新疆等 10 省份（约 371 万平方千米，占全国约 40%）数据库年度动态更新；完成了 200 个区县约 176 万平方千米的第一次全国地理国情普查，西北 5 省约 286 万平方千米的地理国情年度监测，第三次全国国土调查约 98.6 万平方千米的正射影像生产与约 38 万平方千米的国土调查任务，为新时代生态保护与自然资源开发、城乡统筹与区域协调发展、空间优化与产业规划布局、重大战略与重大工程实施等奠定了综合国情基础。

（五）承担多项自然资源业务，为自然资源管理“铺路”

陕西测绘局建立“数据 + 技术”一站式服务模式，全面强化服务自然资源业务工作能力。围绕国土资源工作，开发数字土地督察系统，辅助自然资源变化和土地违法侵占开发日常监测；加强国土业务协作，共同推进地灾点测图、国土资料坐标转换等，开发省移民（脱贫）搬迁信息管理平台，高效保障自然灾害应急救援。围绕生态文明建设，开展了丝绸之路经济带重要地理国情、川滇—黄土高原生态屏障区自然生态、秦岭生态环境等一系列自然资源和环境变化监测；积极服务领导干部自然资源资产离任审计试点、森林资源监测及管理信息化等政府部门重点工作。围绕城乡规划建设，服务市、县两级“多规合一”国家级试点，开发了“多规合一”信息管理平台，实现城镇空间“一张蓝图”、信息管理“一个平台”、联动审批“一套机制”，为全国市、县“多规合一”整体推进和主体功能区等空间规划做出示范。

五　陕西测绘地理信息服务自然资源管理的未来工作重点

作为自然资源部直属派出机构，陕西测绘局把全面融入自然资源管理工作、积极服务自然资源事业发展、全力推进自身转型升级作为当前事业发展的第一要务，面对新时代，抓住新机遇，迎接新挑战，为自然资源事业发展提供更加安全、高效、精准、可靠的测绘地理信息保障服务。

（一）推进信息化测绘技术体系建设，增强服务能力

目前，陕西测绘局已完成信息化基地升级改造，编制了《信息化测绘生产基地构建技术指南》，初步构建起信息化测绘技术体系，成为首批通过“信息化测绘体系试点示范基地建设”测评的单位之一。基于上述工作，按照《自然资源科技创新发展规划纲要》与《信息化测绘体系建设技术大纲》的建设要求，下一步，陕西测绘局将以促进自然资源管理保障服务能力建设为目标，以高频次、全天候天空地一体化数据获取为前提，以自动化、集群式数据处理技术为核心，以智能化、可视化信息提取和挖掘为前沿，以信息化、网络化生产业务管理为主线，以互联互通的数据资

源共享环境为基础，以新一代、集成化的大数据基础设施环境为支撑，遵循统筹规划、统一标准、立足实际的原则，加快对人才、技术、装备、标准、制度等因素的整合与优化，促进生产组织方式、业务运行模式、组织管理机制、人才队伍结构的变革，进一步完善信息化测绘技术体系建设。体系总体架构如图 1 所示。

（二）加快地理空间大数据中心建设，提升服务效能

自 2016 年起，陕西测绘地理信息局按照“1”个主中心、“N”个分中心、“X”个应用端的“1+N+X”建设模式，基于物联网、云计算、大数据等新型 IT 技术，搭建统一、共享的数据中心基础设施环境和基础软硬件资源。下一步，陕西测绘局将进一步推进大数据中心内涵建设，构建局内“一个中心、辐射各院”、局外“横向联网、纵向分级”的时空大数据资源体系，建设分布式地理空间资源汇集、处理、管理、交换和服务的网络、软件和安全体系，形成地理信息资源交换、共享和更新的管理机制，最终实现跨部门、跨行业的“横向”地理信息资源的交换与共享，以及上与国家、下与地市“纵向”地理信息服务的互联互通。大数据中心总体技术架构如图 2 所示。

大数据中心将进一步通过开展分布式存储系统、超融合云计算平台、GPU 云、核心网络等项目建设，构建基于超融合、GPU 虚拟化技术的集群 / SAN 存储的计算、存储、物理等资源池，实现了资源池统一管理、弹性分配，从根本上改变生产模式；同时推动“横向”行业专题数据的交换共享与“纵向”局内及主管部门之间的汇集共享。根据用户的行为习惯，进行智能分析和推荐，为用户提供更优质的体验。目前大数据中心可承载超过 1000 台服务器、超过 10000 核的计算能力，20PB 的存储能力以及万兆网络服务和超过 5000 个节点的接入和数据交换能力，超强的计算与存储能力能够为局内、政府部门、行业单位及社会大众提供多维度的时空信息，满足新型测绘数据生产、海量数据服务、智能信息发现和综合应用的需要，全面提升陕西测绘局时空信息服务的能力和水平。

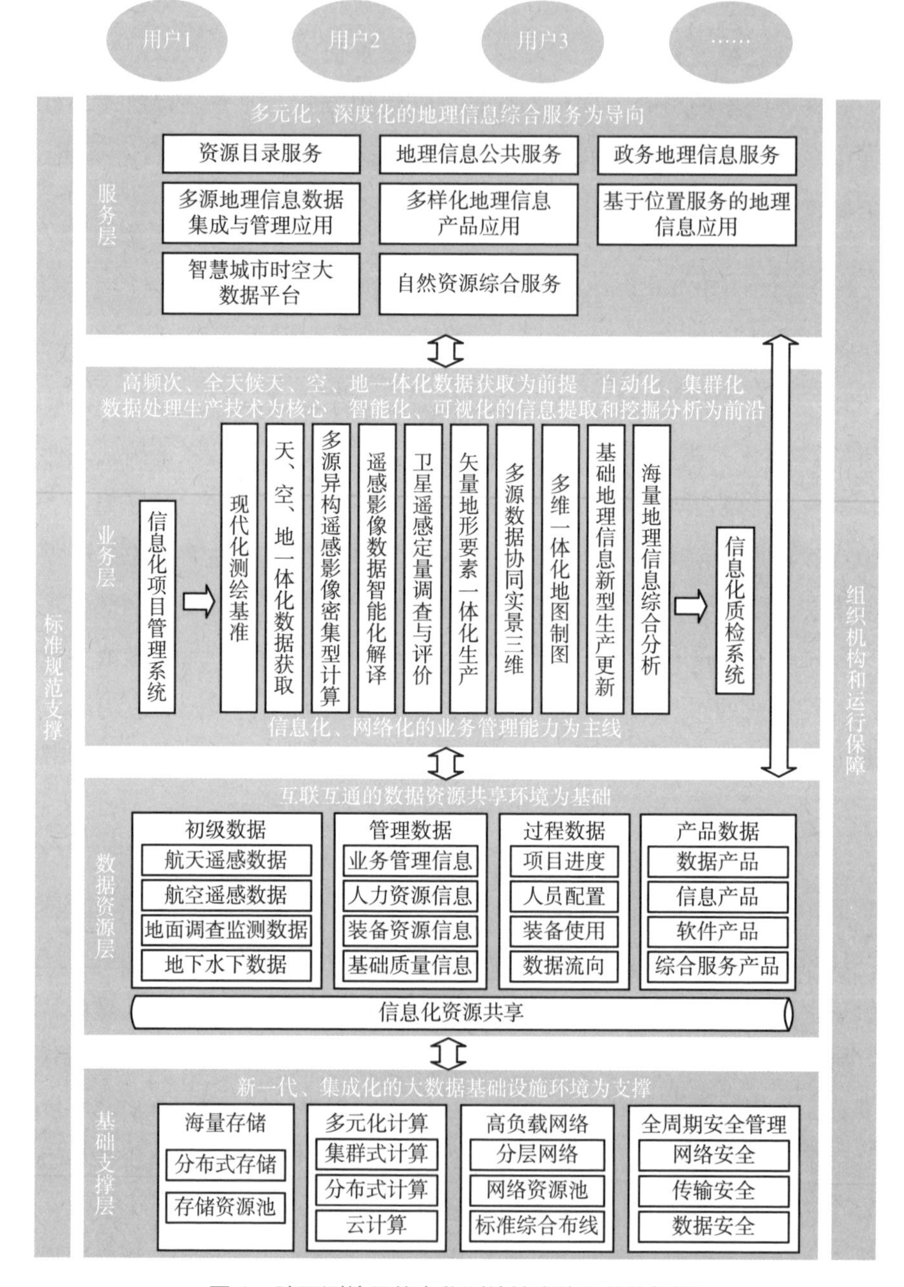

图1　陕西测绘局信息化测绘技术体系总体架构

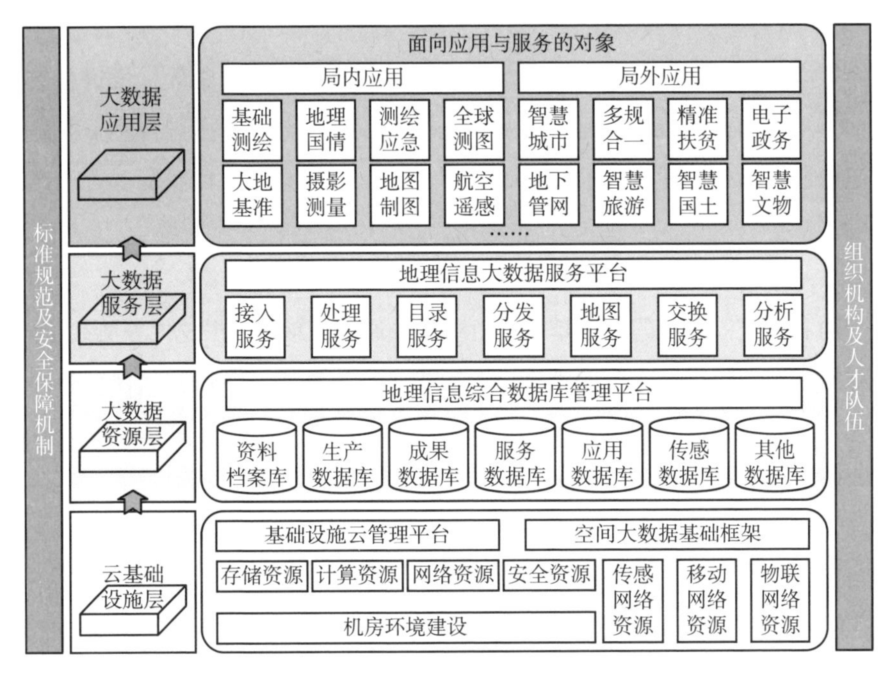

图 2　大数据中心总体技术架构

（三）开展自然资源调查监测体系构建，深化服务内容

构建自然资源调查监测体系，有效服务自然资源“两统一”职责与“五统一”职能，是当前测绘地理信息事业转型升级的重要目标。陕西测绘局将在总结前期承担各项自然资源管理业务的基础上，进一步发挥陕西测绘局在自然资源调查、自然资源确权登记、空间规划“多规合一”等领域的支撑作用，深化陕西测绘地理信息服务自然资源管理内容。

1. 服务自然资源调查监测

依据多源遥感影像，采用以室内影像判读解译为主、外业实地调查为辅的手段，完善自然资源调查监测技术体系，综合调查监测土地、矿产、森林、草原、湿地、水、海洋等自然资源要素。并对国土调查、地理国情普查以及相关行业调查专题成果进行统筹融合，统一调查指标和统计标准，实现自然资源调查监测的基底“一本账”。

2. 服务自然资源确权登记

在当前不动产登记的基础上，发挥测绘地理信息技术手段，推进自然资源和不动产的统一确权登记，建立统一的确权登记系统，推进自然资源确权登记合法化，推动建立权属清晰、权责分明、监管有效的自然资源资产产权制度。

3. 服务空间规划“多规合一”

对各类空间规划的空间基础进行统一，通过遥感与数据挖掘等测绘手段，编制空间规划底图；以测绘地理信息数据平台为基础，搭建空间规划管理信息平台，应用于规划管理各项工作；利用测绘地理信息技术手段，实时监测空间规划的实施现状。

（四）加强科技创新人才培养，提高服务水平

科技创新是陕西测绘局实现高质量发展的关键抓手，按照“定政策、搭平台、优服务、提效能”的思路，对标落实自然资源部科技创新《实施意见》和《规划纲要》，加大科技创新投入和对重点项目的扶持力度。集中各类资源在以下方面进行科技攻关:（1）测绘基准与导航定位方面，开展全国GNSS基准站网的维持与服务、2000国家大地坐标系框架更新、国家垂直基准框架维护、国家重力基准更新等关键技术研究。（2）数据获取与处理方面，研究泛在测绘地理信息模式下的新型地理时空数据采集与处理、地理空间传感网技术等。（3）数据管理与服务方面，开展基础地理信息、地理国情信息、实时位置信息等在政府决策、商业开发、公众生活等领域的深度应用研究，形成“地理信息+”应用服务体系。（4）新型基础测绘方面，从理论支撑、产品体系、数据管理、生产模式、标准体系等方面，研究构建新型基础测绘技术体系的关键技术。

做好自然资源管理服务工作需要大量高素质人才，陕西测绘局将以政治素质提升、专业能力培养、岗位实践锻炼为重点，大力推进全局人力资源体系建设，加强创新型人才队伍建设，加大高层次、复合型人才的引进与培养力度，完善人才培养、评价、流动和激励机制，夯实事业长远发展的人才基础。

通过重点实验室、工程中心以及重大工程和重点项目，培养一支由测绘地理信息行业科技领军人才、优秀专业技术人才、青年学术和技术带头人、科技管理人才等不同层次高水平科技人才组成的创新人才队伍。加大对优秀青年科技人才的发现、培养和资助力度，加强面向生产一线的专业技术人才的培养。强化“项目 + 人才”的科技创新人才分类支持，重大科研项目优先交由科技领军人才、学术和技术带头人、技术骨干和科研骨干牵头的创新团队承担。

（五）持续标准化支撑能力建设，发挥服务优势

自然资源的标准化需统筹相关行业的标准化，涉及面广、难度大。陕西测绘局拥有测绘地理信息领域唯一一个标准化专业机构，应在自然资源标准体系下完成好重要标准的研制和标准体系的完善，发挥测标委以及秘书处作用，强化测绘专业领域标准化，并实现与自然资源标准化的协同统一，点面结合，重点在以下 4 方面开展工作，发挥标准化支撑作用：（1）开展自然资源领域标准化发展战略和基础性理论研究，为“拟订自然资源领域标准工作规划、计划”提供技术支撑和依据。（2）开展自然资源标准体系研制与维护更新工作，为“自然资源领域标准工作规划、计划并组织实施”的落实提供统一标准指南。（3）开展自然资源领域重要基础通用性标准的研制工作，为“拟订技术标准、规程规范”发挥专职队伍的支撑作用。（4）协助开展自然资源标准化组织工作，做好测标委及秘书处工作。

六　结语

本文从陕西测绘局全面融入自然资源管理工作实际出发，深入分析我国自然资源管理的现状与新形势，明确了陕西测绘地理信息服务自然资源管理的核心职责，并从基准建设、标准统一、制度支撑、业务服务等方面，全面总结了当前陕西测绘服务自然资源管理的初步实践举措，最后从提高服务能力、提升服务效能、深化服务内容、提高服务水平、发挥服务优势 5 个方面，提出了陕西测绘地理信息局今后一段时间的工作重点。

面对新时代，担当新使命，在上述工作基础之上，陕西测绘局将陆续开展大数据、物联网、AI 等技术支持下的地理信息网络安全预研及应对策略、新技术与测绘地理信息融合及业务创新、测绘地理信息强国战略等方面的研究，紧密围绕自然资源部的中心工作，创新发展理念，强化责任落实，奋力开拓进取，大力推动转型升级、提质增效，提升保障服务能力和水平，在自然资源事业发展的全新征程中担当新使命、实现新作为，打造新形象、树立新标杆。

参考文献

[1] 马永欢、吴初国、黄宝荣、苏利阳:《一图看懂什么是自然资源》,《青海国土经略》2018 年第 2 期。

[2] 刘先林:《为社会进步服务的测绘高新技术》,《测绘科学》2019 年第 6 期。

[3] 周卫、朱长青、吴卫东:《我国地理信息定密脱密政策存在的问题与对策》,《测绘科学》2016 年第 1 期。

[4] 张志刚、尤春芳:《基于 3S 技术的自然资源一体化监测调查体系探索》,《北京测绘》2019 年第 4 期。

[5] 郭一珂、邓颂平、曾建鹰、涂强、李磊:《矿产资源管理业务指标体系研究及思考》,《中国矿业》2019 年第 5 期。

[6] 桂德竹、程鹏飞、文汉江、张成成:《在自然资源管理中发挥测绘地理信息科技创新作用研究》,《武汉大学学报》(信息科学版) 2019 年第 1 期。

[7] 乔朝飞:《机构改革后测绘地理信息工作业务调整初探》,《地理信息世界》2018 年第 6 期。

[8] 周朝虎:《探讨测绘地理信息服务自然资源管理》,《工程技术研究》2018 年第 11 期。

[9] 董祚继:《关于新时代自然资源工作使命的思考》,《国土资源》2018 年第 4 期。

[10] 张月:《浅析地理国情监测与资源环境监测的关系》,《测绘与空间地理信息》2018 年第 7 期。

[11] 杨静、张德礼:《适应自然资源统一管理的林地调查标准研究》,《上海国土资源》2018 年第 3 期。

[12]《自然资源部职能配置、内设机构和人员编制规定》，中华人民共和国自然资源部，http://gi.mnr.gov.cn/201812/t20181204_2376067.html。

B.20
湖北省基础测绘的创新研究与探索实践

王 华 李雪梅 谢 威*

摘 要：本文介绍了湖北省基础测绘工作发展现状，结合新时代社会信息化发展和自然资源管理的新需求，分析并总结了基础测绘面临的新要求。为了解决湖北省基础测绘存在的问题，需要研究建立适应新时代要求的、符合湖北省实际情况的基础测绘体系，并开展试点工作进行探索创新与实践，更好地为自然资源管理和经济社会发展提供保障服务。

关键词：基础测绘 湖北省 自然资源管理 社会信息化

随着我国经济发展进入新时代，现代测绘技术已由以3S为代表的上一代技术体系走向与互联网、大数据、人工智能等高新技术的深度融合，极大地促进了测绘技术体系的升级换代；同时，新时代社会信息化发展进程中多样化、个性化和精细化的需求也对基础测绘提出了新的要求。基础测绘亟待转型升级，需要在成果形式、生产组织方式和服务模式等方面进行创新发展，建立起适应新时代要求的基础测绘体系，更好地为经济社会发展提供保障服务。

---

* 王华，湖北省自然资源厅国土测绘处处长，正高级工程师，长期从事基础测绘、数字城市应用、地理国情监测等方面的研究；李雪梅，湖北省航测遥感院，高级工程师；谢威，湖北省自然资源厅国土测绘处科长，高级工程师。

一　湖北省基础测绘发展现状

湖北省基础测绘经过数十年的发展，成效显著，在全省经济建设、社会发展、政府管理和生态环境保护中发挥着基础性、保障性和先导性作用。

（一）省级基础测绘现状

1. 基础测绘基准

湖北省基于中国北斗卫星导航系统（BDS），兼容了 GPS、GLONASS，建成了统一的高精度测绘基准以及覆盖全省的连续运行卫星定位服务系统（HBCORS），向全省域提供高精度、全天候的定位基准服务。湖北省利用全国一、二等水准网成果建设了全省三等水准网，与全国一、二等水准网成果一起作为全省高程基准；利用省 GPS C 级网成果和一、二、三等水准网成果建设了湖北省 2.5 分似大地水准面精化模型，精度达到 3.9 厘米。

2. 基础航空摄影

2012~2015 年，湖北省获取了 18.59 万平方千米、地面分辨率优于 1 米的航空航天影像，首次实现了优于 1 米影像数据全省覆盖。从 2016 年起，每年完成一次全省范围航空航天影像覆盖，影像地面分辨率优于 1 米，部分困难地区优于 2.5 米。

3. 基础数据体系

湖北省 1∶10000 基础测绘成果总图幅数为 7173 幅，目前 DLG、DEM、DOM 三种成果基本实现全省覆盖，但各类成果现势性情况有所不同。

（1）全省 1∶10000 DLG 成果总覆盖图幅数为 6837 幅，覆盖率约为 95.32%，未覆盖区域主要是省域交界处 336 幅。截止到 2018 年年底，全省 6837 幅 DLG 中，现势性 2010 年之前的 4171 幅、2011~2015 年的 2094 幅、2016 年的 572 幅，即现势性 2010 年后的图幅数占比 37.17%，2015 年后的图幅数占比仅 7.97%。

（2）全省 1∶10000 DEM 成果总覆盖图幅数 7173 幅图，格网间距为 2 米 × 2 米，其中约 55% 是基于 2010 年以前的 1∶10000 DLG 进行的精细化生产，其余现势性为 2013~2015 年。

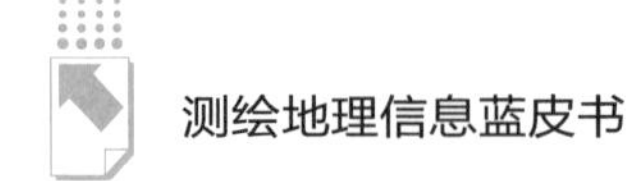

（3）从2016年起每年完成一次全省范围的整景DOM成果覆盖，影像地面分辨率为0.5米或2米。

（二）市县基础测绘现状

1. 基础测绘基准

湖北省有少数市州建设了由连续运行卫星定位服务系统、高精度GNSS网、精密水准网及高精度似大地水准面模型构成的测绘基准体系，比如武汉市、咸宁市等；其他市州也建设有独立的导航卫星连续运行基准站。但建设的基准站大多分属不同部门，没有和国家、省级测绘基准网进行统一，普遍存在使用旧坐标系、地方坐标系等坐标系统不一致的情况。

2. 基础航空摄影

湖北省各市州采取的是航空摄影和卫星遥感影像、无人机相结合的方式进行基础航空摄影。少数地区建立了基础航空摄影年度获取机制，为本地区提供常态化、多尺度高分辨率影像数据体系；绝大部分的地区结合项目需求进行航空摄影。目前各市州中心城区均有优于0.2米的影像，其他区域有地面分辨率优于2米的影像，获取时间大多在2015~2018年。

3. 基础数据体系

湖北省1∶500、1∶1000、1∶2000大比例尺DLG成果覆盖区域不全，除武汉市完成了全域（约8495平方千米）覆盖以外，其他地区均未达到全覆盖，已覆盖区域面积合计约15000平方千米（不含武汉市）。这些大比例尺基础测绘成果数据更新周期长，3~8年不等，现势性从2010年到2018年均有；大多采用的地方坐标系或1980西安坐标系，数据格式也不统一，有*.shp、*.mdb、*.dwg等。

二　新时代对基础测绘的新需求和新要求

（一）职能变化和信息化发展对基础测绘提出了新需求

1.“两统一”职责的需求

机构改革以来，测绘工作融入自然资源管理大平台，服务对象和目标更具体、更明确，即为切实履行自然资源“两统一”职责做好服务。在当前自然资源部门职责统一的前提下，从自然资源调查监测到开发利用，从国土空间规划到用途管制和生态修复，首先要了解自然资源的现状情况，摸清自然资源的家底。摸清家底，必须要有时空基准统一、内容丰富详细、现势性强、数据更新频率高的基础底图数据做支撑。同时，为提升自然资源监管能力，对自然资源进行合理开发利用和有效保护，要求基础底图数据尽可能的融合各类经济、教育、交通、卫生、人文等专题数据，赋予基础数据更丰富、完整的自然属性和社会属性信息。开展国土空间规划，确保建立统一、科学、权威的空间规划体系，又对基础底图数据内容的翔实性和精准度提出了更高的要求。

2. 社会信息化发展的需求

社会信息化是信息化进程中的高级阶段，是当今时代的重要特征。随着经济的高速发展，各种信息技术不断得到应用，社会信息化水平不断提高，但现阶段还存在一些不容忽视的问题。一是各部门信息化基础设施各自为政导致的数据基准不统一，而测绘地理信息又是与经济社会关联最紧密、最基础的一种信息，迫切需要建设基准统一、完善的基础载体，为社会信息化提供重要的基础支撑；二是信息资源整体不够丰富，迫切需要多样化、精细化、个性化的基础信息资源，以满足社会信息化发展进程中对基础信息资源的处理、分析和利用，为政府、行业及公众提供更加便捷普惠的服务；三是人工智能、云计算、大数据技术的发展，更强调对数据信息的收集、聚合、处理、分析与应用，强化数据信息的生产要素与生产力功能，迫切需要数据获取实时化和处理自动化的能力，以满足社会信息化应用的需要；四是各专业部门信息系统集成利用程度不高、不同部门间共享交换难、信息资源浪费、系统重复建设等问题，需要在权属部门提供权威数据的前提下加强对各类信息资源的融合，以产生增值效应。

（二）新需求对基础测绘提出了新要求

新时代社会信息化发展和自然资源领域改革创新发展，其多样化、个性化和精细化的新需求都对基础测绘提出了新的要求。基础测绘亟须在成果形式、生产组织方式和服务模式等方面进行创新发展，才能更好地发挥保障服务作用。

1. 数据更新频率更高、现势性更强

由传统的无选择更新、全要素属性信息调查、图库兼顾采集的方式，向采用增量式更新、分要素更新、运用权威信息辅助更新等方式转变，不断提高数据更新频率，针对不同的测绘产品，制定不同的更新周期，增强数据现势性，使基础测绘产品实效性越来越强，以适应自然资源“两统一”管理和社会信息化的需要。

2. 成果内容更丰富，产品形式更多样

在已有4D测绘成果基础之上，需进一步丰富地理信息资源，可按需提供分要素、全要素、专题产品和复合产品等；逐步拓展丰富测绘产品内容和模式，建设测绘基准体系数据库、分类地表点云数据库、地理实体数据库、地理场景数据库等，更好地满足自然资源管理、社会信息化发展对基础地理信息的需求。

3. 组织模式更科学、更高效

依托新技术、新业务流程等途径统筹建设上下联动、协同更新的组织管理模式，对一个地物要素只测一次，避免重复测绘，确保国、省、市、县各级数据一致性，也可充分节约财政资金，减少重复投入。通过组织管理模式的优化，提高数据获取实时化、数据处理自动化、数据更新常态化、业务管理信息化水平，并不断在质量管控、标准建设等方面实现突破。

4. 服务方式更便捷、更普惠

以测绘地理信息资源的广泛共享应用为出发点，依托基础地理信息数据库，融合各类公共专题数据、物联网实时感知数据和互联网在线抓取数据等，建设时空大数据平台。通过对地理信息资源和行业数据的深度融合、数据挖掘、综合分析等，为政府、企业、百姓提供多样化、智能化的地理信息服务，满足各类资源调查、监管和公共服务的需求，实现基础地理信息在各领域的深化应用，进一步推动测绘成果服务方式从数据向应用的转变，促进服务模式质的飞跃。

（三）湖北省基础测绘与新要求之间的差距

对比湖北省基础测绘现状与基础测绘新要求，发现存在以下几个方面的差距。

1. 数据基准不统一

虽然湖北省已建成了省级统一的高精度测绘基准以及覆盖全省的连续运行卫星地面基准站，但市州各部门大多是基于传统大地点发展的测绘基准，大地起算点坐标不一致，精度不能满足现代测绘的要求。而且各市州建设的导航卫星连续运行基准站大多缺少必要的坐标框架运行维护及更新机制，导致无法提供全省统一、无缝覆盖的定位基准数据。

2. 数据缺乏现势性，还存在大比例尺基础测绘成果空白区域

省级层面，1：10000 比例尺基础测绘成果现势性较差，尤其是 DLG 成果绝大部分还是 5 年前的，更新速度也难以满足实际需要。地市层面，仅少量重点区域或经济活跃的区域完成了 1：2000 比例尺的测绘工作，还存在大量空白，现势性也不够，不能很好地满足统筹规划和社会经济发展的需求。

3. 组织管理模式不够科学，同一地物重复施测，数据时空一致性不强

出于项目来源不同和统筹协调不够等原因，不同级政府管理的基础测绘成果尺度和范围不同，不同部门对测绘成果的需求不同，这导致多部门对同一地物要素进行重复施测，也造成了数据的不一致性，数据难以共享，做不到协同更新和服务。

4. 基础测绘成果品种不够丰富，服务模式单一化

湖北省现有的基础测绘成果大多是按照多年不变的标准生产的，虽然形式上变成了数字的，但执行的标准还是纸质地形图的标准，且现有基础测绘成果品种形式单一、社会经济和人文信息不全，不能适应信息化社会发展和自然资源管理多样化、精细化、个性化的需求，也无法向政府、企业、百姓高效提供多样化、智能化、便捷的地理信息服务。

三　湖北省基础测绘工作探索与实践

综上所述，湖北省基础测绘工作存在测绘基准需统一、产品形式需丰富、更新速度需加快、生产成本需降低、服务方式需突破等方面的问题。为了解决这些问题，促进全省测绘事业的跨越式发展，进一步推动全省基础测绘工作转型升级，必须建立起适应新时代要求的、符合湖北省实际情况的基础测绘体系，更好地为自然资源管理和经济社会发展提供保障服务。根据湖北省实际情况，具体实施包括以下工作。

（一）建立全省统一的现代测绘基准

统筹建立全省基准站坐标框架运行维护及更新机制，统一全省测绘基准。在短期内，尽快建立省级、市州导航卫星连续运行基准站坐标框架运行维护及更新机制，将市州基准站坐标框架基准站网和国家、省级基准站坐标框架基准站网进行整体平差，以确保全省基准站网和国家统一，并为全省提供无缝覆盖、基准统一的定位基准数据；与相邻周边6个省域进行卫星导航定位基准站数据交换和共享，有效提升边界地区卫星导航定位系统服务能力。

目前湖北省内省级基准站网已和国家进行联网平差，正在推进各市州基准站网坐标框架维持与更新工作，以消除由地区部门不同、坐标系统不统一、地壳运动等原因造成的误差，进一步提升全省地理信息服务经济社会发展能力和水平。

（二）提高数据更新频率，增强数据现势性

提高数据更新频率，显著增强全省基础测绘成果的现势性。根据湖北省基础测绘的实际情况，以需求为导向，突出急用先测、保障自然资源管理需求和重点工程，通过技术能力提升、生产工艺升级改造等方式缩短更新周期，大大增强基础测绘成果的时效性。依托新技术和智能化处理基础设施，打通

数据资源获取与处理、生产与更新、应用与服务的通道，推进基础测绘成果持续更新，全面提升测绘地理信息服务保障能力。

（三）丰富全省测绘成果内容

1. 拓展测绘产品体系，建设满足自然资源管理及社会信息化需求的成果

坚持应用为先、需求导向，在已有基础测绘基准体系、多尺度数字线划图、多时相数字正射影像、数字高程模型、地名地址数据等成果的基础上，构建涵盖地理要素、变化信息、遥感影像、高精度数字高程模型和像控点数据等基础测绘数据数据库。分步推进，逐步丰富测绘产品，推动图形要素产品升级改造为地理实体、地理场景产品，构建包括地理实体、地理场景、地表点云数据等新型测绘产品数据库，更好地满足自然资源管理、经济社会发展以及公众服务需要。

2. 武汉试点工作开展

按照自然资源管理和信息化发展的新需求，武汉市充分利用自身优势和已有基础，选取了主城区约 100 平方千米的区域作为试点区片，在基础地理信息数据获取全息化、分类实体化、处理智能化、建库一体化、服务定制化方面进行探索，拓展基础测绘产品体系，以地理实体为突破口，首次提出“地理单实体”“地理组合实体”和“地理聚合实体”的概念，设计了符合自然资源“两统一”管理要求的地理实体分类体系，确立了地理实体时空数据库建库的技术路线，推动传统单一比例尺数据库向实体化、一体化时空数据库转变，并将通过试点生产编制地理实体全息采集、分类与编码、数据建库等标准规程，为湖北省乃至全国基础测绘建设提供可借鉴、可复制、可推广的经验和成果。

（四）联建组织管理体系，确保数据一致性

1. 建立“省级统筹、市县协同、联动更新”的工作机制

在基础测绘分级管理的基础上，以变化发现驱动任务区域划分，建立“省级统筹、市县协同、联动更新”的工作机制，做好省、市、县统筹规划，

细化责任分工，推动协同更新。制定科学统一的技术标准，实现同一地物要素只测一次，强化不同尺度、不同精度的基础测绘地理信息要素的高度融合统一，确保省、市、县数据的一致性；通过上下联动、逐级汇聚和信息共享，共同构建多尺度测绘成果数据库，促进自然资源管理及各行业之间的信息共享。同时又可以避免重复测绘，减少重复投入，充分节约省级和地方财政资金投入。

2. 咸宁试点工作开展

目前湖北省已在咸宁市开展试点工作，探索建立“省级统筹、市县协同、联动更新”的工作机制。主要以“省级统筹——市县协同——省级连更”的方式进行。首先，省级通过航空航天影像快速获取和更新，对不同时期的影像、数据等进行自动变化检测发现变化区域，以变化区域来驱动任务包，将任务按行政区划推送到市级，并统筹推进更新任务的开展。然后，市级在省级的统一安排和部署下，根据任务包来进行大比例尺的增量更新，同时更新本级空间数据库，并将更新的部分制作成更新实体数据包发送回省级；各县在市级的组织安排下，也按此方式协同开展本县级任务更新，并形成更新实体数据包发回市级。最后，省级在接收到更新包后，基于统一的地物编码进行省级更新。省、市、县三级变化推送，分工采集，增量更新，逐级汇聚，统一管理，最高精度的地物要素仅采集一次。

考虑到咸宁市基础测绘成果的覆盖情况，咸宁市政府规划了覆盖咸宁市全境的 1：2000 比例尺基础测绘数据生产以及县（市）、区的主城区实景三维数据和 1：500 比例尺基础测绘数据生产工作；省级部门将利用咸宁市 1：2000 比例尺基础测绘数据更新省级 1：10000 比例尺基础测绘数据。在更新生产过程中探索适应湖北省省情的省、市、县三级上下联动更新机制，为其他地市数据采集和更新提供可借鉴、可推广的经验和成果。

（五）建设时空大数据平台，提升地理信息服务能力

1. 加快数字城市地理空间框架应用，满足共性服务需求

立足于湖北省省情，加快数字城市地理空间框架建设的全面推广应用，

扩大县（市、区）数字城市地理空间框架建设范围，完善覆盖全省城市和农村的基础地理信息系统，实现省、市、县三级之间的地理信息数据的纵向联通和相邻区域数据的横向联通。不断扩大数字城市地理空间框架应用领域，为政府决策、部门管理和百姓生活等提供全面、详细的基础性、公共性数据服务，并逐步完善空间及地下信息，搭建地下空间信息平台。

2. 融合行业数据，建设综合地理信息数据库，推动共建共享

依托湖北省基础地理信息框架数据库，深度融合自然资源、生态、水利、公安等各行业部门专题数据，对其进行时空化、可视化的汇集管理与分发，建立内容更丰富、信息更全面的综合地理信息数据库，既可提高行业部门数据管理能力与效率，满足各类资源调查、监管和公共服务的共性需求，也能促使各行业各部门从技术手段、信息交换、应用需求等方面进行全面融合，为统一监管提供基础支撑，推动信息资源的共建共享与业务协同。

3. 建设时空大数据平台，提供综合地理信息服务

以湖北省综合地理信息数据库为纽带，充分利用物联网、云计算等现代化信息技术，依托城市云支撑环境，建设集政府管理、行业管理、公共服务等需求于一身的时空大数据平台。采用高性能的实时数据接入、地理空间分析、统计分析等技术，实现多尺度、多类型地理信息资源的综合利用和在线服务，为政府部门、社会企业、研究机构提供高效、便捷的智能化数据分析处理服务，为社会公众提供多样、智能的普惠服务，使全社会能够享受到智能化、高效化、实时化、泛在化和便捷化的综合地理信息服务，最大限度地促进全省测绘地理信息资源的广泛共享和高效利用，更好地满足社会信息化建设的需要，为社会经济发展转型升级提供新的途径。

四　结语

基础测绘是国民经济和社会发展的基础性、保障性和先导性工作，是政府管理和科学决策的重要依据。构建新型基础测绘体系已成为自然资源领域改革创新发展的必然要求和战略抉择。通过探索建立与实施“省级统筹、市

县协同、联动更新”的基础测绘生产模式，将填补湖北省大比例尺基础地理信息数据空白，显著提高全省地理信息数据现势性；不断拓展测绘产品体系，丰富全省基础测绘产品内容，提升地理信息服务能力，有力推动湖北省在测绘资源的合理配置、地理信息资源的统筹规划、测绘工作全面深化改革上获得更好的效果和经验，进而在新型基础测绘方面取得新的突破和发展，满足全省自然资源管理、生态文明建设和“一芯两带三区”科技发展战略的需求。

B.21

测绘地理信息工作转型实践与思考

——以自然资源部经济管理科学研究所为例

李占荣*

摘　要：本文分析了新形势下各方面对测绘地理信息工作转型的需求，介绍了自然资源部经济管理科学研究所在自然资源专项调查监测评价、国土空间规划、测绘地理信息新技术三方面的实际工作案例，总结了该所工作转型的经验和路径，即：需要从思想上求变，改变思维方式；广泛调研，查找问题，寻找需求；抓住关键，狠抓落实。

关键词：国土空间规划　重要地理国情监测　倾斜摄影测量　转型

一　引言

2018年党和国家机构改革后，原国家测绘地理信息局的职责整合到新组建的自然资源部。新形势下，测绘地理信息行业的企事业单位未来的工作朝什么方向转型，是一个亟待思考的重要问题。

《深化党和国家机构改革方案》中明确，组建自然资源部，对自然资源开发利用和保护进行监管，建立空间规划体系并监督实施，统一行使全民所有自然资源资产所有者职责，统一行使所有国土空间用途管制和生态保护修复

* 李占荣，自然资源部经济管理科学研究所（黑龙江省测绘科学研究所）副所长，高级工程师。

职责。测绘地理信息行业需要重新定位和明晰任务。同时,《中华人民共和国测绘法》仍然是测绘地理信息工作的基本遵循。新形势下经济建设、社会发展和生态保护对基础地理信息的需求更加旺盛。测绘地理信息工作融入自然资源管理大局后，要为自然资源工作服务。因此，未来在完成法定的基础测绘任务的同时，测绘地理信息还应深度融入自然资源管理的各领域、各环节，继续为经济社会发展提供高质量的测绘地理信息服务。

二　转型的重要意义

新形势下，发展的不平衡不充分问题、发展质量和效益不高、生态环境需要治理等问题的有效解决，都需要测绘地理信息技术的支撑。基础设施建设需要测绘地理信息提供精准的位置，自然资源开发利用和保护需要准确定位、空间分析和判断，国民经济社会高质量发展需要借助测绘地理信息融入新的知识做多方对比评价和调整。这就要求测绘地理信息工作从需求和问题导向出发，明晰任务，深度融入经济社会发展各领域，在国民经济社会发展中发挥重要作用。

（一）经济社会发展对测绘地理信息提出新需求

长期以来，按照《测绘法》的要求，测绘地理信息为经济建设、社会发展和生态保护提供了重要技术支持和保障。提供了国家统一测绘基准和国家系列基本比例尺地形图等测绘保障。但是新形势下，国家有新的发展目标、方向和任务，测绘地理信息单一地提供基础测绘产品，已不能更好地满足需求。例如，国家从过去的大力发展基础设施建设转变为开展基础设施网络化建设，需要对现有和规划的基础设施进行空间分布分析，辅助国家基础设施网络化空间布局决策。规划前的评估分析，规划中多项布局方案的对比，规划实施过程中的精准施策，以及有效监督监管等需要地理信息与相关学科融合。再比如，经济发展的空间布局需要测绘地理信息技术的支撑，第一、二、三产业生产要素的分布及流通、国家基础设施建设等，基础地理信息都不可缺少。因此，测绘地理信息工作除了基础测绘工作外，要满足国家更多的需求，转型迫在眉睫。

（二）自然资源管理对测绘地理信息工作转型的需求

国家组建自然资源部，对自然资源开发利用和保护进行监管，行使“两统一”职责。履行上述职责的前提是清楚自然资源家底，客观真实掌握自然资源的地理位置及其相互关系、和谐程度等各种信息，这需要测绘地理信息技术的支撑，需要测绘地理信息有针对性地综合分析，包括分析其关联性、冲突度、辐射面等。

三　科研所测绘地理信息工作转型发展实践

近年来，自然资源部经济管理科学研究所（以下简称“科研所”）在黑龙江测绘地理信息局的指导下，在工作实践中不断学习新的知识，渐渐走出了传统测绘地理信息生产和研发范畴，形成了三大发展方向：一是完成自然资源部调查与监测司的专项调查与监测工作，服务于我国农业生产、全国农业战略格局监测；二是完成国土空间规划局国土空间规划技术体系构建工作，开展资源环境承载能力和国土空间开发适宜性评价；三是开展测绘地理信息技术创新，服务实景三维中国的建立，如哈尔滨、长春、布尔津等实景三维模型的制作。在服务自然资源部各司局和经济社会发展方面走出了一条新路。

（一）自然资源专项调查监测评价

2013 年，黑龙江测绘地理信息局按照“边普查、边监测、边应用”的原则参与第一次全国地理国情普查时，开始进行地理国情监测试点试验工作。截至 2018 年，科研所开展了黑龙江省两大平原农业主产区、全国林地荒漠裸露地监测等 7 个监测项目。在农业主产区监测方面，2016~2018 年科研所与东北农业大学、黑龙江省农业科学院开展合作，监测范围不断扩大，覆盖黑龙江省两大平原33个市县。监测主要内容包括农业种植结构、农作物分类及长势、农业基础设施与农业灾害监测、粮食供给安全预警与统计分析等。监测分析的深度不断提高，成果丰硕。

在几年的监测工作的基础上，2019年科研所承担了自然资源部专项调查与监测项目“全国农业战略格局重要地理国情监测”，这是由黑龙江测绘地理信息局牵头的第一个专项监测项目。项目要求监测主体功能区规划中的农业战略区域内自然资源开发、保护与利用情况，监测区域包括东北平原、黄淮海平原、长江流域、汾渭平原、河套灌区、华南平原和甘肃新疆等农产品主产区。科研所在充分分析任务要求后，先后到国家发展改革委宏观经济研究院等多家单位开展调研，收集整理专题资料，充分利用基础性地理国情监测成果，并根据需要细化或增加采集内容，开展统计分析，形成监测数据集、基本统计数据集、监测报告、图件和专报等成果。项目形成的主要成果如下：一是监测七大农业主产区土地资源和水资源平衡问题。利用地理国情数据和土地变更数据，摸清现有耕地规模，分析农业主产区的水资源能否供应区域内的耕地，据此制定相应对策措施。掌握农业主产区内的水土平衡情况，为农业相关的自然资源调配等提供建议；二是监测农业主产区内海岸带和河岸带自然资源开发利用和保护情况；三是监测田块、水网、渠网是否匹配，为农业基础设施建设和农业机械化提供支撑保障。

（二）国土空间规划

2014年始，国家发展改革委、原国土资源部、原环境保护部、住房城乡建设部等部委联合开展市县“多规合一”试点工作。科研所基于28个“多规合一”试点中的黑龙江省同江市和哈尔滨市阿城区，研究形成了一套国土开发适宜性评价方法，编制完成《市县经济社会发展总体规划技术规范与编制导则（试行）》（以下简称《导则》）。《导则》在2015年9月由国家发展改革委和原国家测绘地理信息局联合发布，为资源环境承载能力和国土空间开发适宜性评价奠定了坚实的技术基础。《导则》发布后，在浙江开化县、宁夏回族自治区、长春市等空间规划编制中进行了方法验证和完善。

2018年自然资源部组建后，科研所作为核心专家技术团队参加了自然资源部国土空间规划技术体系中的《资源环境承载能力和国土空间开发适应性评价技术指南（试行）》编制工作。评价思路是在土、水、环境、生态、灾害等单要素评价完成后，开展生态、农业和城镇三种功能指向的集成评价，对整个评价区域每种功能分成重要、一般重要、一般，或者适宜、一般适宜和不适宜三个等级，然后开展综合分析，刻画当地资源环境禀赋特点、识别问题与风险。

（三）测绘地理信息技术创新

2013年始，科研所瞄准实景三维技术，投入人力、物力研究倾斜摄影测量及其他实景三维技术，为用户提供实景三维技术整体解决方案。科研所作为全国倾斜摄影测量技术联盟理事长单位，组织联盟单位开展全国百城巡展，宣传和推广该项技术，不定期地召开技术研讨会，单位的技术人员走出去，也请相关技术人员来所讲座，提高自身的技术水平。几年来，科研所积累了黑龙江省哈尔滨市、吉林省长春市、南极长城站等大量的实景三维模型，也做了很多如哈尔滨索菲亚教堂、柬埔寨吴哥窟等典型地区精细模型案例。随着倾斜摄影测量技术的进步，科研所将该项技术应用到公安、城管、规划等系统中，还尝试多种技术的融合。新疆阿勒泰地区“多规合一”地理信息共享平台就将倾斜摄影三维模型和国土空间规划有机结合在一起，尤其在阿勒泰布尔津市信息化建设中发挥了重要作用。科研所正努力把实景三维技术应用于自然资源监管中，寻找一切机会推广该技术的应用。

四　有关思考

目前科研所形成的三大主要发展方向，不是一蹴而就的。科研所承担的很多测绘地理信息项目不属于传统的生产研发模式，需要采用新的工作模式方法才能达到满意的效果。而新的工作模式方法需要在实践中不断摸索形成，这就要改变思维方式，广泛调研，深入贯彻落实。

（一）改变思维方式

以全国农业战略格局重要地理国情监测项目为例，科研所对于自然资源部下达的任务书内容进行反复研究后，认为要跳出过去多年做地理国情监测项目的思维框架。经过多次调研，分析需求和准备解决的问题，初步确定了围绕农业监测的思路。与部调查监测司多次沟通后调整思路，最终聚焦调查监测司的专项调查工作，确定了监测内容。

彻底改变思维方式，才能完成更具挑战性的任务。2014 年，科研所接到国家发改委和原国家测绘地理信息局下达的“多规合一”任务时，由于这是一个完全开放式的项目，所以起初并不清楚项目成果的形式是什么。研究人员在反复请教黑龙江省发改委有关专家后，才明确要开发一套方法，解决主体功能区规划在市县层面落地的问题。研究人员打开思路，从 2007 年的《省级主体功能区划技术规程》入手，利用地理国情普查数据，反复试验找到合适的模型算法，对市县进行国土空间开发适宜性评价。在全国 50 多个省、市、县完善和验证后，实现了主体功能区规划在市、县层面的管控。2018 年开展《资源环境承载能力和国土空间开发适宜性评价技术指南（试行）》编制时，研究人员调整思维方式，从自然资源开发利用和保护监管直接服务于国土空间规划编制的角度，进行评价模型的设计与计算，开展资源环境禀赋特点刻画、问题与风险识别、潜力分析和情景分析等综合分析，为国土空间规划编制以及自然资源开发利用和保护奠定基础。

对于测绘地理信息技术在自然资源监管中的应用，测绘地理信息工作者责无旁贷。这项工作没有常规路径可循，需要重新梳理和拓宽思路，增补新的知识，改变思维方式，适应新的需要。

（二）开展广泛调研

无论是国土空间规划，还是专项地理国情监测，都不同于传统地理信息服务，必须“开门”做项目，开展广泛调研。我们现在的工作多是跨界、跨领域的。对于欠缺的知识，必须要广泛调研和学习。通过调研，有的放矢地确定工作方向，才能取得好的成果。

“全国农业战略格局重要地理国情监测”项目研究内容的确定，经过了近半年的调研、思考、讨论，调研的专家涉及发改、农业、战略研究、部司局等多家单位和部门，仅专项汇报就超过4次。国土空间规划更是“开门”编规划，一边与地方沟通，一边试验。在浙江开化县驻县两个多月。与宁夏各局委办上下联动调研，沟通协调大会举办了4次。

科研所以往的测绘地理信息服务，遵循已成体系的标准规范开展，提供传统的地理信息数据成果。自然资源部成立后，要为部各司局的工作做技术支撑。各项工作都有一个熟悉的过程。要想做好服务工作，必须广泛调研，从解决实际问题出发，从需求出发，将调研成果应用到实际工作中。

（三）深入贯彻落实

专项调查监测、国土空间规划和实景三维技术研究等，无论哪一项工作，都是深入贯彻落实才取得了今天的成就。每年的专项调查监测工作中，对于目标明确的任务，保质保量地完成。对下一步可扩展的监测内容，马上付诸行动开展监测。每一年的监测范围和内容都比既有的范围有所扩展。主管部门在下一年度布置的任务都是按照上一年的扩展方向进行新增。国土空间规划《资源环境承载能力和国土空间开发适宜性评价技术指南》编制工作的成果是要在全国推广的技术标准，因此，编制的指南必须有科学性、可操作性。在试验过程中，更是有了想法就马上进行落实实践。

科研所的一些具有探索性的工作没有经费支持，需要自主投入人、财、物，而且需要投入精锐的研究力量。如，实景三维技术应用于国土空间规划、国土空间规划评价技术指南研制和验证等工作都是这样的高强度、高难度的工作。

科研所寻找各种机会把试点成果对外推广，给领导展示，曾经在一天之内向自然资源部的6位司局长汇报展示。主要目的是将新成果尽快推广到自然资源管理工作中。改变思维方式，广泛调查研究，最后的关键是要落实，有落实才能有成果，也才能有广泛的应用。

总结既有经验，测绘地理信息工作转型发展，首先要从思想上求变，改变思维方式；其次，要广泛调研，查找问题，寻找需求，找准切入点；最后，要抓住关键，狠抓落实，在实践中不断完善思路，不断调整，精准发力。唯有这样，才能使测绘地理信息工作适应新形势下自然资源管理工作的要求，更好地为国民经济社会发展提供有效服务。

B.22

我国地理信息共建共享机制建设的巩固与创新

——结合浙江省近二十年实践经验和体会

徐　韬*

摘　要： 2018年国家机构改革后，国家、省、市、县各级政府机构设置与三定方案均进行了较大调整，我国地理信息共建共享机制建设迎来新的机遇和挑战，如何巩固、发展与创新，是我们应该及时认真研究的问题。浙江省是开展地理信息共建共享工作较早的省份，经过近二十年的努力，取得了丰硕成果，同时也面临新问题。本文以浙江为例，总结成绩、经验，进而分析我国地理信息共建共享机制、体制建设面临的新形势新任务，并就发展与创新提出若干建议。

关键词： 自然资源信息化　测绘地理信息管理　地理信息共建共享　浙江省

一　引言

2018年国家机构改革完成后，国家、省、市县各级政府机构设置与职能均有了较大调整，地理空间信息（以下一般称地理信息）共建共享工作增添了许多积极有利的因素。涉及自然资源管理、主体功能区规划编制、城乡规划编制等领域的地理信息协调与共享问题可望得到较好解决，协调渠道更加顺畅，机制更加稳固。同时，机构变动将使共建共享整体框架、协调与共享方式、重点和难点等产生新变化，应该趁着良好发展势头，总结经验和巩固

* 徐韬，浙江省自然资源厅教授级高级工程师。长期从事地理信息共建共享工作，退休前曾任浙江省地理空间信息协调委办公室常务副主任。

成绩，分析新形势和新任务，进一步加强和创新我国地理信息共建共享工作。笔者曾担任浙江省地理空间信息协调委员会（以下简称浙江地理信息协调委）办公室常务工作，前后从事与此有关的协作与协调业务活动有十余年之久，在此谨根据浙江的实践和个人认识，谈一些体会，并对下一阶段如何加强我国地理信息共建共享工作提出若干建议。

二　背景

1995 年 11 月，国家计划委员会（后为国家发改委）、国家科学技术委员会（后为科技部）、原国家测绘局在北京组织召开了地理信息系统发展战略国际研讨会，在此基础上酝酿成立我国地理信息共建共享协调组织，并于 2000 年 4 月成立了部际协调机构——国家地理空间信息协调委员会，以加强地理信息的协调工作。2001 年 7 月，国务院办公厅转发国家计委等部门《关于促进我国国家空间信息基础设施建设和应用的若干意见》，指出："要加速制定促进地理信息共享的政策法规，逐步建立起地理空间信息交换机制，解决地理空间信息资源条块分割、封闭管理的问题。"2006 年，由国务院办公厅转发的《全国基础测绘中长期规划纲要》明确，要"加强测绘与有关部门之间的信息交流与交换，建立起分工协作、互利互惠的信息资源共建共享机制"。2017 年修订的《测绘法》增加了"县级以上人民政府应当建立健全政府部门间地理信息资源共建共享机制，引导和支持企业提供地理信息社会化服务，促进地理信息广泛应用"的条款，为我国地理信息共建共享机制建设提供了法律依据。近二十年来，我国地理信息共建共享工作由上至下蓬勃开展，各省（直辖市、自治区）及相当多的市、县相继建立了地理信息协调机构，开展了经常性的、卓有成效的活动。

三　浙江的实践

浙江省地理信息共建共享工作的发展和进步，既与国家层面的引领和指导密不可分，又具有敢想敢干、勇于创新的特点。从“十五”时期起，浙江省大力推进地理信息共建共享法制、机制建设，建立了全省各级协调机构并开展经常性活动，紧紧围绕省委、省政府组织开展的各项有关工作，充分发挥地理信息共建共享的优势和作用，做出了优异成绩。通过长达近二十年持之以恒的努力，全省地理信息共建共享机制基本健全，与其他政府部门之间的业务协调关系基本理顺，各方对地理信息共建共享工作的支持和配合程度明显提高。

（一）牢牢抓住政策法规建设

1996 年省人大颁发了《浙江省测绘管理条例》，明确规定：“基础测绘实施经费列入同级财政支出”“测绘主管部门会同其他专业部门编制基础测绘规划”“其他专业部门测绘项目需要报备并在项目完成后汇交成果目录或副本”，首先从源头遏制重复测绘。根据 6 年的实践，该条例于 2002 年 8 月作了修订，明确：“地理信息资源应当实行共享。县级以上地方人民政府应当协调所属部门建立地理信息资源共享和地理信息数据交换制度和运行机制。”“基础测绘成果和国家投资完成的其他测绘成果，用于国家机关决策和社会公益性事业的，应当无偿提供。”

2008 年省政府颁布《浙江省人民政府加强测绘工作的意见》，进一步提出“完善地理信息资源共享机制，制定共建共享政策法规和技术标准，以共建基于地理空间位置的信息系统为纽带，推进地理信息资源共建共享”。2010 年 5 月，浙江省人民政府颁布《浙江省地理空间数据交换和共享管理办法》，规范全省地理信息数据的分工采集、交换、集成、整合和共享行为，成为我国第一部地理信息共建共享专项法规。

2018 年 1 月，《浙江省人民政府办公厅关于加强测绘与地理信息工作的意见》提出：“充分发挥地理信息公共服务平台的基础性作用，聚合各类政务地理信息资源，加快推进跨部门、跨层级信息开放共享。”“到 2020 年，率先建成以陆海统筹、分工采集、联动更新、开放共享、综合服务等为特征的新型基础测绘体系。”将这一工作推向新的高度。

（二）充分发挥协调机构作用

2002 年 12 月，在省测绘主管部门的积极建议和努力推动下，经省政府同意，成立了浙江地理信息协调委。成员单位由 15 个（计委、财政、国土、信息产业、民政、建设、水利、交通、农业、环保、海洋与渔业、地震、气象、测绘等）有关省级部门和单位组成。委员会工作由省计委（后为省发改委）牵头，日常工作由省测绘主管部门配备专人负责。经过多年运作和开展工作需要，成员单位数量发展到近 30 个部门、单位。

浙江地理信息协调委自成立以来，做到工作常态化和活动经常性。基本上每两年召开一次工作会议，每年召开一至两次的联络员会议，并围绕省委、省政府开展的各项有关工作进行经常性组织协调，在浙江基础测绘规划和计划（中长期规划、五年规划、年度计划等）编制、大型基础测绘设施可行性研究与组织实施、各专业（土地、海洋、水利、森林、地名、经济、人口、文物等）调查或普查等项目中，都发挥了重要的组织协调作用，取得了很好的效果，在省委和省政府层面、各专业部门之间及社会公众中产生了重大影响。

浙江地理信息协调委成员几乎包括了所有涉及地理信息资源采集、利用和开发的省级部门和单位，作为担任协调委常务工作的省测绘主管部门，通过协调委这个载体，向各部门宣传测绘工作的重要性与避免重复测绘的必要性，发布新建基础测绘设施和成果信息，介绍地理信息系统新技术在各领域的应用知识，引导测绘部门与专业部门合作并建设共建共享示范工程，吸收专业部门参与省重大测绘项目建设等，具有辐射面广、效率高、影响大、效果好的特点。在以测绘部门为主先后开展的 1：10000 基础地理信息快速更新、浙江省 GNSS 基站网、浙江 · 天地图、地理国情监测、政务地理信息公共服务平台、第三次土地调查等重大建设中，其作用不可或缺。

（三）积极开展“一对一”的密切协作

省测绘主管部门主动与有关省级厅局和单位、相邻周边省市测绘主管部

门、地级市测绘主管部门等签订地理信息共建共享协议并开展合作，是浙江省在探索建立地理信息共建共享机制方面的重要举措，也是在政策法规、协调机制建设下的深化和切入点。

2003 年至 2009 年，省测绘主管部门分别与 17 个省级部门（海域勘界办、民政厅、水利厅、林业厅、农业厅、信息产业厅、公安厅、国土资源厅、卫生厅、地震局、电力公司、交通厅、环境保护局、发展规划研究院、安全生产监督管理局、住房和城乡建设厅、公路管理局）、周边5省市（上海、安徽、江苏、福建、江西）测绘主管部门、11 个地级市测绘主管部门等一一签订了地理信息共享协议。2010 年后，根据形势和合作内容扩展，与以上部分单位又签署了战略合作框架协议，合作重点转向加强省级部门间有关业务的全方位合作，积极推动部门和单位之间开展项目、装备、基础设施、技术、信息数据、技术标准编制等全面合作，进一步推进和深化地理信息基础设施和地理信息资源共建共享工作。

在建立“一对一”协作关系的基础上，双方开展了多层次、多方位合作，建成省森林资源管理信息系统、省滩涂资源调查与围垦管理信息系统、省水利基础地理空间数据库和三维平台、省主体功能区空间规划系统、省电网地理信息数据分工采集与共建共享等多个优秀示范工程。全省用于地理信息采集目的的航摄、卫星影像购置、基础地理信息数据更新等都得到较好协调。地理信息与地理信息系统技术全面融入人口普查、地名普查、经济普查、水利普查、文物普查等多项工作，提高了重大项目开展的质量、效率、先进水平，同时节约了大量政府财政支出。

省测绘主管部门与有关厅局和部门开展合作，既为对方提供了基础地理信息数据支撑和地理信息系统技术指导帮助，密切了双方之间的联系，也使我们测绘部门能更深入地了解各行各业对测绘工作的需求和存在的问题，为制定测绘规划、计划、技术标准以及改进工作提供了依据。

（四）注重对共享数据的分析和开发利用

浙江基础测绘成果更新速度和覆盖率在全国同类省（区）中尚属领先。

但是，即使这样的更新速度仍然满足不了浙江快速发展的国民经济建设和社会发展要求，各级用户对基础地理信息现势性要求呼声不断，所以需要探索新的更新机制和更新方法。共享关系的建立给基础测绘快速更新开辟了一条新路子。政府各专业部门拥有大量地理空间信息数据，所主管的专业要素，具有完整性、准确性、法定性、现势性等优点，这些信息经过必要技术处理完全可以用于基础测绘更新和补充，既能节省大量外业调查和内业工作量，又能大大提高基础地理信息中某些专题要素质量，与专业部门表示更为一致。在建立共享关系后，省测绘主管部门从省市县各级有关部门（如土地、水利、围垦、海洋、民政、林业、电力、交通等）获得了大量对于 1 ： 10000 基础测绘更新具有重要参考价值的地理信息数据，其中许多是曾经长期谋求而难以得到的。业已开展的利用民政、土地、森林、电力、水利等专题要素更新 1 ： 10000 基础测绘数据的试验获得了非常鼓舞人心的结果。从已完成的结果分析，土地调查数据、森林调查数据、电力勘查数据和水利调查等许多共享数据可以用于基础测绘更新，能够有效减小外业劳动强度和节约成本，大大提高地理信息的正确性、权威性和规范性。

四　新形势与若干问题分析

机构改革后，我国地理信息共建共享工作面临良好的发展前景。由测绘地理信息主管部门自然资源部牵头我国地理信息共建共享工作，力度将会更大，部际间的协调、合作也将较前顺畅。土地、水利、草原、森林与湿地、海洋等自然资源的空间分布信息是地理信息的重要组成部分，是以往地理信息共享协调中的重点和难点。现在，这几类信息获取与共享协调难的问题将不复存在，自然资源类地理信息共享协调问题迎刃而解。自然资源类调查、普查、确权中原存在的重复测绘现象也将大大减少。地理信息及技术是主体功能区编制、城乡规划管理中不可或缺的重要依据和手段，组合在一个大部门内有利于地理信息资源、技术在该领域的开发利用，规划领域专题地理信息的协调与共享问题也将顺势得到解决。

同时也要看到，一方面，国家信息化建设新发展对地理信息共建共享工作提出了更高目标和要求，工作重点与难点将产生新变化，任务繁重；另一方面，由于机构变动带来了新问题，需要及时处理和解决。

（一）应适应更高要求

随着政府管理对地理信息需求剧增和政府数据开放共享工作不断深化，地理信息共享所包含内容更加丰富，外延不断扩大，已大大突破了原基础地理信息 7 大要素和自然资源地理信息的范畴，即从狭义走向广义。凡是服务于政治、经济、文化、民生、社会治理、应急保障等全方位建设的所有有关地理信息都将包括在内。如浙江提出新型基础测绘体系和现代地理信息公共服务体系建设，其中地理信息的共享交换包括 258 类专题信息，涉及 41 个省级部门，并要求形成省、市、县三级联动。业务协同范围已从原先的国土、城市规划管理、水利、森林、交通、海洋、地名、环保、电力等领域，逐渐拓展到公安、民政、财税、统计、审计、卫生、文保、社区管理等更加广阔的领域，应用服务范围和方式不断延伸和创新。如此多类的地理信息采集仅靠自然资源部门一家的努力是无法做到的，只有通过大力推进地理信息共建共享工作，加强各级政府部门间的协调、协作才是正确的选择。

（二）地理信息协调组织应适时调整

国家、省、市、县各级政府机构设置调整与三定方案制定全面完成后，我国业已建立的各级地理信息协调组织将面临较大调整。原担任常务工作的测绘地理信息主管部门已变为自然资源部门，原负责土地、水利、草原、森林与湿地、海洋等各个口子地理信息协调工作的机构和人员现也已大部分会集在自然资源管理口。其他成员单位出于机构调整与干部重新配备等原因，变动也较大，部分联系中断，需要在调研基础上及时调整。

（三）要适应工作重点与难点转移

国家大数据建设与地理信息共建共享工作密切相关。浙江省及一些省市已相继设立大数据（管理）局或中心，需要根据党和政府统一部署，做好衔接工作。如何使地理信息共建共享工作既满足国家政务地理信息大数据需要，又能从政府大数据建设中获取对自然资源调查、地理国情监测和基础地理信息更新有价值的数据，将成为地理信息共建共享工作新的重点。浙江地理大数据建设已被列入《浙江省促进大数据发展实施计划》，并开展了“政府组织、部门采集、测绘校核的分工协作机制，采用统一的软件平台，实现政务地理信息从分散到汇聚、从分享到共享的升华”的新探索，需要在实践中创新。

土地、水利、草原、森林与湿地、海洋等自然资源地理信息的协调共享解决以后，数据整合将成为新的难点。由于分类方法不同、数据标准不一、采集手段和方法有异、精度或表示颗粒度不同等原因，目前要做到各有关专业部门已有数据无缝、无重叠地融合并形成“一张图”尚有困难，需要花大气力去研究和解决。包括对已有数据的融合处理标准和方法制定，以及今后在采集各类自然资源数据中采用统一标准或者使各标准之间能够兼容。数据分析与整合将成为地理信息共享中的最大挑战，要通过科技创新最大限度地减少对地理信息采集以及加工整理中的人力、物力和财力的投入。

地理信息企业及涉及地理信息有关业务的新兴企业既是地理空间共建共享的受益者，又可能是地理信息的再生者。以往绝大部分的地理空间信息采集主要依靠测绘主管部门、其他有关政府部门等，但随着地理信息产业的蓬勃发展和互联网公司巨头（阿里系、腾讯系、百度系、华为系等）电商业务发展及涉足智慧城市建设等，势必在企业积累大量的现势性强、具有重复利用价值的地理空间信息，这部分数据以前尚未被纳入共建共享范围，要根据不同资金来源（投资）的特点依据国家有关法律研究相应的交换方法。

（四）要进行技术手段和方法创新

我国地理信息共建共享工作同时面临技术手段和方法创新。随着我国推进政府决策科学化、社会治理精细化、公共服务高效化的新要求，需要进一步引入互联网、物联网、大数据、云计算、人工智能等技术手段和理念，从信息的获取、协调、共享、应用与更新各个环节进行技术手段和方法创新。要吸收和借鉴世界上发达国家的先进经验和做法。如浙江明确了全省空间地理大数据应用示范工程建设的总体思路及主要任务，提出了依托智慧城市时空信息云平台和省地理空间数据交换与共享平台，建设全省一体化空间地理大数据中心的总体目标和思路。

（五）应进一步加强法制和标准化建设

2017 年修订的《测绘法》规定："县级以上人民政府应当建立健全政府部门间地理信息资源共建共享机制，引导和支持企业提供地理信息社会化服务，促进地理信息广泛应用。县级以上人民政府测绘地理信息主管部门应当及时获取、处理、更新基础地理信息数据，通过地理信息公共服务平台向社会提供地理信息公共服务，实现地理信息数据开放共享。"浙江率先出台《浙江省地理空间数据交换和共享管理办法》后，我国其他一些省市也相继出台了地理空间数据交换和共享管理办法。但在我国测绘地理信息法律法规体系中，还缺乏国家层面的地理空间信息交换共享专项法规，以及可操作性较强的具体规范，地理信息共享技术标准相对滞后，共享与保密的矛盾仍然突出。完备的地理信息共享交换体系必须以立法为基础，应该继续牢牢抓住法律法规、政策建设和标准化这几个关键，尽快出台我国地理空间信息交换与共享专项法规和有关政策，细化管理行为，加快地理信息共享标准建设。

五　结束语

地理信息共享共建无论在国内还是在发达国家都属于尚未完全解决的难

题，困难不仅仅在于技术问题和资金问题，关键还在于解决政策法律、法规问题，解决传统观念转变等问题，需要做大量艰巨的工作，任重而道远。我们要以创新和求实的精神，尊重科学，探索出一条符合我国国情地理信息共享共建的新路子，为我国的经济建设、社会治理和服务民生做出更大贡献。

参考文献

[1] 陈常松:《地理信息共享的理论与政策研究》，科学出版社，2003。

[2] 何建邦、吴平生、胡志勇、陈常松:《对制订我国地理信息共享政策的建议》，《地理信息世界》1999 年第 3 期。

[3] 国家测绘局政策法规司编《国外测绘法规政策选编》，测绘出版社，2009。

[4] [英] 维克多 · 迈尔 - 舍恩伯格、肯尼思 · 库克耶:《大数据时代》，盛杨燕、周涛译，浙江人民出版社，2013。

[5] 徐韬:《美国地质调查局访问记》,《新探索》2013 年第 2 期。

地理信息产业篇

Geoinformation Industry

B.23
新一代三维 GIS 软件技术体系探索与实践

冯振华　周　芹　蔡文文　何　倩　宋关福*

摘　要：在日新月异的 IT 技术、新型测绘技术和应用需求的牵引下，三维 GIS 软件技术得以快速发展。本文阐述了新一代三维 GIS 软件技术体系的内涵和外延，该技术体系以二、三维一体化 GIS 技术为基础框架，进一步拓展二、三维一体化数据模型，构建了全空间表示的数据模型体系；融合了倾斜摄影、激光点云和 BIM 等多源异构数据，并制定了开放的、适用于海量多源异构数据的《空间三维模型数据格式》（Spatial 3D Model，S3M）标准，推动三维数

* 冯振华，北京超图软件股份有限公司超图研究院副院长，兼三维研发中心总经理；周芹，博士，超图研究院三维研发中心技术总监；蔡文文，博士，超图研究院未来 GIS 实验室专项研究室部门经理；何倩，超图研究院三维研发中心产品工程师；宋关福，博士，教授级高级工程师，北京超图软件股份有限公司总裁。

据的共享与标准化，在三维 GIS 系统中实现了室外、室内一体化，宏观、微观一体化与空天、地表、地下一体化表达，赋能全空间的三维 GIS 应用；集成了 WebGL、虚拟现实（VR）、增强现实（AR）、3D 打印等 IT 新技术，为三维 GIS 应用带来更真实、更便捷的三维交互体验。本文从新一代三维 GIS 软件技术的发展背景展开论述，剖析了新一代三维 GIS 软件技术体系，探讨了新一代三维 GIS 软件技术在新型智慧城市等多个领域中的应用。

关键词：新一代三维 GIS 软件技术体系　二、三维一体化　S3M　全空间表示的数据模型体系

经过 30 多年的发展，我国地理信息系统基础软件取得了一定的成就，在关键技术领域取得了重大突破，包括跨平台 GIS 技术、三维 GIS 技术、云 GIS 技术和大数据 GIS 技术。其中，我国软件在跨平台 GIS 技术和三维 GIS 技术方面，取得了重要突破，与美国软件相比也更具优势。

三维 GIS 软件技术在 IT 新技术、新型测绘技术和三维 GIS 应用新需求的推动下，不断创新和发展。本文首先分析三维 GIS 的优势及传统三维 GIS 七大局限性，提出新一代三维 GIS 软件技术体系，并分析了其内涵和外延，然后重点剖析新一代三维 GIS 软件技术体系的各个层面，最后探讨新一代三维 GIS 软件技术在新型智慧城市等领域的应用。

一　传统三维 GIS 概述

十几年前，Google Earth 的发布，使三维 GIS 得到业界广泛关注，一时间成为研究和应用的热点，各厂商纷纷推出三维可视化软件。基于这些软件，各应用单位建立了大量的三维可视化应用系统。由于可视化效果比二维更加真实，也更加吸引眼球，三维应用系统很快得到业界的青睐。

（一）传统三维GIS

传统三维 GIS 以虚拟现实为代表性技术，与二维 GIS 相比，三维 GIS 因更接近于人的视觉习惯而更加真实，同时三维能提供更多信息，能表现更多的空间关系。无论单位用户还是个人用户，都对三维有迫切的需求。

然而在虚拟地球风靡的短短几年后，业界开始不满足于“面子工程”或“花架子”的三维可视化效果，并对三维 GIS 的实用性产生怀疑，三维 GIS 的发展似乎陷入困境。

（二）传统三维GIS的局限性

受限于计算机软、硬件的发展水平，传统三维 GIS 面临七大问题。

第一，二维和三维相互割离。传统三维 GIS 应用中，通常是采用二维、三维两套系统、两张皮，导致应用开发者学习成本高，系统搭建费用成本高，系统维护困难等诸多问题。

第二，是“偶像派”而不是“实力派”。传统三维 GIS 平台具有良好的可视化效果，但缺少三维空间查询与三维空间分析等功能，三维 GIS 功能尚不完善。

第三，三维数据采集成本高，且无法良好地表达室内信息。传统三维 GIS 数据来源主要是人工建模数据，生产周期长、成本高，精度较低，且缺乏对室内数据的表达。

第四，数据拓扑关系不严谨导致空间分析计算困难。传统三维 GIS 的数据来源大多是 3ds Max 建模，建模过程注重模型的外观效果，不关注模型三角网的拓扑结构，拓扑错误比较多，无法进行三维空间运算。

第五，无法表达三维场数据。学界针对三维场模型的理论研究较多，但在三维 GIS 平台中，缺失相应的三维场数据模型，实际应用中仍然无法表达连续、非匀质的三维空间属性场数据。

第六，缺少灵活易用的轻量级客户端。传统三维 GIS 平台软件以 C/S 架构为主，B/S 架构的客户端是插件客户端，需要额外安装，兼容性也较差，无法充分满足三维 B/S 应用的需求。

第七，缺乏三维 GIS 相关的标准规范。三维 GIS 相关标准规范的缺失，导致各应用系统之间三维数据共享与互操作困难，阻碍了三维 GIS 产业的快速、可持续发展。

二　新一代三维 GIS 软件技术体系

（一）新一代三维GIS软件技术体系的背景

随着倾斜摄影、激光扫描等数据采集技术的飞速发展，三维数据的快速获取成为可能。随着大规模三维空间数据的不断积累，数据的高效发布、数据共享和数据标准，成为三维 GIS 新的研究热点。

WebGL、AR/VR、3D 打印等 IT 技术的发展，推动了三维 GIS 软件技术的进步。

BIM 和 GIS 的融合，将三维 GIS 的应用从室外延伸到了室内，使得 GIS 可以做更为精细化的管理。BIM+GIS、城市设计、新型智慧城市等市场应用需求，促进了三维 GIS 软件技术的发展。

上述新技术和新需求的涌现和发展，共同推动了三维 GIS 理论和应用的发展，也推动了三维 GIS 软件技术的发展，新一代三维 GIS 软件技术体系应运而生。

（二）新一代三维GIS软件技术体系的提出

新一代三维 GIS 软件技术体系，是以二、三维一体化 GIS 技术为基础框架，进一步拓展二、三维一体化数据模型，融合倾斜摄影、BIM、激光点云等多源异构数据，推动三维 GIS 实现室内、室外一体化，宏观、微观一体化，空天、地表、地下一体化，赋能全空间的三维 GIS 应用，如图 1 所示。

在数据模型层面，以传统的空间数据模型为基础，拓展并定义了三维体数据模型、三维场数据模型（TIM 和体元栅格），完善了 GIS 平台中的空间数据模型体系，为实现全空间的地理信息表达提供了基础。

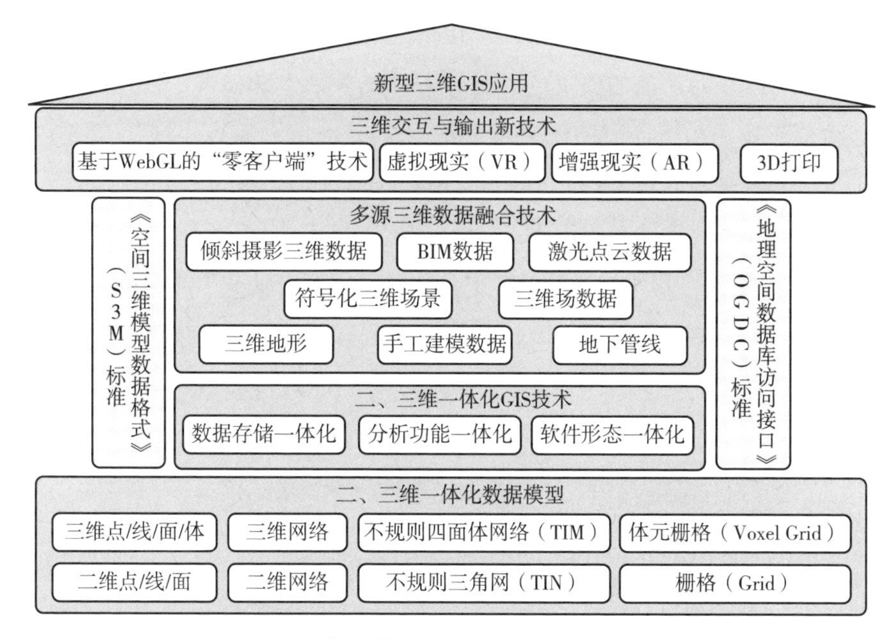

图 1　新一代三维 GIS 软件技术体系

在三维数据规范层面，为推动三维数据的共享和标准化，联合产业链上下游共同制定和发布了《空间三维模型数据格式》(S3M）标准。数据标准方面的共识，将极大地促进三维 GIS 更广泛的应用。

在 IT 新技术层面，集成 VR、AR、3D 打印、WebGL 等 IT 新技术，带来更真实、更便捷的三维体验，推动了三维 GIS 的快速发展。

新一代三维 GIS 软件技术，将在很大程度上影响未来 GIS 应用的变革和创新。

超图三维 GIS 历经十多年构建了新一代三维 GIS 软件技术体系，支撑国内外三维 GIS 深入应用。超图三维 GIS 的创新发展一直紧跟测绘技术、信息技术和市场应用需求的发展。

超图于 2009 年发布了国内首款二、三维一体化 GIS 软件，同时首次提出了二、三维一体化 GIS 技术。

超图在 2014 年提供了一整套基于倾斜摄影建模数据的三维 GIS 应用解决

方案，并率先支持 BIM+GIS，实现了 BIM 数据与 GIS 平台的无缝、无损衔接。

三维 GIS 平台产品的研发也紧跟 IT 技术的发展。2013 年，超图发布了三维移动端产品；2015 年，超图发布了基于 WebGL 的“零客户端”；2016 年，SuperMap GIS 平台软件支持了 Oclulus Rift、HTC VIVE 等 VR 头盔；2018 年，SuperMap GIS 平台软件支持了 AR（增强现实）技术。

2018 年凭借“新一代三维 GIS 平台软件研发及产业化”项目获得测绘科技进步特等奖，新一代三维 GIS 技术体系将是 SuperMap 三维 GIS 平台软件发展的新的里程碑。

三　二、三维一体化 GIS 技术

二维 GIS 和三维 GIS 是从计算机对真实世界表达方式的角度划分的两种 GIS 技术。单独的二维 GIS 无法满足未来发展的需要，同样，单独的三维 GIS 也不能满足应用要求。尽管三维 GIS 有二维 GIS 不可比拟的优势，但在相当长时间内还无法完全替代二维 GIS，这就需要引入一个新的三维 GIS 的概念，即二、三维一体化的 GIS 技术。

二、三维一体化技术实现了数据模型一体化、数据存储与管理一体化、符号一体化和空间分析一体化，真正解决传统三维 GIS 应用二维、三维两套系统、两张皮的问题，为新一代三维 GIS 技术体系的发展奠定了基础。

四　全空间表示的数据模型

空间数据模型是人们对现实世界地理空间实体、现象以及它们之间相互关系的认识和理解，是现实世界在计算机中的抽象与表达，是新一代三维 GIS 软件技术的基石。

SuperMap GIS 平台软件，在国内外大型通用 GIS 平台软件领域率先实现了不规则四面体网格（TIM）和体元栅格（Voxel Grid）两大类三维场数据模型；拓展定义了新的表达三维实体对象的三维体数据模型；并且拓展了三维

网络数据模型，支持强大的三维网络分析功能。从二维网络到三维网络，从点、线、面到三维体，从不规则三角网到不规则四面体网格，从栅格到体元栅格，新一代三维 GIS 软件技术体系形成了完整的数据模型体系，具备了空天、地表、地下一体化，室内、室外一体，宏观、微观一体化的全空间表达能力，如图 2 所示。

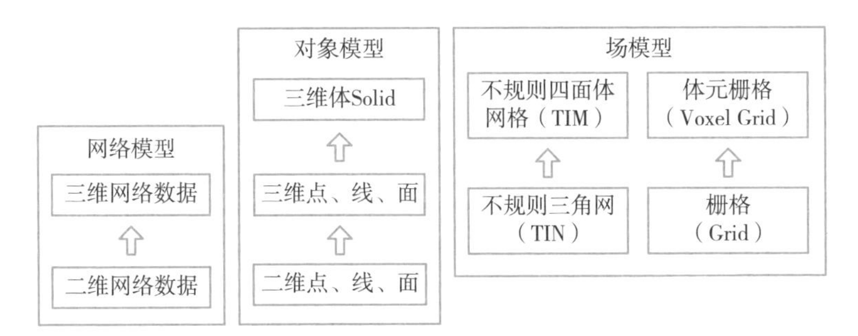

图 2　全空间表示的数据模型体系

（一）三维体数据模型

三维体数据模型采用拓扑闭合的三角网来表达三维体对象，并且支持交、并、差等布尔运算，运算后的结果仍然保持拓扑闭合性，即仍然是三维实体。由于具有拓扑闭合性的特点，三维体数据模型不仅可以计算体积和表面积等属性，而且可以进行降维运算，如对采用三维体数据模型表达的 BIM 模型数据无须保存横剖面和纵剖面，就可以方便地获取模型的任意剖面（见图 3）。

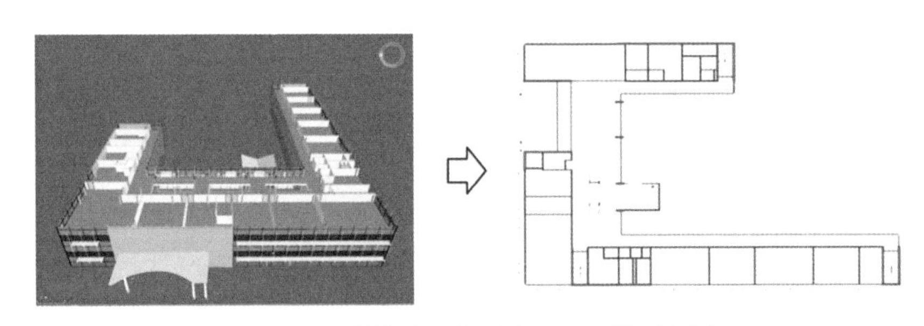

图 3　基于三维体数据模型获取 BIM 模型的剖面

基于三维体数据模型不仅可以定义三维实体对象与点、线、面对象间的空间关系，也可以定义三维实体对象间的空间关系，如相等、包含、相离等。可满足多种实际应用场景，如新建房屋是否满足电力线的安全范围、地铁将穿过哪一地质层等情况。

三维体数据模型不仅可以用来表达房屋、地质体等现实中存在的事物，也可以用来表达抽象的三维空间，如：用于表达建筑在三维空间中的阴影范围，将此阴影范围定义为阴影体（见图4（a））；通过分析邻近建筑窗户（BIM）和阴影体的三维空间关系，可以判定临近建筑的采光是否受到影响。可以用于表达摄像头在三维空间的监控范围，将此可视范围定义为可视体（见图4（b）），通过可视体的布尔运算，获得摄像头的监控范围，通过判定三维对象与可视体的三维空间关系，判定二维对象是否可见。也可以将分析得到的城市天际线与视点构成三维表面，再向下拉伸，构建一个三维的限高体（见图4（c）），通过判定城市待建建筑与可视体的三维空间关系，判定该建筑是否影响了天际线。还可以用于开敞度分析（见图4（d）），通过分析空

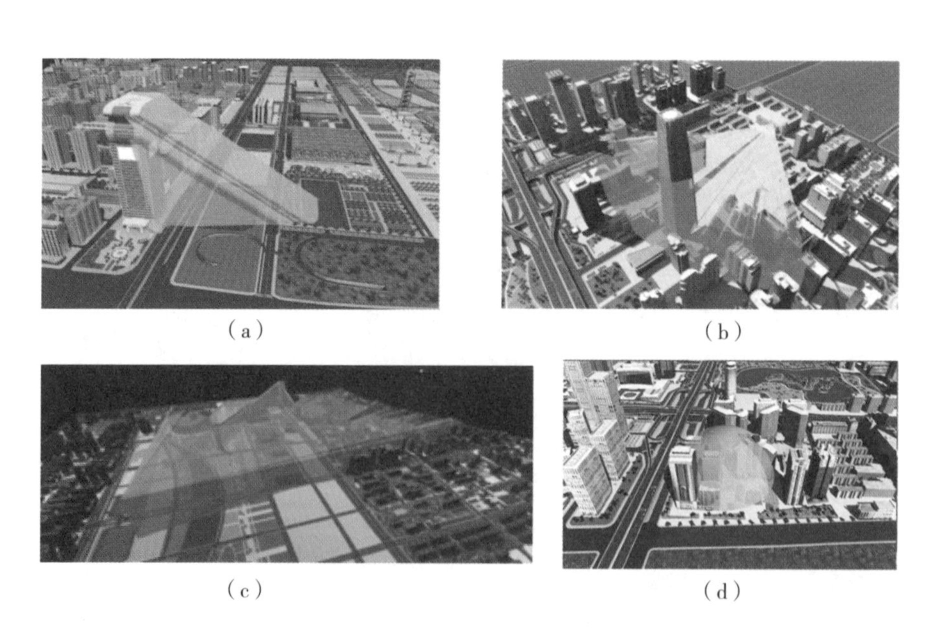

（a）（b）（c）（d）

图4　三维体的表达与分析

注：（a）阴影体；（b）可视域分析；（c）天际线限高体；（d）开敞度分析。

间的开敞程度可以衡量楼间距、楼密度，判断在当前位置能看到的天空比例等。当然，三维体数据模型也可以表达雷达扫描的三维空间等，在实际项目中会得到更多更广泛的应用。

（二）三维场数据模型

学界对三维场数据模型有了较深的理论研究，但在国内外 GIS 平台软件中并未得到实践应用。因此，SuperMap GIS 平台软件基于 TIN（不规则三角网）与 Grid（栅格）进行升维拓展，提出了 TIM（不规则四面体网格）和 Voxel Grid（体元栅格）数据模型，实现对连续、非匀质的三维空间属性场数据的建模与表达。

TIM 可表示三维连续空间或现象的不规则划分，由拓扑相连的不规则四面体构成。体元栅格可表示三维连续空间或现象的规则划分，由三维空间规则排列的体元（立方体 / 六棱柱）构成。基于多种关键技术，SuperMap GIS 平台软件实现了 TIM 和 Grid 数据模型的存储、可视化及分析计算。

TIM 可以用于地质属性场表达。可以对 TIM 进行剖切，实时查看任意剖面的属性分布，如图 5（a）所示。Grid 可以表达大气污染，可以进行过滤显示和剖切查看（见图 5b）。

Grid 还可以用于日照时长分析，可以按属性值过滤显示、查看区域内部日照时长的分布情况，如图 5（c）所示。Grid 也可以用于表达通信信号覆盖，不仅可以查看建筑物表面信号强度分布情况和信号强度的等值线分布，也可以提取出用三维线表示的信号强度等值线。除此之外，体元栅格与时间维叠加可以表达地震场，用于地震灾情分析、模拟演练等。

五　多源三维数据融合

随着数据采集技术的迅速发展，空间多源数据（见图 6）的产生给 GIS 数据的集成与应用带来了新的挑战。在同一个 GIS 平台软件中实现对不同来

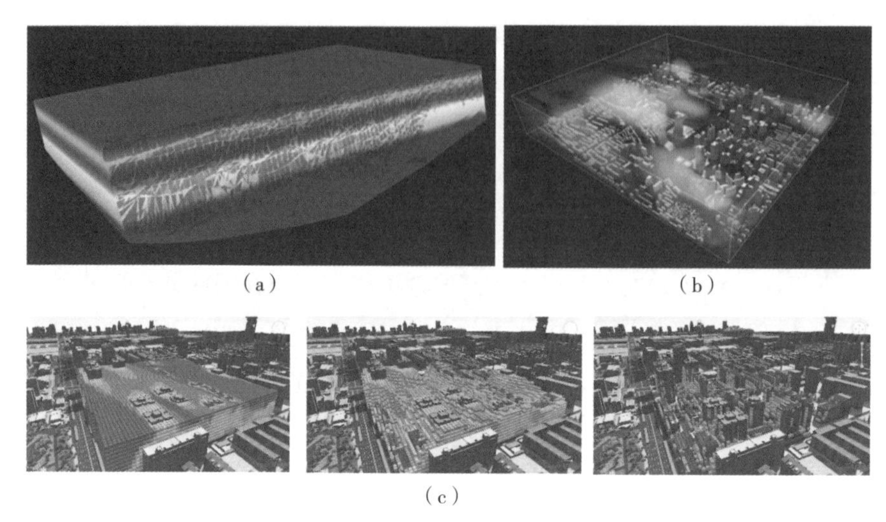

图 5　三维场的表达与分析

注：（a）TIM 剖切面（地质体）；（b）体元栅格按属性值过滤显示（大气污染）；（c）体元栅格按属性值过滤显示（日照时长）。

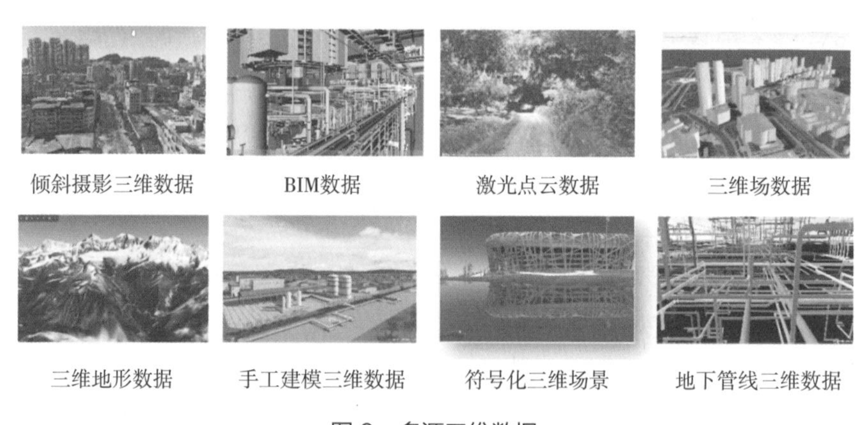

图 6　多源三维数据

源、不同分辨率的海量空间数据高效融合，对降低 GIS 应用系统的建设成本、提高空间数据的使用效率具有重要的现实意义。

（一）倾斜摄影建模数据

针对海量倾斜摄影建模数据，SuperMap GIS 平台软件提供了倾斜摄影建

模数据快速加载、处理、查询、分析、发布及应用的全流程解决方案。

倾斜摄影建模数据是全要素的切片数据，因此，如何实现倾斜摄影模型的单体化，成为研究和争论的热点。超图软件的三维研发团队，提出了通过矢量底面数据实现的“虚拟动态单体化”的方法，灵活、快速地实现了倾斜摄影模型的动态单体化表达，如图 7 所示。基于矢量面的单体化，可以充分利用矢量面数据模型的空间查询和空间运算能力，支持二、三维一体化的 GIS 应用，如图 8 所示，为倾斜摄影建模数据的应用提供了全方位的支持。为实现单体化流程的自动化，超图还提出了一种基于深度卷积神经网络，从倾斜摄影模型上自动获取建筑物的多边形底面数据的方法。

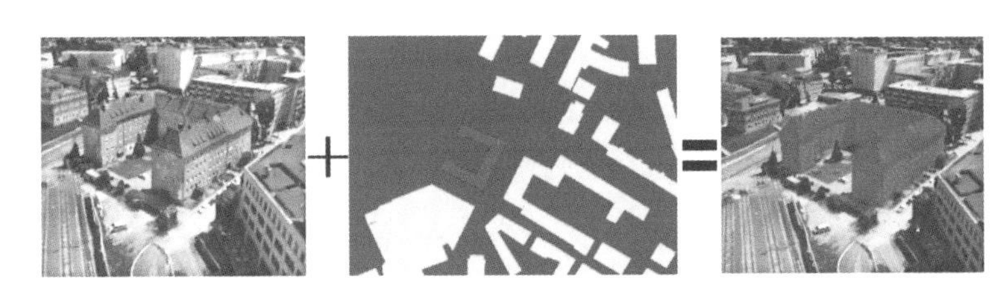

图 7　基于矢量底面的倾斜摄影模型单体化

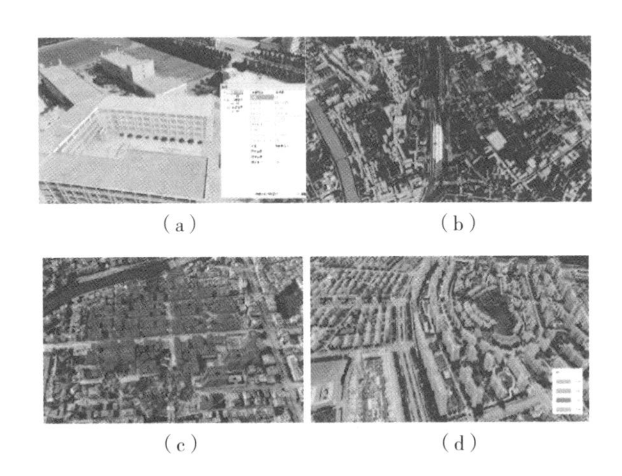

（a）　（b）

（c）　（d）

图 8　倾斜摄影模型的 GIS 应用

注：（a）属性查询；（b）缓存区查询；（c）周边查询；（d）专题图表达。

（二）激光点云

经过多年的技术积累，SuperMap GIS 平台软件支持 .las、.txt、.xyz、.ply、.laz 等多种数据格式，实现了高精度激光点云数据的快速加载与流畅可视化，支持多种激光点云数据的精确量测、设置颜色表、生成 DSM 等功能，满足广大用户的应用需求。

同时，“虚拟动态单体化”方法也适用于激光点云数据，如图 9 所示，依托矢量底面属性查询和空间查询的能力，解决了激光点云数据在 GIS 中应用的难题。

图 9　动态高亮选中激光点云模型

（三）BIM+GIS

BIM+GIS 的应用热潮，使高精度的 BIM 数据成为三维 GIS 应用的重要数据来源。但如何实现 BIM 数据的接入、处理、渲染、分析及结果输出，成为阻扰 BIM+GIS 深入应用的难题。

SuperMap GIS 软件平台提供了 CATIA、Bentley、Revit、AutoCAD、

Civil3D 等当前主流 BIM 软件到 GIS 软件的数据无损接入技术，也直接支持 IFC（Industry Foundation Classes，建筑工程数据交换标准）和 3DXML（CATIA 的 BIM 数据交换格式）格式。通过实例化存储与绘制、多细节层次（Levels of Detial，LOD）、批次绘制、BIM 模型轻量化等技术实现了百万级 BIM 模型与 GIS 数据的集成应用，实现了海量 BIM 数据的轻量化处理与高效渲染，突破了 BIM 与 GIS 结合应用的性能瓶颈。

（四）多源三维数据多尺度融合匹配

DEM/DOM、倾斜摄影模型、激光点云、BIM 等三维数据为三维 GIS 应用，提供了二、三维一体化的基础底图。但这些多源异构的三维数据的精度和坐标系不尽相同。为实现多源三维数据融合匹配，SuperMap GIS 平台软件提供逐顶点坐标转换功能，并且支持三维数据基于同名控制点坐标配准。SuperMap GIS 平台软件不仅可以将多源三维数据统一到一个坐标系统，实现各种信息对齐；而且提供诸如三维空间数据镶嵌、压平、裁剪、挖洞及设置缓坡等操作和处理功能，实现数据平滑衔接，如图 10 所示。

图 10　多源三维数据融合

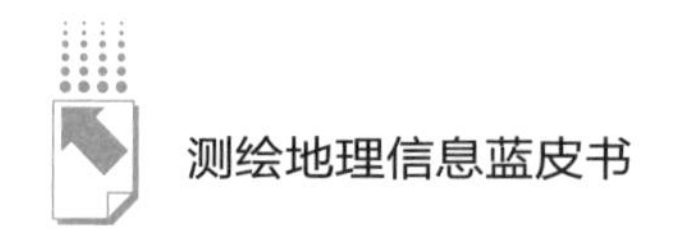

六　三维空间数据的开放、共享与互操作

《地理空间数据库访问接口》和《空间三维模型数据格式》(S3M)标准的发布，促进了三维数据的共享与标准化。

（一）数据入口：OGDC

OGDC（Open Geospatial Database Connectivity，开放式空间数据库访问接口）是基于国家标准《地理空间数据库访问接口》的一套 C++ 接口，是用于实现不同格式空间数据库的互联互访。基于 OGDC 标准接口开发的应用程序，不依赖于任何空间数据库及数据格式，以统一的方式来访问空间数据库，实现空间数据的互操作。

OGDC 支持传统的二维点、线、面、栅格数据，也支持三维点、线、面及模型数据；并提供了开放的 SDK，并以范例程序的形式提供了 IFC 导入工具和 3ds Max 插件源码（导出 3ds Max 的模型对象及生成 S3M 数据格式），开源地址：https://github.com/SuperMap/OGDC。

（二）数据出口：S3M

超图联合自然资源部信息中心、国家基础地理信息中心等 11 家单位起草的《空间三维模型数据格式》(S3M)，是地理信息产业协会发布的首个团体标准，该标准规定了三维地理空间数据格式的逻辑结构及存储格式要求。S3M 格式不仅适用于网络环境和离线环境下海量、多源三维地理空间数据的数据传输、交换和高性能可视化，而且满足不同终端（移动设备、浏览器、桌面电脑）上的三维地理信息系统相关应用。

SuperMap GIS 平台软件基于 S3M 标准形成了开放的 S3M SDK，它提供了用于 S3M 数据读写的软件开发包，并提供了免费、开源的 S3M 数据读、写范例程序，提供了转换工具实现 S3M 与 OSGB、3D-Tiles 等格式之间的相互转换，为应用厂商使用该格式规范开发三维 GIS 相关应用提供参考（开源地址：

https://github.com/SuperMap/s3m-spec）。

目前，深圳珠科 Altizure、东方道迩 pixe3D Builder Engine（P3BJet）、大势智慧重建大师（GET3D）、瞰景科技集团 Smart3D 2019、大疆智图等倾斜摄影建模软件已经完成与本标准格式的对接，国内外更多倾斜摄影建模软件、BIM 软件及前端可视化软件的对接工作正在进行中。

七　三维交互输出新技术

以 VR/AR、3D 打印、WebGL 等为代表的 IT 新技术，推动了新一代三维 GIS 软件技术的发展。

（一）基于WebGL技术的无插件客户端

WebGL 技术让三维 GIS 变得前所未有的简单。SuperMap iClient3D for WebGL 是基于 WebGL 技术的三维“零客户端”，具备无须安装插件、支持主流全系浏览器、支持跨平台、支持全触控操作等的技术特点。它支持如倾斜摄影模型、BIM 模型、激光点云、三维场数据等多源三维数据以及实时动态数据，如图 11（a）所示；支持多种可视化效果、多种裁剪功能、量算功能、三维空间查询、三维空间分析等，如图 11（b）所示；支持如卷帘效果、尾迹线、泛光、景深、扫描线等三维特效，如图 11（c）所示，为用户带来全新的视觉体验。

超图希望为用户提供触手可得的体验，因此提供了一款全功能三维 Web App：SuperMap iEarth，它不仅提供了多源数据的加载能力，而且实现了三维空间分析能力，多种可视化效果等全功能的支撑。SuperMap iEarth 是基于 SuperMap iClient3D for WebGL 开发而成的，并且已经实现了开源（开源地址：https://github.com/SuperMap/SuperMap-iEarth）。

（二）身临其境的三维体验（VR/AR）

VR/AR 技术的发展，让三维 GIS 变得前所未有的真实。SuperMap GIS 平台软件不仅支持 HTC VIVE、Oculus VR 头盔等 VR 设备，给用户带来沉浸式

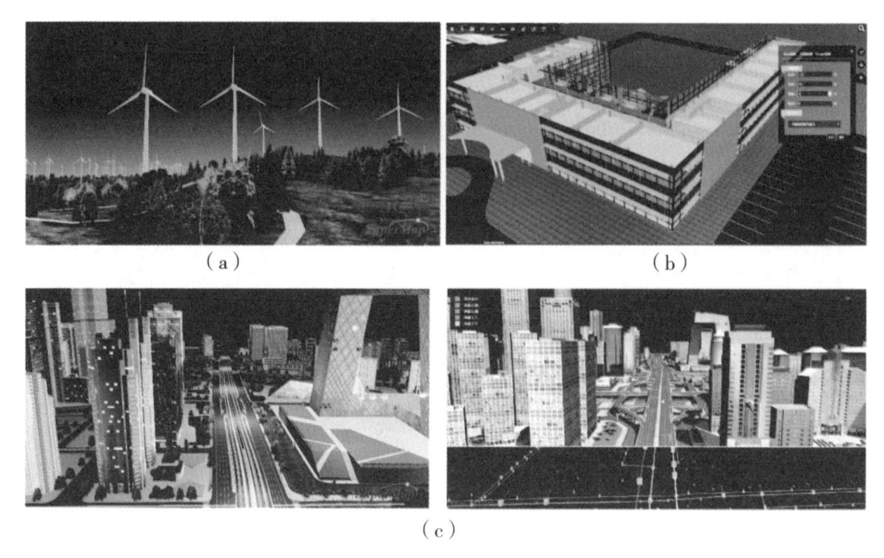

图 11　三维“零客户端”:（a）风车，（b）立方盒子裁剪，（c）后处理特效功能

的三维体验，而且支持 VR 一体机设备，为用户带来触手可得、身临其境的全新三维视觉体验。

不仅如此，SuperMap GIS 平台软件还实现了 AR 与 GIS、BIM 的结合，如：我们可以把数字化的 BIM 投到如施工现场等任何场景中，将设计方案和真正的施工现场做比对，及时发现问题并修正，并且支持多种剖切功能，浏览管线及楼层展示等，如图 12 所示。

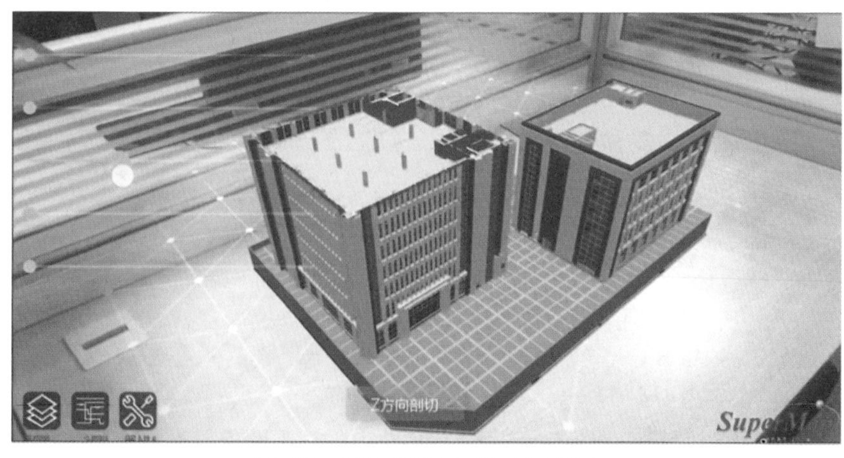

图 12　超图成都大厦的 AR 实景

（三）3D打印

三维体数据模型，除了支持三维空间运算等特性，还可以导出成 STL 格式，支持 3D 打印。图 13 展示了通过 3D 打印技术打印的一块采用三维体数据模型表达的地形数据。

图 13　地形实体数据 3D 打印

八　需求牵引下的新一代三维 GIS 软件技术应用

BIM+GIS、CIM、新型智慧城市、城市设计、应急救援等众多应用领域，都需要三维 GIS 平台软件的支撑。例如呈现良好发展态势的新型智慧城市，新一代三维 GIS 软件技术在其中发挥着时空信息承载和纽带作用，并提供多种可视化分析手段；新一代三维 GIS 软件技术为城市设计提供了多种可视化分析手段，如图 14 和图 15 所示；新一代三维 GIS 软件技术赋能 BIM+GIS 应用方面，如图 16 所示，其为水电工程与三维 GIS 结合的典型案例，在水电 BIM 与 GIS 结合方面实现了技术创新和实际应用，有力提升了水电企业多维度管理水平及决策指挥水平。

九　结语

二、三维一体化 GIS 技术的发展，以及倾斜摄影、激光点云、BIM 与

图 14　城市设计数字化平台

图 15　香港规划署三维规划设计云平台

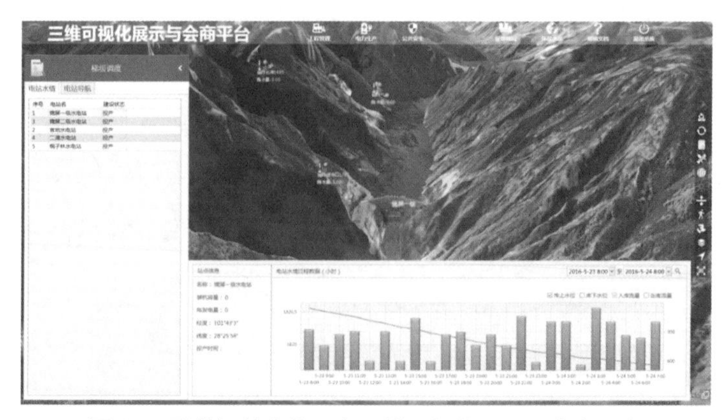

图 16　雅砻江数字化平台三维可视化展示和会商平台

GIS 结合等技术，推动了新一代三维 GIS 技术体系的形成。在新一代三维 GIS 技术体系下，三维空间数据模型的发展，三维空间数据共享标准的逐步完善，都将推动三维 GIS 技术向更广泛和更深层次的方向发展。我们相信，新一代三维 GIS 技术必将推动三维 GIS 从理论到应用层面的变革，创新三维 GIS 技术和成熟应用。

未来，随着用户应用需求的深度发掘，新一代三维 GIS 技术会继续发展和完善，并且不断融合人工智能及其子集机器学习和深度学习，进一步推动三维 GIS 技术向更智能化的方向进化，实现对现实世界智能化的感知和分析。

参考文献

[1] 徐冠华:《创新驱动中国 GIS 软件发展的必由之路》,《地理信息世界》2017 年第 24（5）期，第 1~7 页。

[2] 宋关福:《三维 GIS 的困境与出路》,《中国测绘》2010 年第 1 期，第 32~39 页。

[3] 宋关福、钟耳顺、吴志峰等:《新一代 GIS 基础软件的四大关键技术》,《测绘地理信息》2019 年第 44（1）期，第 1~8 页。

[4] 吕慧玲、李佩瑶、汤圣君:《BIM 模型到多细节层次 GIS 模型转换方法》,《地理信息世界》2016 年第 23 期，第 64~70 页。

[5] 孙寅乐、宋关福、曾志明等:《三维 GIS 符号化水面的设计与实现》,《测绘与空间地理信息》2013 年第（z1）期，第 53~55 页。

[6] 黄杏元、汤勤:《地理信息系统概论》，北京：高等教育出版社，1989。

[7] 马智民、俞全宏、姜作勤:《应用地理信息系统设计与实现》，西安：西安地图出版社，1996。

[8] 蔡文文、冯振华、周芹等:《面向数字化城市设计的三维 GIS 关键技术》,《地理信息世界》2019 年第 3 期，第 122~127 页。

[9] 贺鸿愿、周晓光:《三维拓扑关系的基本问题和研究进展》,《地理信息世界》

2014 年第 3 期，第 9~17 页。

[10] 蔡文文、王少华、钟耳顺等:《BIM 与 SuperMap GIS 数据集成技术》,《地理信息世界》2018 年第 25（1）期，第 120~124 页。

[11] 邢峰、崔巍、许大璐:《基于 WebGL 的三维云景渲染方法》,《地理信息世界》2018 年第 25 期，第 101~105、109 页。

[12] 孙寅乐、冯振华:《一种实时大数据动态三维可视化技术》,《测绘与空间地理信息》2017 年第 40（z1）期，第 98~100 页。

B.24
测绘地理信息支撑自然资源管理从二维到三维升级的思考

王显鲲　杨震澎　梁哲恒*

摘　要： 自然资源机构的改革，实现了“山水林田湖草”的统一管理，自然资源管理的思路也逐步向资源、资产、生态“三位一体”自然资源管理体系进行转变，面对当前自然资源统一确权登记、国土空间规划等需求，迫切需要对各类自然资源进行整合，构建自然资源二维“一张图”。而自然资源本身具有三维形态，单要素的资源管理方式并不能完全满足当前的管理需求，需要实现空间形态从二维到三维的转变，在二维“一张图”的基础上构建实景三维，实现自然资源立体化管理。测绘地理信息除了履行《测绘法》服务好社会各行业外，重点要为自然资源体系服务，因此，这里着重探讨在新的形势下，结合当前和今后的发展，测绘地理信息如何支撑自然资源管理从二维到三维的升级。

关键词： 自然资源　测绘地理信息　二维“一张图”　三维实景

* 王显鲲，广东南方数码科技股份有限公司产品经理；杨震澎，广东南方数码科技股份有限公司董事长，自然资源部测绘地理信息智库委员会委员、中国地理信息产业协会副会长，中国测绘学会发展战略工作委员会副主任委员；梁哲恒，广东南方数码科技股份有限公司总工程师，高级工程师。

一 引言

自然资源所涵盖的各种内容，经历了多年的发展，已由原主管部门构建了不同级别、不同范围的数据资源。然而，各类自然资源数据长期以来标准不一，口径不一，家家出数据，家家不一样。自然资源部的成立，希望从根本上解决上述问题，实现“国土海洋测绘归总，调查规划权属统一”。自然资源部部长陆昊2018年在海南调研时就提出，自然资源登记等系统，要由二维变成三维，解决自然资源调查、确权和国土空间用途管控等问题。[①] 自然资源部组建后，“山水林田湖草”以及“陆海空、地上下”作为生命共同体综合管理是当前的迫切需求，一方面应以第三次全国国土调查为基础，统筹土地、矿产、海洋、测绘、森林、草地等各类数据资源，将分布在各个不同部门的已有数据汇聚到一起分析甄别，构建自然资源“一张图”，为自然资源调查监测评价、监管决策、“互联网 + 政务服务”提供数据支持。另一方面，原有的单要素的资源管理方式满足不了当前的管理需求，需要技术上实现从二维到三维的转变，在二维“一张图”的基础上构建实景三维，实现自然资源立体化管理。同时应用高精度遥感卫星、无人机、云计算、大数据、物联网、人工智能、移动通信等新一代技术，实现对国土空间中各类自然资源的全时、全域、全要素的动态监测与更新。

二 自然资源二维“一张图”建设是当下迫切需要

（一）自然资源业务应用的现状需求

根据自然资源管理部门机构改革职能配置，改革后的自然资源管理部门主要职责概括为“两统一”，即统一行使全民所有自然资源资产所有者职责，统一行使所有国土空间用途管制和生态保护修复职责。

---

① 刘颖、贾秀荣：《三维信息化技术在城市规划管理中的应用》，《规划师》2018年12月。

然而在统一行使全民所有自然资源资产所有者职责，统一行使所有国土空间用途管制和生态保护修复职责，着力解决自然资源所有者不到位、空间规划重叠等问题，实现山水林田湖草整体保护、系统修复、综合治理的大趋势下，自然资源现存数据仍存在不少亟须解决的难题。首先，因业务需求的不同，各类资源各有一套数据规范，在存储方式及表达方面都存在很大的差异；其次，分归不同部门管理的数据，存在内容分散、现势性各异、质量参差不齐等问题；再次，各类数据之间缺乏流动，久而久之，分道而驰的状况日趋明显，数据共享性将越来越低。

各部门在有数据需求的时候，大部分情况下是各自采集、各自存储、各自更新，同一空间的同一地理实体，往往经过了多次的采集和调查，地理信息重复建设的情况非常严重。亟须以当前的第三次国土调查为契机，加快数据整合，构建全面、系统、权威、统一的自然资源基础数据库，为生态文明建设和自然资源管理提供底图和底数。

（二）如何构建自然资源二维“一张图”

以测绘为基，在坐标一致、边界吻合、上下贯通的前提下，整合、规范、扩展现有的基础地理、遥感影像、土地、矿产、海洋、林草、湿地等各类自然资源数据，按照统一的目录体系和标准规范进行逻辑融合，实现各类数据资源的互联互通和业务共享，构建自然资源“一张图”大数据体系，为自然资源调查监测评价、自然资源监管决策、“互联网＋政务服务”提供数据支持。

1. 数据收集分析

从原测绘、国土、林业、草原、住建、海洋、水利等各个部门收集已有的各类数据，并按照“测绘为基”“陆海相连”“多规合一”“业务统筹”等几个方面对收集的数据进行初步的分析，以确定现有各类数据的数量、质量及相互之间的关系、问题冲突等。

2. 数据目录梳理

从自然资源调查、规划、利用、用途管制、确权登记、权益、生态修复等业务环节的数据需求出发，对测绘、土地、地质矿产、海洋、水、森林、草原、湿地等各类自然资源的已有数据进行分析整理，整理出为满足自然资源主管部门职能管理及业务办理需要的数据内容清单，围绕自然资源管理职责，整理形成自然资源“一张图”核心数据目录。

3. 数据整合

在对已有测绘、国土、水利、农业、林业、海洋等业务标准规范分析的基础上，以实现自然资源“一张图”为建设目标，从自然资源职能职责出发，完善自然资源数据标准规范体系，通过重新建立、融合扩展、修改利用的方式，消除原各部门标准、规范及工作机制上的冲突和重复，形成统一的自然资源数据标准体系目录，为构建自然资源“一张图”提供机制保障。

根据标准、规范，对已有的各类自然资源相关数据，按照一定的原则，通过“三化两融”（“三化”是指数字化、空间化、结构化，“两融”是指图形融合、属性融合）的数据整合，以形成要素齐全、现势性好、精度高、逻辑一致、语义完整的自然资源数据。

4. 数据更新

建立完善自然资源“一张图”数据更新机制，依托自然资源调查和空间规划任务，持续通过汇交更新方式获取最新自然资源现状调查及规划数据，通过业务办理凭条动态更新获取自然资源管理业务数据，通过共享更新方式实时获取发改、环保、住建、交通、水利、农业等部门的相关信息，同时通过网络爬取方式，获取最新的社会网络、舆情数据，为自然资源调查监测评价、监管决策、“互联网＋政务服务”提供信息和服务支撑。

三　构建“海陆空、地上下”实景三维实时大数据是未来目标

（一）自然资源二维管理的局限

自然资源部管理对象主要包括土地、矿藏、水流、森林、山岭、草原、滩涂、荒地等，自然资源本身具有三维形态，单要素的资源管理方式并不能完全满足当前的管理需求，如在自然资源确权登记、空间规划以及自然资源

监管等方面只是通过二维管理存在一定的难点或问题。首先，在自然资源确权登记方面，矿产资源（地下矿产与地表矿产）、水流资源（水面、水中、水底、底土）存在自然资源的权利在空间互相交错的情况，在二维投影上的拓扑关系是相交的，但实际三维空间位置上的拓扑关系是正确的。其次，在自然资源空间规划方面，传统规划行业的规划依据一般局限于用地、人口、经济等因素，往往会忽略立体空间规划的重要性，导致统一协同机制不能充分发挥，并衍生出大量由“不合理”规划造成的城市管理问题，如多规打架、地面沉降、城市景观不协调等。最后，在自然资源监管方面，以自然资源中较为复杂的产权体——矿产地质资源开采监管为例，传统矿产资源权利的二维界址图件与材料，很难明确定义采矿权的范围，所以经常发生露天矿产被盗采和过度采矿的情况，导致国家资产被侵吞，也容易发生由过度采矿造成的山体滑坡等各种生态灾难。

（二）实景三维构建的可能性

随着科技的不断发展，各个行业的数字化、智慧化成为必然的趋势，对城市和地上地下空间基础信息的需求与日俱增，需要更加完整、真实以及高精度的空间信息数据来辅助完成各项工作，相对于二维数据，三维模型可以真实还原目标物全貌，全面体现客观实际，实现空间数据的直观化和可视化。实景三维模型作为三维空间信息数据，在数字城管、数字公路、智慧公安、智慧铁路等应用中都发挥了重要作用，其也将是承载自然资源管理的重要基础设施。

1. 三维技术突破带来全新功能

早期，三维数据生产主要靠人工建模，导致生产成本很高、生产周期很长、生产的三维数据精度不高，这些制约了三维 GIS 的广泛应用。随着测绘技术的不断发展，新的三维数据获取手段（无人机倾斜摄影技术、机载 LiDAR 等）也不断涌现，大大降低了三维数据生产的人工成本和时间周期，使得大规模、高精度、低成本数据的获取成为现实，三维应用建设成本大幅降低。除了成本之外，三维技术在以下几点也实现了创新：利用三维实体数据模型，实现从物体表面与形状的表达到内部结构的表达；新型三维数据

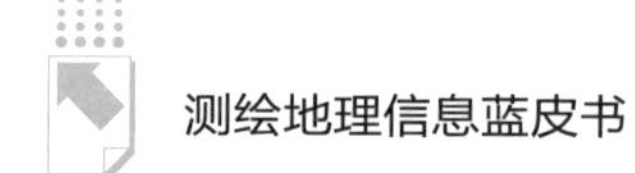

（倾斜摄影、激光点云）与传统数据（影像、矢量、地形数据、精细模型、地下管线）融合，提高了三维场景的建模精度。

2. 新一代信息技术提供重要支撑

移动互联网、云计算、大数据、人工智能等新一代信息技术的逐渐成熟让业界具备了海量数据的处理能力。

随着5G时代的到来，通信网络有足够的网络带宽来承载实景三维内容，信息显示从二维向三维过渡，这将成为一个不可逆转的趋势。云计算、大数据的应用促使存储器和服务器运算能力提高，为自然资源实景三维海量数据存储、处理和传输带来了极大的便利；而新一代人工智能技术的迅猛发展和广泛应用，必将给城市规划和社会治理带来巨大变革。

（三）动态实时监测更是有效手段

在构建的自然资源二维“一张图”和自然资源实景三维的基础上，逐步建立全面感知的自然资源监测体系。利用卫星、无人机、传感器、物联网、视频监测等现代遥感和监测技术，结合云计算、大数据、人工智能等关键技术，构建自然资源动态智能监管，把自然资源现状数据、规划数据、管理数据和监测采集数据进行深度融合，构筑“天上看、地上查、视频探、网上管”的综合立体监管体系，实现对国土空间的全时、全域、全要素立体监控。

1. 天上看

利用高分辨率正射卫星遥感影像，整合现状数据、规划数据、管控数据，通过年度数据对比，配合现场勘查、核实情况，对用地行为进行全面监测，同时结合无人机航拍监测，实现自然资源的航天、航空遥感动态智能监测。

2. 地上查

基于移动测量系统和自动化采集汽车等方式进行远程查看、实时定位、实时信息采集，执法巡查人员根据动态监测情况，实地查看发现问题、处置问题。

3. 视频探

综合利用视频探头、无人机航拍等手段实现在线视频监管。可通过视频

探头对重点地块建档抓拍，同时进行自动抓图、拼接等，生成全景资源图，也可通过天眼和视频眼的深度结合实现对违规地块的监测，通过对卫片中违规地块进行自动检测识别，关联摄像头抓拍，生成违规地块的图片档案。

4. 网上管

建立自然资源动态智能检测系统，对国土空间规划、土地利用监督、建设项目用地进行批后监管、供后监管和低效利用监管，通过测绘卫星、无人机航测、倾斜摄影、自动化采集汽车和视频探头等“空天地”手段构建智能化辅助分析决策，从而对国土空间规划实施情况、建设用地开工情况、耕地保护目标任务等进行统计分析，为空间规划监督预警、闲置土地处置、耕地动态平衡等提供数据支撑。

（四）在自然资源管理中的应用

自然资源在空间分布上位置不一、形态各异，为满足自然资源管理与服务的全方位需求，实时掌握自然资源现状，最大限度发挥自然资源的综合效益，实景三维模型以其精细、真实、直观、高效的特点，辅助用户准确掌握山水林田湖草的利用现状及其附着物的权属信息，精准定位“陆海空、地上下”空间位置，直观真实地展示自然资源分布情况和应用现状。以实景三维在国土空间规划和不动产登记中的应用为例，主要有以下一些应用。

1. 在国土空间规划方面的应用

国土空间规划是一项非常复杂的工作，规划编制需要依托很多辅助资料数据，涉及相关的事务多。三维实景对于规划方案评估、指标定义以及规划现状和未来的描述等具有突出的实践意义，可为决策者提供更科学、更准确的辅助决策技术支持，满足规划编制、规划选址、规划审批应用的需要。

规划编制：在规划编制阶段通过实景三维，有助于城市规划编制中规定性指标的确定。通过三维模型可以对空间规划编制成果进行推演，同时通过提供逼真的城市三维环境，能够让设计人员在真实的场景中去设计，充分考虑现状建筑环境、山体、水域、道路、绿化等对设计方案的影响，使城市设

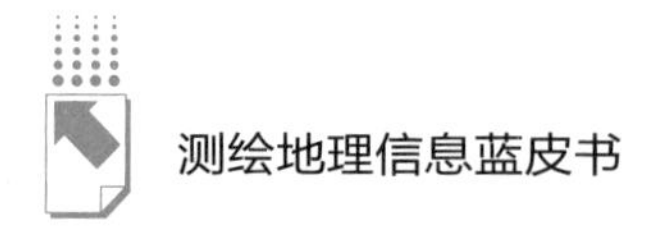

计更加科学。

规划选址：集成各类选址所需的辅助信息，同时结合市政地下管线、地形坡度及坡向分析、水淹分析等，对不同的拟建地址在立体空间上进行比较分析。

规划审批：通过三维场景对周围环境进行直观的建筑日照分析、控高分析、视域分析等，可一目了然地判断方案能否与环境完美地融合。

2. 在不动产登记方面的应用

不动产登记客体信息本身具备空间性质，因此需要通过不动产登记数据和三维空间数据地上地下的一体化表达，来更直观、更真实地反映不动产及周边地物现状，满足对复杂不动产空间管理和登记的需求。

建筑真三维可视化，直观数据表达：在进行不动产登记时，申请人可以根据实景三维模型快速指认其申请事项涉及的房屋所在楼幢、楼层、住户，快速生成该房屋的“楼幢、楼层、住户”数据，即时登入楼盘表。居民提交的资料，发证科也能通过三维不动产登记系统立即核对，如有问题，可立即指出，老百姓不用多次来回跑，来回提交材料。将不动产自然属性信息、楼盘表信息、业务信息直观展示于三维模型场景中，将传统二维表达式立体化。

由图查房（地），由房（地）查图，快速落宗关联：首先，地籍调查数据中包含宗地层和房屋层，通过将宗地登记图形数据与实景三维的房屋数据进行叠加，检查图形套合情况，为后续的落宗做准备。其次，实景三维模型与调查信息相关联，做到由图查房（地）、由房（地）查图，快速定位。落宗时，查询显示宗地范围，再根据幢号、坐落地址等，筛选出相应的自然幢，快速建立关联，基于实景三维模型成果进行落宗关联，在统一场景中完成大区域快速落宗关联，加快业务办理速度。

辅助业务办理，提升办事效率：通过实景三维与已有的不动产资料进行关联，在三维模型上点选房、地能调取出与之相关的扫描件，实现纸质档案与电子档案无缝衔接。同时，这些资料能够直接共享到多个部门，节省大量办证时间，缩短办证时限，实现登记能力的提升。

四　结语

空间三维技术一直都是当今信息化应用领域广泛关注的一个热点。自然资源统一管理须通过整合已有国土资源、海洋、测绘地理等数据，构建“测绘为基、陆海相连”，并相互关联的自然资源数据底板。形成满足当前各级自然资源管理、监管、决策与服务需要，统一标准、相互关联、适时更新的自然资源二维“一张图”。并在此基础上进行升维，充分利用遥感影像、倾斜摄影、激光点云、街景等技术，加快推进各类自然资源、国土空间各类要素的三维实景数据获取，结合其他核心数据库，开展物理空间实体对象的单体化和对象化的仿真建模，建立二、三维一体化的自然资源和国土空间三维实景数据库，实现客观世界的大场景三维动态可视化管理，并努力实现动态实时实景可视化。

参考文献

[1] 桂德竹、张成成:《测绘地理信息服务自然资源管理的思考》,《测绘与空间地理信息》2019 年第 7 期。

[2] 王龙波:《夯实基础测绘服务自然资源管理》,《南方国土资源》2019 年 6 月。

[3] 杨丛华:《自然资源管理中测绘的应用分析》,《四川水泥》2019 年 5 月。

[4] 乔朝飞:《机构改革后测绘地理信息工作业务调整初探》,《地理信息世界》2018 年 6 月。

[5] 杨永民:《测绘地理信息技术在自然资源管理中的创新应用》,《工程技术研究》2019 年 8 月。

B.25

省级自然资源遥感监测云服务平台建设方案研究

王宇翔 *

摘　要： 遥感技术是省级自然资源全方位实时、高效、准确监测的必要条件。本文从省级自然资源遥感监测的研究现状、研究意义入手，阐述了省级自然资源遥感监测云服务平台建设目标、平台架构、总体功能、关键技术以及应用展望。

关键词： 省级自然资源　遥感监测　云服务平台　人工智能　大数据

一　引言

基于航天宏图信息技术股份有限公司 PIE-Cloud 云平台开发的省级自然资源遥感监测云服务平台，拓展了遥感数据产品在自然生态监测、综合治理监测等领域的应用。从而让多源遥感数据成为推动省级自然资源监测的基石，使遥感信息真正为政府科学决策、科研院校研究和社会公众关注提供信息服务。

二　建设方案

航天宏图信息技术股份有限公司攻克了多源异构遥感影像密集型计算、遥感数据智能解译与处理、地理信息可视化、多维一体化地图制图、地理大

* 王宇翔，博士，航天宏图信息技术股份有限公司创始人，创建了以 PIE 遥感影像处理软件平台为核心的技术体系。

数据融合挖掘及主动服务、泛在地理信息获取与安全监管等关键技术，开展了实时化数据获取、自动化数据处理和智能化数据服务。在此基础上，搭建了一套遥感云服务平台，为全面增强对高质量自然资源调查监测、国土空间优化管控、生态保护修复提供科技支撑。

（一）建设目标

快速搭建集多源、多尺度、多时相遥感影像数据处理、变化检测、管理、分发、应用于一体的省级自然资源监测云服务平台，实现以下目标。

（1）建立完善的一体化遥感影像快速获取、实时处理、及时分发机制。实现面向多源、多类型调查监测成果的自然资源全要素信息快速提取与解译，做到“历史影像不闲置、实时影像不隔夜”，实现“全省域遥感影像一个季度一版图，应急和突发事件区域遥感影像即时成图”，建立省以“季度”为时间序列的遥感影像数据库，支撑自然资源数量、分布等特征信息的高效获取。

（2）突破自然资源全要素多源大数据融合与分析技术，建立全流程自然资源数据处理技术体系，快速集成形成天空地海自然资源遥感调查技术链。构建基于多时间序列的遥感影像数据集，逐步实现变化信息的自动发现和动态更新，为健全自然资源监管中的事前发现机制、实现违法违规行为的“早发现、早制止、严打击”提供技术支持。

（3）建立自然资源时空遥感影像数据库标准规范和技术体系。建立时空遥感影像数据库管理标准体系，多源、多时间序列遥感影像处理技术体系，变化发现技术体系、成果共享和服务技术体系，提升数据管理、遥感影像处理、变化发现、成果应用的规范性、科学性。

（4）建立全覆盖、多尺度、定量化的自然资源监测和生态安全保障的大数据服务平台。实现基础影像底图、调查监测信息、统计分析数据等成果同步共享，形成服务于自然资源管理的基准统一、标准一致、精度可靠的数据服务平台，应用于自然资源调查和监测、国土空间规划、生态修复、用途管制和动态更新等工作，实现遥感监测信息在省级自然资源厅内部横向一致，省、市、县纵向统一。

（二）平台架构

省级自然资源遥感监测云服务平台采用云原生微服务 + 插件架构研发，具有超融合架构、统一数据管理、实时流计算、多计算集群接入、微服务集群、统一服务接入、边缘计算服务、开箱即用能力，可实现遥感影像快速获取、遥感影像实时处理、变化信息自动发现和动态更新、遥感影像快速分发平台等功能。平台架构如图 1 所示。

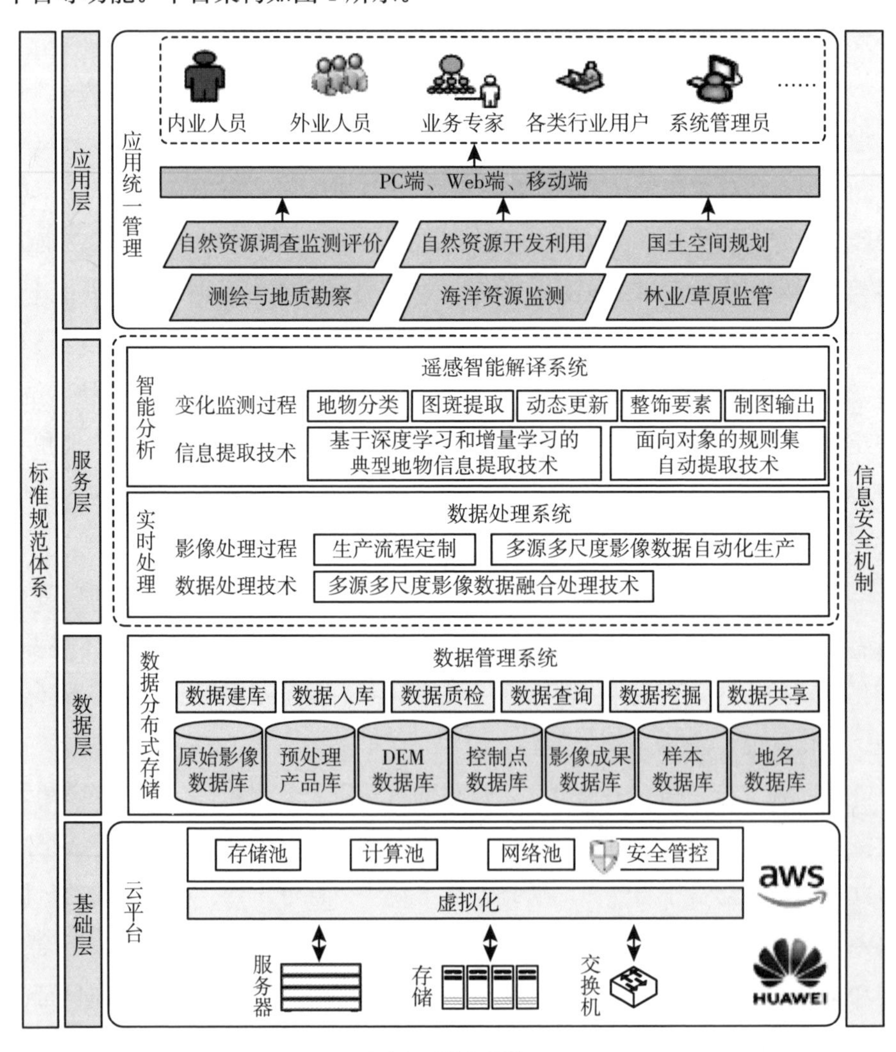

图 1　平台架构

（1）基础层：基础设施层通过对物理设备的虚拟化，把物理硬件资源整合成为统一管理的计算资源、存储资源、网络资源。基础设施层的虚拟化主要有 PIE-Stack 产品构架，外部业务由华为云、阿里云等外部云平台构架。

（2）数据层：数据的存储与管理基于混合云的架构使资源统一分配，建设原始影像、基础测绘地理信息数据、行业专题成果、样本、地名、业务信息等若干数据库，对不同的数据及信息进行分布式存储，并采用数据统一管理引擎，实现数据入库、数据查询、数据提取、数据共享等的标准化管理；多源遥感数据影像信息的获取是数据处理和应用的主要数据来源，获取途径包括：移动端对实地数据的采集，数据处理中过程数据的收集，智能分析结果数据的提取，可利用“云 + 端”服务实现数据的快速传输及灵活调用。

（3）服务层：服务层由统一数据引擎、消息总线、并行计算框架、微服务框架、统一网关等组成。采用多源多尺度影像数据融合处理技术，按数据类型，对可见光、雷达、高光谱等多源数据进行实时处理，实现对多源遥感空间信息的融合处理。采用基于深度学习和增量学习的典型地物信息提取技术、面向对象的规则集自动提取技术，进行图斑发现、动态更新、变化监测，并将提取的数据信息传输至数据库中，实现数据存储及管理。

（4）应用层：应用层为平台的访问控制中枢（Portal），通过 PC 端、Web 端、移动端渠道为用户提供对应场景服务。通过产品共享服务系统，对智能分析的结果信息在各业务系统中进行可视化展示，面向自然资源调查和监管、国土空间规划、用途管制和生态修复、基础测绘动态更新等业务应用提供数据和技术支撑。同时，针对政务和大众两类不同的对象实体，分别采用私有云和公有云不同策略进行在线发布和离线配发服务。政务用户主要包括厅相关处室局、直属单位、市级自然资源管理部门及其他厅局的用户。

本平台根据不同省级用户的个性化需求，为行业用户提供两种搭建模式，实现数据灵活处理，服务综合应用。

模式一：搭建遥感数据采、存、管、算、用一站式遥感云服务平台，提供“交钥匙型”整体解决方案。

该模式面向自然资源监测、生态环境保护等业务需求，基于云计算、人工智能、大数据等技术，实现“云+端”的遥感应用一站式服务。整个架构以本地部署的云平台为基础层，在上层实现采、存、管、算、用全流程处理。平台将不同途径采集到的数据通过治理系统入库，根据业务需求在云或端进行数据处理、调查核查，并将提取的数据信息作为采集数据进行存储管理，同时将分析结果推送至业务系统进行可视化展示，为相关部门决策提供数据和技术支撑。

模式二：借助云平台的开放性接口，对用户现有信息化系统进行升级改造，盘活旧资产，满足新需求。

该模式可对现有数据进行整合清洗，并迁移上云，实现数据的标准化统一管理；同时，可对现有系统装备进行升级改造，利用云平台的开放型接口实现已有装备与遥感云服务平台互联互通，使用户可实现灵活调用云平台的存储数据，在现有的物理设备桌面端进行单机数据处理，并将数据处理结果推送至云平台的应用系统以满足用户的业务需求。可实现在充分盘活旧资产，避免重复建设的同时，实现专业的遥感图像处理流程服务及自然资源全要素、全方位、全天候监测能力，以全面支撑山水林田湖草生命共同体的一体化、集成化调查监测。

（三）基本功能

平台总体功能如图2所示。

遥感数据管理云服务：基于自然资源遥感监测信息一体化数据库建设，提供多尺度时间序列自然资源遥感监测产品的管理、存储、查询与下载服务。对遥感影像本地数据、自然资源监测业务基础数据、全省遥感监测专题数据、生态环境保护、应急管理遥感监测业务数据及其他辅助服务数据等多源异构数据进行自动解析编目、增量更新、存储、快速检索与共享分发服务，实现遥感影像数据、基础地理信息数据、公众数据、行业业务数据等成果的统筹管理能力。

遥感影像处理云服务：支持用户在线进行测绘数据生产，并为用户提供通用的影像处理工具集；支持多种遥感影像数据格式，实现多载荷（光学、

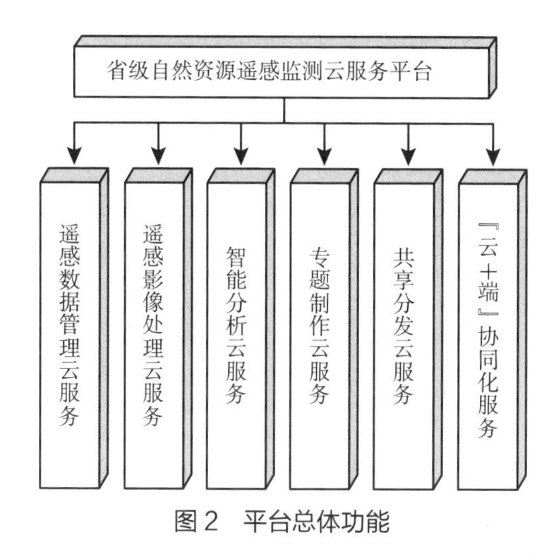

图 2　平台总体功能

SAR、高光谱、无人机）、大数据量遥感影像的快速浏览及高效处理，具有超大规模卫星影像快速构网、稳健平差模型与方法以及基于相位一致性的异源影像匹配能力；遥感算法并行调度方法和 CPU/GPU 内存全流程逻辑处理多源遥感影像数据技术两者紧密结合，实现海量遥感影像数据快速处理。

智能分析云服务：采用遥感智能解译和深度学习技术，提供基于遥感影像的信息分类、提取、变化检测能力，获取多要素或专题要素的监测成果和变化检测成果。支持用户对遥感影像进行智能解译识别操作，主要包括：目标识别、地物分类、变化检测等。具有半自动交互式信息提取能力，实现超大区域典型要素的自动化、定量化解译和快速提取，提高多期遥感影像变化检测解译的自动化程度。

专题制作云服务：提供在线制图工具和制图模板，用户可使用 Web 服务，对低空无人机影像数据、航天影像数据、航空影像数据、常用矢量格式等多种数据源进行在线制作，提供多源、多尺度、多时间序列数据专题图产品服务。

共享分发云服务：提供在线数据共享分发服务、数据需求订单等模式的遥感影像快速共享分发机制，以多时间序列的遥感影像数据为基础，为用户提供及时的矢量数据、影像数据、瓦片数据以及成果数据服务，实现“常规需求即时服务、特殊需求及时服务”。

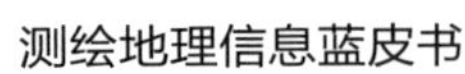

“云 + 端”协同共享云服务：基于移动互联网技术，通过构建统一的云平台数据访问接口，提供 Web 与移动端一体化和按需共享方式的遥感应用服务。在满足现有业务需求的同时，自然资源遥感监测云平台转向多终端、智能化、操作便捷的轻量级应用模式，为不同层次用户提供随时随地按需的一站式、精细化智能终端在线实时服务。

三　关键技术

突破基于多源数据的自然资源多要素快速获取、变化发现、自动分类、时空统计、动态建模、预测预警、质量控制等技术瓶颈，构建自然资源监测技术和服务产品体系及共享平台。

（一）基于混合云的基础设施资源动态调度和弹性扩展技术

本平台采用以计算虚拟化、网络虚拟化和存储虚拟化等资源虚拟化技术为核心的资源虚拟化平台 PIE-Stack 和高性能 GPU 计算服务等计算密集型裸金属服务器共同组建的混合云。采用成熟、先进的资源监控软件和资源虚拟化技术，将 IT 基础设施中的各种实体设备，如服务器、网络、存储等设备予以抽象转化成资源池的方式，打破原来传统 IT 架构中物理设备、操作系统和基础资源之间的紧耦合关系，使各类资源可以不受物理环境限制，从而实现可按需分配、可动态重组、弹性扩展的资源虚拟化平台和 GPU 计算服务集群，通过统一的资源监控实现资源的统一调配和监控管理。

（二）海量多源异构数据的高效存储管理技术

为了解决海量、多源、异构数据存储管理问题，本平台采用基于国产化的服务器集群，采用自研的数据库迁移工具，对原有数据库进行迁移备份，利用 Hadoop 平台体系的分布式文件系统、行列混合存储数据库和 NAS 集中式文件存储数据库等先进的大数据技术，结合统一数据目录索引技术，实现了海量多源异构数据的高效存储管理。

（三）基于自动化集成部署思想的微服务自动生成与发布技术

目前，微服务生成与发布一般是在微服务框架下，先将编写好的程序代码打包为容器镜像，再根据镜像生成 Docker 的容器，在容器中对编译后的代码进行检测，确认检测结果无误后，生成发布的微服务，最后与平台系统进行编排链接，形成数据处理和服务能力。整个过程都是在人工交互环境下编辑处理完成的，既费力也不便于功能扩展。为此，提出了基于平台的微服务自动生成与发布技术，该技术是采用自动化容器编排和代码增量检测技术，实现了与云平台无缝连接，不受开发语言、编译环境的限制，只须提供算法编译代码，无须人工干预即可自动生成和发布微服务，实现平台能力的弹性扩展。

以云平台和容器技术为基础，结合自动化集成框架，预先对不同的容器进行编排，当发布服务检测到有需要打包的代码时，自动进行编译、部署、灰度测试和集成部署，实现云端服务和应用的全生命周期自动部署和上线。整个过程基本不需要人工干预，可减少开发人员、运维人员和项目管理人员的工作内容，大大降低遥感云平台应用集成的工作量。其自动生成微服务流程如图 3 所示。

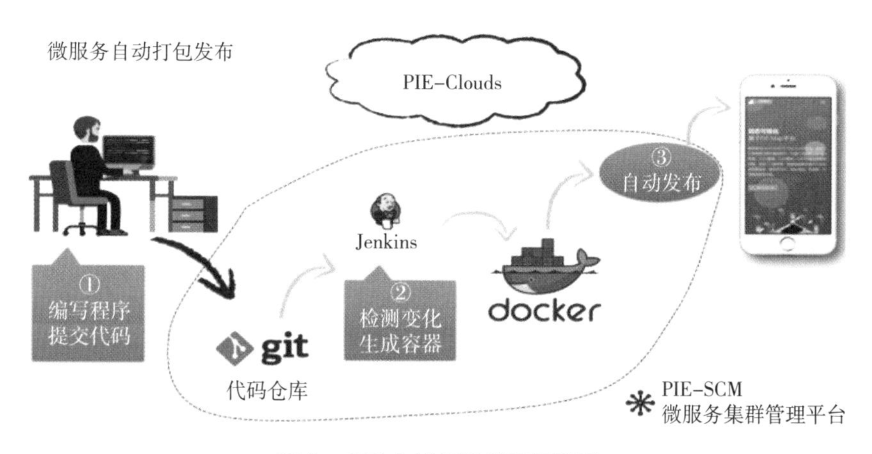

图 3　自动上线部署微服务流程

（四）“云+端”的实时协同共享技术

“云 + 端”的实时协同共享技术是以我们研究的云推送技术为基础，构建云端和用户端之间信息“透传”的服务通道，支持大规模“点对点、群组和广播”等三种用户场景下，不同终端用户之间的信息快速传递。结合离线消息防丢失策略，实现离线消息的延时推送。采用分布式主从缓存策略，实现大量用户的高并发访问和稳定可靠的云端消息通信。解决了服务器端和客户端实时数据共享与更新问题，实现了基础影像底图、调查监测信息、数据更新等云端和移动端的实时共享应用服务模式。为目前变化检测、自然资源执法核查和测绘数据快速更新了有力的技术支撑。

四　结语

航天宏图信息技术股份有限公司坚持以需求为导向，以遥感走进生活为目标，加强遥感应用与云计算、大数据、人工智能和 5G 技术等前沿技术的交叉融合，利用天、空、地、海遥感现代高新技术进行集成研发，构建了一套支持自然资源全要素调查监测的系列化、工程化、产业化的省级自然资源遥感监测云服务平台，可全面提升行业部门监管决策信息化水平，加快遥感服务应用向自动化、规模化、定量化、智能化方向转型。拓展遥感数据产品在自然资源调查、监测、评价、决策全过程，自然生态监测，综合治理监测等领域的应用，使遥感信息真正为政府科学决策、科研院校研究和社会公众信息服务提供有力的技术支撑。

参考文献

[1] 北京航天宏图信息技术股份有限公司 .PIE 集群并行处理白皮书。

[2] 北京航天宏图信息技术股份有限公司 .PIE 产品介绍。

［3］ 北京航天宏图信息技术股份有限公司.PIE-Cloud 产品介绍。

［4］ 北京航天宏图信息技术股份有限公司.PIE-Cloud 6.0 任务书。

［5］ 陈学文、于洋、刘素君等:《PIE 软件平台在生态环境遥感监测领域的应用探讨》,《全国环境信息技术与应用交流大会论文案例集》，2016。

［6］ 李德仁、张良培、夏桂松:《遥感大数据自动分析与数据挖掘》,《测绘学报》2014 年 43（12）期，第 1211~1216 页。

［7］ 李妙慈:《构建“互联网 + 卫星遥感”生态圈》,《卫星应用》2016 年第 2 期，第 68~70 页。

［8］ 张兵、黄文江、张浩等:《地球资源环境动态监测技术的现状与未来》2016 年第 20 期，第 1470~1478 页。

［9］ 郑永坤:《基于 Hadoop 的遥感数据存储与管理系统的研究与实现》，南京：东南大学，2016。

［10］ 自然资源部:《自然资源科技创新发展规划纲要》，2018。

B.26
智慧城市建设进程中的城市空间融合

杨 槐*

摘 要： 在现代化城市中，小区、园区等地上建筑物，以及管线、管廊、地铁等地下建筑物，都是智慧城市最基础、最重要的空间载体，但目前智慧城市“重宏观、轻微观；重地上、轻地下；重室外、轻室内”，随着新型智慧城市的深入发展，BIM与GIS作为各自领域的代表性系列技术，正逐步走向融合。本文阐述了智慧城市建设三个阶段演化过程，分析智慧城市在建设内容、建设效果、城市空间和健康建筑等方面存在的问题，提出了城市空间的技术和应用融合解决方案，将建筑信息化融入“数字中国，智慧城市”的进程，给建筑赋予生命，让生活融于自然，推动信息技术与建筑业的深度融合，实现“人文、生态、宜居、宜业”的建设目标。

关键词： 智慧城市 城市空间 BIM+GIS融合

在“数字中国，智慧城市”的建设进程中，一方面，城市的宏观与微观空间、地上与地下空间、室外和室内空间的综合管理和应用，需求越来越迫切；另一方面，“精细化、智能化、标准化”是现代化城市投资、规划、建设、管理和服务的核心要求，需要跨领域、多技术的融合和集成，这里的代表性技术就是BIM系列技术以及GIS系列技术。

---

* 杨槐，厦门海迈科技股份有限公司总裁，教授级高级工程师。

BIM 与 GIS 的系列技术，有着天然的互补关系：BIM 侧重于建筑物全生命期的信息，GIS 则关注建筑外部环境的信息；BIM 全生命期需要 GIS 的参与，BIM 细化 GIS 应用领域，把 GIS 从宏观领域带入微观领域。因此二者的跨界融合，在智慧城市建设中发挥了不可替代的作用。

一 智慧城市建设演进过程

数字城市完成了三件重要事情，一是对城市很好地进行数字化，将数据整合并有效利用；二是建立很好的城市主干网络，也就是信息的高速公路；三是在此基础上，开发电子政务、电子商务等各种应用，提供更精确、更高效的管理和服务，改变了人与人之间的连接关系。

智慧城市是由数字城市演进而来，它在数字城市的基础上，进一步改变人与物、物与物之间的连接方式。从 2011 年开始，智慧城市在兴起，它的发展和演进大致分为三个阶段。

第一阶段，国家各部委制定智慧城市规划和试点的政策，出台各自评价指标，并以技术为驱动力推进智慧建设。2011 年 9 月，工信部率先在国内编制智慧城市的规划。2012 年 4 月，科技部强调核心技术带动智慧城市建设。2012 年 11 月，住建部建立智慧城市建设指标体系，并在全国做智慧城市建设试点，其智慧城市建设评价指标，包含 4 个一级指标、11 个二级指标、57 个三级指标，并以递进关系覆盖了从基础设施，到政务管理，再到公众服务，最后提升到产业与经济的城市建设成效评价。2012 年 12 月，原国家测绘地理信息局依托“天地图”、数字城市、地理国情监测三大平台，强化部门的法律和行政职能。

第二阶段，由国家发改委牵头，将智慧城市定位为解决城市经济和社会发展问题的动力。2013 年 8 月，国务院出台《关于促进信息消费扩大内需的若干意见》，加快智慧城市建设，鼓励各市场主体共同参与智慧城市建设，同时提出，我国正处于居民消费升级和信息化、工业化、城镇化、农业现代化加快融合发展的阶段，这是国务院正式发文中，首次使“信息化”位居“新四化”顺序第一位。2014 年，国家发改委、工信部、科技部、公安部、财政部、国土资源部、住建部、交通部等 8 个部委联合出台《关于促进智慧城市健康发展的指导意见》，将解决城市经济和社会发展问题，作为智慧城市发展的基本动力。

第三阶段，是新型智慧城市的阶段。党的十八届五中全会提出“创新、协调、绿色、开放、共享”五大发展理念，作为新型智慧城市建设的总要求。2016 年 10 月，习近平总书记就实施网络强国讲话，提出了新型智慧城市建设，要以数据集中和共享为途径，实现“三融五跨”大协同。2016 年 11 月，国家发改委、中央网信办、国家标准委联合发布《新型智慧城市评价指标》，指标含 8 项一级指标、21 项二级指标、54 项三级指标。其中，与公众相关的指标占 57%（惠民服务占 37%、公众体验占 20%），体现了“以人为本”的核心理念。2018 年，国家发改委发布《新型智慧城市评价指标（2018 版）》，从过去以政务为导向，转向应用效果和民众感受，以“创新、协调、绿色、开放、共享”为理念，实现“人文、生态、宜居、宜业”的目标，推动跨领域产业融合创新。

二 智慧城市建设的问题

智慧城市是引领城市发展转型、提高城市治理能力、实现城市可持续发展的新路径、新模式、新业态，也是提升城市现代化管理能力、推动城市绿色发展、科学发展的一项系统工程。但目前智慧城市建设仍存在以下几方面的问题。

在建设内容方面，大多数智慧城市解决方案是以“项目型”为主，缺少“产品型 + 服务型”的配套，因而也缺少了可持续的运营机制。另外，以“互联网 +”模式的智慧城市应用，依托海量用户、海量资本甚至海量地产，从公众“衣、食、住、行、娱、购、游”热点切入，以叫车服务、淘宝购物和网上支付等为典型应用，解决了“项目型”难以解决的问题，并且实现了良好的运营，但该解决方案的短板在于，政务数据资源的利用和开发不足。因此，智慧城市需要“项目 + 产品 + 服务”的综合解决方案，才能将一次性的项目型工程与可持续的产品和运营服务相结合，最终实现智慧城市可持续的不断进化。

在建设效果方面，目前智慧城市的应用，从“易政、便企、惠民”的层次来讲，政府应用相对较好，民生应用相对较弱，但最弱的是企业应用。以建筑业为例，建筑业耗能占全社会的 50%，整体行业平均利润率仅为 1%~3%，远低于其他行业，信息化水平尤其低下。此外，在拉动国民经济发展的三驾马车中，投资仍然起着至关重要的作用，而建筑领域又是投资最重要的组成部分之一，因此，找出企业应用的痛点，并以相关应用为抓手，是改变“政、企、民”应用水平不均衡的关键。

在城市空间方面，我们的学习、生活和工作，80% 至 90% 的时间在建筑物中度过，建筑物是城市空间最基本的载体之一。但目前智慧城市的建设，一方面过于注重宏观城市空间，缺乏对微观空间的延伸，并且在地上空间资源的有序利用和开发方面，也大大强于地下空间；另一方面，技术路线缺少与建筑密不可分的信息化融合，尚未摆脱粗放型的管理和服务。由于建设领域的信息化水平仅高于农业，位居各行业倒数第二，将建设信息化融入智慧城市的建设进程，从宏观到微观、从室外到室内、从地上到地下，才能更好地实现城市空间资源的综合利用。目前在这方面，存在很多应用空白。

也正因为智慧城市的建设，相对忽略建筑物作为最重要的载体之一，在实际建设中，也缺少了健康建筑的内涵。智慧城市的建设，健康建筑的元素不可缺少，它需要信息技术与建设专业的结合，形成安全的内涵；需要信息技术与环保专业的结合，形成绿色的内涵；需要信息技术与城市设计和创意专业的结合，形成智慧的内涵，即：智慧内涵包括两方面的内容，除了以信息化为纽带，整合不同应用场景和产业要素，体现规划设计理念和先进时尚应用的结合，还需要有城市历史继承性的智慧沉淀，包含城市的人文、民俗、故居等元素，将人工改造与自然环境和历史载体相协同，其中，历史载体可以有景、照、画、印、图、食物、石材、建筑、铭牌等生动展现，实现生产、生活、生态的和谐布局和协同。

为此，需要将建筑 BIM 全生命期融入新型智慧城市建设进程，在宏观 GIS 背景下，与 BIM 技术融合应用，创新智慧城市内涵，将宏观城市空间与微观建筑空间相结合，在此过程中，引入健康建筑“安全、绿色、智慧”的内涵，探索“互联网 +”创新服务模式，推动建筑全生命期的应用，提供可持续运营的服务。

三　智慧城市的空间融合

智慧城市的空间载体需要融合，在技术上，宏观空间以 GIS 系列技术为代表，微观空间以 BIM 系列技术为代表。BIM 和 GIS 融合，让建设信息化从微观走向宏观，从室内走向室外，从地上走向地下，并实现城市信息模型 CIM，将数字工程技术的应用维度，从单体工程尺度延展到城市和城市群落的尺度。

（一）BIM和GIS融合问题

BIM 和 GIS 的融合，将单体建筑拉高到建筑群，即小区、园区、城市，甚至城市群落，就技术角度而言，二者融合需克服两方面问题。

一方面是 BIM 自身问题。目前流行的建模软件，特色和问题并存，尚未形成行业规范和标准：Autodesk 在民用建筑表现不俗；Bentley 在工厂和基础设施上有领先优势；Dassault 公司的 Catia 垄断航天和汽车领域应用，但与建筑项目和人员对接不足；ArchiCAD 系列属于全球产品，但专业配套限于建筑专业，与中国多专业一体化设计院的体制匹配得不好。

另一方面，BIM 与 GIS 平台融合，需要解决但不限于下列问题：一是如何把握多精度和多文件类型合并的准确性问题；二是针对不同的坐标、尺度、模型、格式、处理次数，不同几何和语义表达，以及不同数据存储标准，如何进行互操作问题；三是如何针对 BIM 与 GIS 各自的元数据进行标准的统一；四是如何处理由细节层次不同步和渲染资源配置不合理，导致的层次混乱的问题；五是如何为 GIS 和 BIM 不同场景提供通用性平台的问题。

（二）技术融合的解决方案

面对BIM与GIS融合的技术难题，从应用、服务、数据三个层次提出BIM和GIS融合的解决方案。

第一是应用层面的融合，从BIM和GIS分别提取所需数据，比如进行噪声、能源、绿建等分析，保留了各自独立性，但也造成二者的弱关联。第二是服务层面的融合，通过参考本体的语义网技术，或者基于服务的融合技术，更像是界面的融合。第三是数据层面的融合，有着不同的技术路线：一条路线是建立数据新标准，将二者统一为新格式，从根本上解决融合问题，但实际应用大多只解决某一类问题，而且标准制定量大，周期长，语义易丢失；另一条路线是数据融合，是扩展现有数据标准，既可从BIM标准IFC，向GIS标准CityGML扩展，也可以反过来做，但难度完全不同。

BIM与GIS结合更好地涵盖建筑的全生命期，交付的不仅是建筑，还有完整的数字资产，并将成为人工智能的载体。未来的底图和模型，将实现跨专业、跨学科融合，具有空间定位并带位置多重属性，包括传媒娱乐、电子商务等产业，只要与位置有关，都可能在其中得到迅速扩展应用。

（三）自主可控的国产技术安全链

为维护国家地理信息安全，打造国产技术安全链，需要将BIM与自主可控的GIS基础平台融合，推进我国地理信息产业的发展。BIM与自主可控GIS平台融合在方法论上有以下六个方面。

第一，在对象模型方面，要实现BIM模型支持空间分析，需解决如何在GIS平台表示BIM模型。与3ds Max模型相比，BIM模型不是表面模型，是体对象，具有完善拓扑完整性及闭合性，因此可用三维体对象模型表达建筑。BIM模型三角化后，统一到三维体对象模型，可做三维空间关系判断以及空间运算，为灵活定制城市设计规则，提供技术支撑。

第二，在网络模型方面，BIM应用对象常是单体建筑，实现管线、铁路、隧道、港口等大规模区域性对象的管理，需集成GIS。用三维网络模型数据，

表示 BIM 单体之间链接网络，可提取带拓扑连接关系的三维点、线对象，然后构建三维网络数据模型，实现将 BIM 模型应用于各种复杂工程。

第三，在坐标转换方面，BIM 采用独立坐标系统，如地方坐标系；GIS 数据来源多，采集方式各异，坐标系不同。因此，融合平台需支持 BIM 模型和 GIS 数据，支持二者在平面坐标系和地理坐标系之间转换，实现在地球曲率影响下 BIM 模型和 GIS 数据精确匹配，避免渲染时，出现裂缝和漏洞，满足桥梁、道路、大坝等建设信息化大领域在建设、运营、管理过程中对数据的精度需求。

第四，在数据标准方面，BIM+GIS 融合缺乏统一的三维空间数据标准和规范，造成三维空间数据互操作和开放共享成为难点。因此标准制定需适用于网络环境和离线环境下，实现海量多源三维空间数据的传输、交换、高性能可视化，实现在 B/S 架构下发布和共享海量 BIM 与 GIS 数据。

第五，在多终端方面，为了实现 VR、AR 以及 WebGL 等新技术，与 BIM、GIS 集成应用，需实现多终端的支持。轻量级三维客户端无须安装软件、插件和下载数据，就可在浏览器高效浏览三维服务，并通过开源规范，支持三维空间查询、空间量算和空间分析。

第六，在数据应用方面，包含 BIM 数据接入、显示、融合三个方面。一是在 BIM 数据接入上，BIM 建模软件有各自的存储方式，数据格式不同，而且封闭。因此，融合平台可以基于 BIM 到 GIS 数据格式转换工具或插件，基于 BIM 软件库原生支撑 BIM 数据读取，将 BIM 数据转换到 GIS 数据库，将数据顶点和属性信息一次性导出。

二是在 BIM 数据显示上，BIM 注重单一体建筑，但 GIS 管理的是区域或城市 BIM 数据，而且 GIS 终端可能配置不高，面对数据量挑战更大，不仅要解决数据格式转换，更要解决数据轻量化和优化。数据显示的关键技术，一方面包括原生 LOD 技术，解决参数化的 BIM 三维对象，如果导入 GIS 系统，就要三角化成三角网，带来不同显示精度和显示层级的问题；另一方面还包括实例化技术，将 BIM 模型大量共用对象，通过复用一份存储，加上多个位置的方式，实现优化和轻量化。

三是在 BIM 数据融合上，由于 GIS 数据包括地形影像、倾斜摄影模型、激光点云、精细模型、水面、地下管线，以及场数据等，要实现 BIM 与 GIS 多源数据融合匹配，需进行坐标转换和数据配准，将 BIM 模型统一到一个坐标系，实现信息对齐，然后再对数据镶嵌、压平、裁剪，实现数据平滑衔接、纹理自然拼接。

（四）城市空间的融合应用

建筑全生命期，需要将建设过程中的时点数据，提升至动态的实时数据，在与投资、成本、进度、质量、安全等要素匹配的同时，与项目、人员、企业、信用相互关联，并与电子档案、企业信用等结合，同时，结合金融业务以及财政投资的关键需求，通过 GIS 系列技术与 BIM 系列技术跨界融合，形成从数据采集、处理、管理和挖掘的大数据模型和算法，为建筑物后续的管理和运维，提供实体资产和数字资产的“孪生共映、动态进化、融合共生”，创新性地带动建筑物资产的增值，并探索性地将区块链技术融入建筑交易和信用评价，构建独具特色的行业和城市信息模型。

在此基础上，智慧建筑向前与智慧家居结合，向后与智慧小区、智慧园区、智慧城市结合，通过“云、大、物、移、智”等多技术融合应用，为城市在“人、事、地、物、组、情”方面，提供高水平的管理和服务，助力社区、园区和城市的空间美化以及生态优化，推动高品质、高颜值城市环境的建设，将建筑信息化融入“数字中国，智慧城市”的发展进程，给建筑赋予生命，让生活融于自然，推动信息技术与建筑业的深度融合，助力社区、园区和城市的空间美化，以及生态的优化，最终实现“人文、生态、宜居、宜业”的高品质、高颜值城市环境的建设目标。

四　结论与展望

智慧城市的建设，更加关注城市与产业的关系，并将“以城市和空间为载体，以连通和互动为主线，以和谐和协同为核心，以公众和体验为基础，以智慧和技术为纽带，以模式和资本为支撑”，推动产业要素集聚，促进数字经济发展。在此背景下，城市的宏观与微观空间、地上和地下空间、室外和室内空间，将在更高层次上相互融合，推动交通、商业街以及文化娱乐场所、停车场等空间载体综合一体化利用，促进地铁、地下管廊、海绵城市等城市空间结构的成长和对话，通过串联行政中心、商业中心、居民区，成为平衡城市区域发展差异化水平的杠杆，形成“投资建设——开发利用——获取收益——再扩大建设”的持续稳定发展模式，并在BIM和GIS系列技术融合应用的同时，实现四个统一：一是平台统一。实现空间管理集约化，有利于数据和信息的动态更新。二是资源统一。将交通、管线、人防、设施、地质结构、地下水等资源有效融合，更大程度地盘活和开发战略性空间资源。三是能效统一。解决功能补充和扩展的问题，通过城市空间的互通互联，促进地铁、地下综合管廊等空间结构的成长。四是功能统一。工作重心从档案管理向用户服务转换，服务重心从碎片服务向集约服务提升，业务重心从手工操作向信息决策扩展。

B.27

自动驾驶地图：测绘领域的机遇和政策挑战

何姗姗 *

摘　要： 地图是自动驾驶汽车不可或缺的基础功能之一。自动驾驶所需地图的采集、提供、使用属于测绘的范畴，受到测绘法律法规的约束。作为一项新兴事物，自动驾驶地图在发展过程中面临着传统测绘法律法规的挑战，主要包括众包行为、资质、安全监管、标准等方面，测绘政策应当积极应对技术的发展和挑战，按照自主可控的思路，平衡国家安全和产业发展的关系，把握住自动驾驶发展机遇。

关键词： 自动驾驶　地图　众包　保密　标准

一　地图在自动驾驶领域的应用

自动驾驶的实现离不开地理信息的支撑。伴随着自动驾驶的发展，传统图商纷纷涉足自动驾驶地图的研发，此外，国内外也涌现出一批自动驾驶地图初创企业。

当前，对于自动驾驶需要什么样的地图尚在讨论之中。总结而言，自动驾驶地图是服务于自动驾驶系统的，具备精确定位信息和丰富的道路元素数据信息，能够实时更新，起到辅助环境感知作用、帮助自动驾驶汽车完成路径规划与行驶决策的地图。作为面向自动驾驶系统的地图，自动驾驶地图在

* 何姗姗，智联出行研究院自动驾驶法律中心主任，北京安理律师事务所汽车和人工智能业务负责人。

信息量、更新频率、采集方式等方面与传统导航地图有较大不同。自动驾驶地图的信息量更大，不仅包括静态的道路信息，还包括天气、交通状况、路面障碍物等实时动态信息。自动驾驶地图对地图数据的鲜度要求更高，甚至需要实时更新。此外，自动驾驶地图数据的采集一般采用集中专业采集与众包采集相结合的方式，即利用专业采集车完成主干路的地图绘制，利用众包方式实现对其他道路数据的采集和数据的实时更新。

在低级别的辅助驾驶中，车载导航地图仍然是服务于驾驶员的地图，不是真正意义上的自动驾驶地图；在 L3 级及更高级别的自动驾驶中，自动驾驶地图对于实现自动驾驶至关重要，并成为汽车功能安全的一部分。随着自动驾驶技术和车路协同的发展，自动驾驶车辆对自动驾驶地图的依赖性可能会相对降低，但出于安全冗余的考虑，自动驾驶地图仍是不可或缺的一部分。

自动驾驶地图不可或缺体现在高精度定位、辅助环境感知、路径规划等方面。自动驾驶汽车需要借助地图完成定位、获得对整体的态势的感知，并且借助地图提供的信息完成路径规划和决策。此外，由于传感器具有局限性，通过自动驾驶地图，车辆可以获得超视距的感知，并且在传感器故障、恶劣天气、车道标记褪色、被遮挡时，自动驾驶地图可以弥补传感器的局限，保障车辆的安全行驶。因此，自动驾驶地图是自动驾驶车辆必备的基础功能之一。

与此同时，由于自动驾驶汽车装配有激光雷达、摄像头等传感器，汽车在行驶过程中可以实时采集包括位置、道路信息、交通设施、周边环境信息等一系列涉及地理信息的数据，并且实时上传到地图后端，以完成对自动驾驶地图的实时更新。根据《测绘法》第二条的规定，测绘是指对自然地理要素或者地表人工设施的形状、大小、空间位置及其属性等进行测定、采集、表述，以及对获取的数据、信息、成果进行处理和提供的活动。因此，每一辆自动驾驶汽车在行驶过程中，都不可避免地对自然地理要素或者地表人工设施的形状、大小、空间位置及其属性等进行了采集和处理，都会落入测绘的范畴，要受到测绘法律法规的约束。

可以说，自动驾驶车辆不仅需要使用自动驾驶地图，并且已经成为地图测绘的一种手段，自动驾驶汽车既是地图数据的使用者，也是地图数据的生产者。

二　自动驾驶地图面临的测绘法律法规的挑战

作为测绘领域的一项新兴事物，自动驾驶地图在发展过程中也面临着传统测绘法律法规的挑战，主要体现在以下几个方面。

（一）众包测绘

自动驾驶的发展给传统测绘地理信息行业、测绘技术带来了变革。传统上，测绘依赖于专业的采集车。但在自动驾驶场景下，每一辆自动驾驶汽车都是一辆采集车，车载激光雷达等传感器和摄像头可以实时采集周边地理信息，发现新增道路、交通设施的变化时，相关数据会被上传至地图后端，实现地图数据的实时更新，更新数据再下发给其他车辆使用。与传统采集手段相比，众包采集成本低、鲜度高，被视为未来自动驾驶地图实现实时更新的重要方式。

但随之而来的问题是，众包测绘将面临怎样的监管？按现行法律，每辆自动驾驶汽车都在从事地图测绘工作，根据《测绘法》第二十七条的规定，从事测绘工作必须取得相应的资质。那么，在众包测绘模式下，谁应当具备相应的测绘资质？要求每一辆汽车、每一家车企都具备测绘资质显然是不现实的事情。

当前在测试阶段，自动驾驶测试企业都是采用与图商合作的模式，由图商单独完成与自动驾驶地图数据相关的测绘活动。但是，另外，各地的测试规范也要求测试主体保存位置数据、周边环境数据等涉及地理信息的数据。对于这些数据的存储、使用，是否会违反《测绘法》的规定，众包测绘是否符合《测绘法》的规定、如何符合法律的规定，给产业界带来了很大的困惑。

（二）资质管理

根据《关于加强自动驾驶地图生产测试与应用管理的通知》（国测成发〔2016〕2号）第一条，自动驾驶地图属于导航电子地图的新型种类和重要组成部分，其数据采集、编辑加工和生产制作必须由具有导航电子地图制作测绘资质的单位承担。因此，从事自动驾驶地图的采集、加工、制作工作，必须具备导航电子地图制作甲级资质。

同时，在资质管理上，根据现行《测绘资质管理规定》第二条，“从事测绘活动的单位，应当依法取得测绘资质证书，并在测绘资质等级许可的范围内从事测绘活动”。另外，导航电子地图制作资质不对外资开放，国外的自动驾驶地图企业进入中国十分困难，只能采取与有资质的图商合作的方式。

因此，在自动驾驶地图资质上，大量的企业被排除在外，这在一定程度上造成了市场壁垒，不利于现阶段自动驾驶地图产业的技术推进。由于人工智能等新技术的发展，测绘技术也发生了很多变革，很多原本不属于传统测绘行业的企业，亦有可能具备创新的测绘技术、地图数据处理技术，让这部分企业入局，有利于激发测绘行业的活力，而严格的资质管理政策对自动驾驶地图初创企业来说可能并不友好。

当前的资质管理政策是以专业领域对测绘资质进行划分，这种划分方法在一定程度上不能适应自动驾驶地图测绘的特殊性。

从导航电子地图制作甲级资质的申请和授予趋势上，也能够看出自动驾驶行业各参与方普遍存在对资质的需求，资质管理政策也发生了一定程度的松动。截至2019年11月，全国共有21家单位具备导航电子地图制作甲级资质，而在2017年之前，全国仅有13家资质单位。可以看出，从2017年滴滴子公司滴图科技获得导航电子地图制作甲级资质以来，国家在甲级资质的授予上比以前开放了许多，出行服务公司、自动驾驶算法公司、物流公司等也积极参与到了自动驾驶地图行业中。

（三）地理信息数据的监管要求

地图数据涉及国家秘密，涉密地理信息事关国家安全利益，除资质要求外，法律法规对地图数据在位置偏转、保密、公开信息表示等方面也有相应的要求，这对自动驾驶地图产业的应用也形成了挑战。

首先，定位数据必须加密偏转。偏转后的定位是否能够满足自动驾驶测试、商业化以及安全的需要，是备受关注的一个问题。对于L3级以上的自动驾驶汽车，地图是功能安全的一部分，对安全性要求极高，因此，偏转对功能安全有何影响、如何解决偏转对汽车功能安全的影响，尚需要进行大量的测试验证。

其次，严格的精度限制。根据《公开地图内容表示补充规定》第三条的规定，公开地图位置精度不得高于50米，等高距不得小于50米，数字高程模型格网不得小于100米。而实践中企业对自动驾驶地图的精度要求为50厘米。这一地图的精度限制难以符合自动驾驶产业对地图精度需求。

此外，宽泛的保密、不可公开表达的范围。公开地图不得表达的内容主要规定在《测绘管理工作国家秘密范围的规定》《公开地图内容表示补充规定》《公开地图内容表示若干规定》《遥感影像公开使用管理规定（试行）》和《基础地理信息公开表示内容的规定（试行）》中。具体来说，坐标、坡度、曲率、高程等需要严格遵守地图公开表达的规定，未经加密偏转的坐标、道路最大纵坡、车行桥坡度、最小曲率半径、绝对高程属于不得表达的内容。而道路曲率、坡度、横坡、高程等信息对于自动驾驶汽车计算加速度、控制油门、刹车、转向等具有至关重要的作用

保密要求给产业应用、地图数据的实时更新带来了挑战。在应用方面，部分地图不可公开表示的内容对于自动驾驶地图功能的实现不可或缺。现阶段，自动驾驶测试企业必须与图商合作进行自动驾驶测试，采集的原始地理信息数据需经图商加密、脱敏后方可使用，可能无法满足测试应用的需要。在实时更新方面，属于不得表达的内容范畴的数据，不能进行更新和下发，但技术上如何实现实时脱敏也是一大问题。

由于地理信息的敏感性，没有资质的企业不能取得、使用或存储未经保密处理的地理信息。在实践中，企业通常采用与图商合作的方式，将汽车收集的地理信息数据交由图商处理和分析，例如宝马与四维图新之间签署了TLP（Telematics Location Platform）框架协议，四维图新通过车联网位置数据平台为宝马集成、分析和处理从宝马在中国销售的汽车上获取的地理位置相关数据。

（四）自动驾驶地图标准

如前所述，实现自动驾驶地图的实时更新离不开“众包采集”。多种车端、路侧传感器采集到的数据的交互、融合、下发，都需要一套统一的标准，即统一的地图规格、服务接口和坐标基准等，这是实现实时更新的前提，也是自动驾驶地图实现大规模商业化落地的前提。

国际上，各国都在制定和推行自己的自动驾驶地图标准。没有独立的标准，就会在国际竞争中处于劣势，没有统一的标准，自动驾驶地图的产业应用就无法实现。另外，自动驾驶地图属于功能安全的一部分，其安全标准的制定不容忽视。但是目前，我国还没有建立自动驾驶地图标准体系，自动驾驶地图的行业发展受到限制。

三　建议

测绘政策只有积极应对技术的发展和挑战，才能把握住机遇，促进测绘行业的发展。针对自动驾驶地图，测绘政策的调整和制定应当守住国家安全的底线，按照自主可控的思路，采取更加科学的方式，以促进国家安全和产业发展的平衡。

整体上，应当重视事中、事后监管，从数据的采集、存储和应用的角度入手完善监管，而不局限于按照应用领域划分的事前准入制度，并且考虑为企业提供地理信息数据存储、使用、处理、传输的规范或指南。具体的建议如下。

（一）明确“众包测绘”模式的合法性和监管要求

当前，产业对测绘的理解不一，对众包测绘的性质也有不同看法。实践中，部分企业无视测绘法律法规的规定，在既没有资质，也没有在与有资质企业合作的情况下私自采集地理信息数据，还有部分企业出于担忧，拒绝开展众包测绘的业务，这些现象都不利于自动驾驶地图产业的发展。因此有必要对众包测绘的法律性质进行澄清，明确在何种环节、何种情况下需要资质。

众包测绘是未来的趋势，未来必然会采取众包的模式对地图数据进行更新。与此同时，众包测绘同样也涉及数据采集、传输、存储等各个环节，有必要明确各个环节的监管要求，加强对众包测绘的监管。笔者认为，相较于传统的测绘理念，自动驾驶汽车代替传统测绘设备形成了一种新型的地图采集手段，对于有资质的企业而言，众包应属于合法的测绘手段，与之相关的保密制度需要及时匹配。

（二）资质管理方面，推进“放管服”改革

自动驾驶行业的发展催生了许多初创企业和新的商业模式，当前导航电子地图制作资质只有甲级，且门槛很高，不利于新技术企业的加入和激发测绘行业的活力。2019 年 5 月发布的《测绘资质管理办法（征求意见稿）》为导航电子地图制作资质增设乙级，并且降低了各个级别的资质要求，有利于测绘领域的新企业参与到自动驾驶地图行业中。

建议继续落实“放管服”的改革，着力简政放权、转变职能、强化监管、优化服务，制定合理的测绘资质准入门槛、精简审批要件、简化审批流程。此外，资质管理仅是入口条件设置，建议强化事中、事后监管，落实安全监管职责和企业保密责任。

（三）地理信息管理方面，坚持保密和应用的平衡

实践中，自动驾驶行业各参与方对于地理信息的需求普遍存在。在地理信息管理政策方面，既要保证国家安全，又要满足产业的需求。

一是在坚持总体安全观的基础上，制定合理的保密范围。现行的保密政策颁布时间较早，长期没有更新，因此应当首先对当前的保密政策进行梳理，划定合理的保密范围。

二是创新保密方法和保密手段，创新地理信息安全监管手段。测绘技术、测绘工具发展迅速，保密技术也需要与时俱进、不断创新，才能更好地保护国家秘密和维护国家安全。可以通过组织保密方法的测试验证，创新和检验多种保密方法和监管手段，促进地理信息的保密和应用。

（四）加快标准研究，组织标准制定

建议加快自动驾驶地图标准的制定和协调工作。依托在北京亦庄和浙江德清的自动驾驶地图试点，组织标准研究，包括具体的采集要素标准、数据传输交换格式、应用技术格式规范、安全保密处理措施等内容，加快形成满足自动驾驶需要的自动驾驶地图标准体系。

皮 书

智库报告的主要形式
同一主题智库报告的聚合

皮书定义

皮书是对中国与世界发展状况和热点问题进行年度监测，以专业的角度、专家的视野和实证研究方法，针对某一领域或区域现状与发展态势展开分析和预测，具备前沿性、原创性、实证性、连续性、时效性等特点的公开出版物，由一系列权威研究报告组成。

皮书作者

皮书系列报告作者以国内外一流研究机构、知名高校等重点智库的研究人员为主，多为相关领域一流专家学者，他们的观点代表了当下学界对中国与世界的现实和未来最高水平的解读与分析。截至 2020 年，皮书研创机构有近千家，报告作者累计超过 7 万人。

皮书荣誉

皮书系列已成为社会科学文献出版社的著名图书品牌和中国社会科学院的知名学术品牌。2016 年皮书系列正式列入“十三五”国家重点出版规划项目；2013~2020 年，重点皮书列入中国社会科学院承担的国家哲学社会科学创新工程项目。

中国皮书网

（网址：www.pishu.cn）

发布皮书研创资讯，传播皮书精彩内容
引领皮书出版潮流，打造皮书服务平台

栏目设置

◆ **关于皮书**

何谓皮书、皮书分类、皮书大事记、
皮书荣誉、皮书出版第一人、皮书编辑部

◆ **最新资讯**

通知公告、新闻动态、媒体聚焦、
网站专题、视频直播、下载专区

◆ **皮书研创**

皮书规范、皮书选题、皮书出版、
皮书研究、研创团队

◆ **皮书评奖评价**

指标体系、皮书评价、皮书评奖

◆ **互动专区**

皮书说、社科数托邦、皮书微博、留言板

所获荣誉

◆ 2008 年、2011 年、2014 年，中国皮书网均在全国新闻出版业网站荣誉评选中获得“最具商业价值网站”称号；

◆ 2012 年，获得“出版业网站百强”称号。

网库合一

2014年，中国皮书网与皮书数据库端口合一，实现资源共享。

中国社会发展数据库（下设 12 个子库）

整合国内外中国社会发展研究成果，汇聚独家统计数据、深度分析报告，涉及社会、人口、政治、教育、法律等 12 个领域，为了解中国社会发展动态、跟踪社会核心热点、分析社会发展趋势提供一站式资源搜索和数据服务。

中国经济发展数据库（下设 12 个子库）

围绕国内外中国经济发展主题研究报告、学术资讯、基础数据等资料构建，内容涵盖宏观经济、农业经济、工业经济、产业经济等 12 个重点经济领域，为实时掌控经济运行态势、把握经济发展规律、洞察经济形势、进行经济决策提供参考和依据。

中国行业发展数据库（下设 17 个子库）

以中国国民经济行业分类为依据，覆盖金融业、旅游、医疗卫生、交通运输、能源矿产等 100 多个行业，跟踪分析国民经济相关行业市场运行状况和政策导向，汇集行业发展前沿资讯，为投资、从业及各种经济决策提供理论基础和实践指导。

中国区域发展数据库（下设 6 个子库）

对中国特定区域内的经济、社会、文化等领域现状与发展情况进行深度分析和预测，研究层级至县及县以下行政区，涉及地区、区域经济体、城市、农村等不同维度，为地方经济社会宏观态势研究、发展经验研究、案例分析提供数据服务。

中国文化传媒数据库（下设 18 个子库）

汇聚文化传媒领域专家观点、热点资讯，梳理国内外中国文化发展相关学术研究成果、一手统计数据，涵盖文化产业、新闻传播、电影娱乐、文学艺术、群众文化等 18 个重点研究领域。为文化传媒研究提供相关数据、研究报告和综合分析服务。

世界经济与国际关系数据库（下设 6 个子库）

立足“皮书系列”世界经济、国际关系相关学术资源，整合世界经济、国际政治、世界文化与科技、全球性问题、国际组织与国际法、区域研究 6 大领域研究成果，为世界经济与国际关系研究提供全方位数据分析，为决策和形势研判提供参考。

法律声明

“皮书系列”（含蓝皮书、绿皮书、黄皮书）之品牌由社会科学文献出版社最早使用并持续至今，现已被中国图书市场所熟知。“皮书系列”的相关商标已在中华人民共和国国家工商行政管理总局商标局注册，如LOGO（）、皮书、Pishu、经济蓝皮书、社会蓝皮书等。“皮书系列”图书的注册商标专用权及封面设计、版式设计的著作权均为社会科学文献出版社所有。未经社会科学文献出版社书面授权许可，任何使用与“皮书系列”图书注册商标、封面设计、版式设计相同或者近似的文字、图形或其组合的行为均系侵权行为。

经作者授权，本书的专有出版权及信息网络传播权等为社会科学文献出版社享有。未经社会科学文献出版社书面授权许可，任何就本书内容的复制、发行或以数字形式进行网络传播的行为均系侵权行为。

社会科学文献出版社将通过法律途径追究上述侵权行为的法律责任，维护自身合法权益。

欢迎社会各界人士对侵犯社会科学文献出版社上述权利的侵权行为进行举报。电话：010-59367121，电子邮箱：fawubu@ssap.cn。

社会科学文献出版社